本书获同济大学一流学科建设项目、全国重点马克思主义学院建设项目资助

# 新时代劳动观探索
## ——对创新劳动的哲学思考

王 滨 著

东北大学出版社
·沈 阳·

ⓒ 王 滨 2023

**图书在版编目（CIP）数据**

新时代劳动观探索：对创新劳动的哲学思考 / 王滨著. — 沈阳：东北大学出版社，2023.8
　ISBN 978-7-5517-3321-2

　Ⅰ. ①新… Ⅱ. ①王… Ⅲ. ①劳动观点 Ⅳ. ①B822.9

中国国家版本馆 CIP 数据核字（2023）第 137298 号

出 版 者：东北大学出版社
　　　　　地　址：沈阳市和平区文化路三号巷 11 号
　　　　　邮　编：110819
　　　　　电　话：024-83683655（总编室）　83687331（营销部）
　　　　　传　真：024-83687332（总编室）　83680180（营销部）
　　　　　网　址：http://www.neupress.com
　　　　　E-mail：neuph@neupress.com
印 刷 者：辽宁一诺广告印务有限公司
发 行 者：东北大学出版社
幅面尺寸：170 mm×240 mm
印　　张：20.25
字　　数：342 千字
出版时间：2023 年 8 月第 1 版
印刷时间：2023 年 8 月第 1 次印刷
组稿编辑：刘振军
责任编辑：孟　颖　郎　坤
责任校对：杨　坤
封面设计：潘正一
责任出版：唐敏志

ISBN 978-7-5517-3321-2　　　　　　　　　　　　定　价：80.00 元

# 前　言

我是谁？我从哪里来？要到哪里去？人类面对这类古老而常新的哲学追问，始终在孜孜以求地寻找着答案。"我劳动故我在"——正是人们给出的一个最有价值的答案。马克思主义从哲学层面深刻揭示了人与劳动的关系，指出劳动是人的存在方式，是人的类本质，劳动创造了人本身。对人和人类社会而言，劳动不仅仅是人维持自我生存和自我发展的唯一手段，更重要的是，劳动创造了人类文明并推动着人类文明进程。

劳动不仅赋予了人的存在，更是赋予了人生意义，于是我们有了这样的认识：劳动创造了美，创造了生活，创造了幸福，创造了健康，创造了快乐；劳动创造财富，劳动成就梦想，劳动昭示着奉献和人生价值，劳动展现着风采和魅力；劳动赋予了人们美好的精神品质，锻炼了人们精神体魄。从某种意义上讲，劳动是大自然赋予人类最珍贵的礼物。

党的十八大以来，习近平总书记站在实现中华民族伟大复兴中国梦的全局高度，对大力弘扬劳模精神、劳动精神、工匠精神作出一系列重要论述，强调劳模精神、劳动精神、工匠精神是鼓舞全党全国各族人民风雨无阻、勇敢前进的强大精神动力。习近平总书记高度重视劳动教育，强调实现中华民族伟大复兴，必须依靠知识，必须依靠劳动，必须依靠广大青年。强调把劳动素养和劳动观念、劳动精神、劳动能力和劳动态度与品质培养放在重要位置。在全国教育大会的讲话中，习近平总书记指出，要在学生中弘扬劳动精神，教育引导学生崇尚劳动、尊重劳动，懂得"劳动最光荣、劳动最崇高、劳动最伟大、劳动最美丽"的道理。

勤劳是中华民族的传统美德，崇尚劳动也是中华优秀传统文化的一个重要价值取向。"功崇惟志，业广惟勤""民生在勤，勤则不匮""君子之处世也，甘恶衣粗食，甘艰苦劳动，斯可以无失矣"……我国古人把劳动视为治生之本、治国之道，倡导通过勤勉劳动收获果实、磨炼意志、砥砺品德。

"锄禾日当午，汗滴禾下土。谁知盘中餐，粒粒皆辛苦。"唐代诗人李绅的这首《悯农》可谓家喻户晓，作者用寥寥数语，生动形象地描写出农民在田里劳作的辛苦场景，告诉我们每一粒粮食都来之不易，每一粒粮食背后都包含着辛劳，更是告诉我们劳动对人的生命意义所在。"富贵本无根，尽从勤里得。"明代文学家冯梦龙一语道破劳动的真谛。古人说的朝乾夕惕，日生不滞，告诉我们要终日勤奋谨慎，不敢懈怠。没有春耕夏耘，何来秋收冬藏的道理。所谓"君子终日乾乾，夕惕若厉。"与那句"天行健，君子以自强不息。"都出自《易经》乾卦。这是《易经》和《易传》告诉我们应该树立的基本人生态度和精神，这就是我们今日所说的劳动精神。在很多人看来，所谓的"自强不息"，不就是顽强拼搏的精神吗？这当然是很浅薄的理解，自强不息有着更深刻的内涵，那就是用劳动与命运抗争的精神。从文化的源头看，我们中华民族在遇到重大的挑战时，都不是简单地将命运交付给外在的神秘力量，而是依靠自己的力量迎战困难，解决问题。钻木取火、大禹治水、愚公移山等传说，都体现了中华民族依靠自己的力量把握命运的人文精神和自强不息的劳动精神。

2020年3月，中共中央、国务院印发《关于全面加强新时代大中小学劳动教育的意见》，对新时代劳动教育作了顶层设计和全面部署。该意见下发后立即在社会上引发热议，有人认为"现在生活条件优越，孩子们的学习和竞争压力大，他们无需再承担劳动任务"；有人认为"现在的小孩自理能力太差，不会做饭、不愿打扫卫生、不尊重劳动，是时候改改了"；也有人认为"社会主义接班人要德智体美劳全面发展，学生们的学习能力、知识面、鉴赏能力都纳入了高考，唯独缺少劳动教育和相应的考核"。鲁迅先生曾说过："无穷的远方，无数的人们，都和我有关"。面对社会上的众说纷纭，我们应当理性思考，在科技和服务业发达的今天，我们为什么要更加重视劳动和劳动教育，尤其是重视创新劳动，为什么要让青少年一代树立新时代的劳动观，以及如何树立这种劳动观，等等。我们从《关于全面加强新时代大中小学劳动教育的意见》中就能够深深体会出这点，该意见明确提出了新时代劳动教育的根本目的，那就是要培养学生树立正确的劳动观念和思想；培育积极的劳动精神；让学生具有必备的劳动能力；养成良好的劳动习惯和品质。

社会学家认为，一个鼓励劳动尤其是鼓励与人生志趣相结合的劳动的社会，才是一个创新的社会、有活力的社会。《爱因斯坦传》这本书向我们展示了爱因斯坦不平凡的一生。爱因斯坦为什么能有如此的成就呢？书中提到了爱因斯坦自己概括出的公式，为我们给出了答案：成功=艰苦的劳动+正确的方法+少说空话。爱因斯坦认为，劳动是最重要的，不管我们做什么事都应该脚踏实地，认认真真地完成。同时还需要正确的方法，有了正确的方法才能事半功倍，轻松到达成功的彼岸，这个方法也包括创新方法。再有就是要让自己有更多的时间去思考而不是把时间浪费在夸夸其谈上。爱因斯坦给出的成功公式实际上展现出劳动对人成长的重要性。

党的十九大确立了到2035年我国跻身创新型国家前列的战略目标；党的十九届五中全会提出了坚持创新在我国现代化建设全局中的核心地位；党的二十大报告提出，必须坚持科技是第一生产力、人才是第一资源、创新是第一动力，深入实施科教兴国战略、人才强国战略、创新驱动发展战略。劳动者的素质对于国家、民族的发展至关重要。创新型国家建设呼唤高素质劳动大军，需要有"一大批具有国际水平的战略科技人才、科技领军人才、青年科技人才和高水平创新团队"。而创新精神是高素质劳动大军的核心品质，也是创新劳动的基础。目前全国共有58000多个专业点，工科布点19447个，占33%；92%的本科高校设有工科专业。然而我国制造业十大重点领域2020年人才缺口1900万人，预计2025年缺口将近3000万人。劳动形态的变化以及世界各国的发展，愈加证明当今世界越来越是一个由创新劳动所推动的世界。

创新劳动不仅仅是价值的源泉，它本身也包含着方法，有自己的规律，形成特有的文化。新中国成立初期，青岛纺织工业刚刚恢复生产，"郝建秀细纱工作法"（又称"五一细纱工作法"或"郝建秀工作法"）诞生了，它开创了职工创新劳动先进工作法的先例。作为新中国成立初期纺织工业战线上的一面旗帜，曾大大鼓舞了广大纺织职工的劳动热情和生产积极性。在"郝建秀工作法"的影响下，一个"能手成林，标兵机台成列、表演竞赛成网、互助协作成风、先进经验成套"的生动局面很快形成，一大批英雄模范人物纷纷涌现。"郝建秀工作法"不仅是纺织工业的先进典型，也是全国工交系统出现的第一个科学的工作法。该工作法的产生，引起各方面的重视，影响到全市乃至全国各条战线。这一时期在工业方面涌现和造就出大批革新能手和先进高效的生产方法。除郝建秀工作法外，还涌现出倪志福钻头、王崇伦万能工具胎、苏长有砌砖法等创新劳动方法。事实上，这些旨在提高效率的生产技术和管理方法的精华，蕴涵着丰富的创新劳动的规律，但遗憾的是这些已成功的工作方法未能上升到理论与专业的高度被重视和实行，导致不能持之以恒地推广与应用，这是国家无形资产的损失。可喜的是，创新劳动文化一直被传承和发扬光大，并以更丰富多彩的形式展现出来。2018年，由中国职工技术协会主编，中国工人出版社出版了一套展示大国工匠高超技能的技术图书《大国工匠工作法》丛书。丛书包括：《高凤林工作法——典型金属材料复杂结构手工焊接》《巨晓林工作法——接触网施工》《王进工作法——±660直流架空输电线路架空作业》

《郭晋龙工作法——钢轨焊接机维修》《杨海波工作法——采油工艺安装图识读与工艺组装》《唐守忠工作法——延长抽油井光杆使用寿命》等,这些都成为能够被推广和传承的创新劳动工作法。

创新劳动是中华民族自立自强的有力保证。党的十八大以来,习近平总书记高度重视关键核心技术创新攻关,围绕自主创新、破解"卡脖子"难题作出一系列重要论述。他指出,关键核心技术是国之重器,对推动我国经济高质量发展、保障国家安全都具有十分重要的意义,必须切实提高我国关键核心技术创新能力,把科技发展主动权牢牢掌握在自己手里,为我国发展提供有力科技保障。

高端芯片是信息技术领域的核心,也是国家安全和经济发展的重要基础。我国在高端芯片领域长期受制于人,面临着技术封锁和市场垄断的双重挑战。这都需要我们重视创新,重视创新劳动。近年来,美国加强对中国的科技封锁,尤其在芯片等技术领域采取的封锁和垄断以及卑劣打击围剿等手段,无所不用其极,这将会对中国半导体行业的发展带来影响,但并不会锁死中国半导体产业。相反,会成为助长中国半导体产业发展的催动剂,中国半导体企业加大了自主创新的步伐。华为在失去芯片供应之后,就开始着手制订国产芯片的替代计划,凭借着内部大量的各领域科学家,誓要攻克相关基础研究,并且从自主研发和投资产业链企业来实现产业零部件的国产替代。华为仅用三年时间就完成了1.3万个零部件的替代,4000个电路板的换版,并在此基础上将其成功运用在了新手机P60系列上面,可以说,已经实现了一个重要的自主开局,突破了美国的封锁,自己能实现芯片的货源替代,还在努力研发能够自己生产的芯片产品。华为现在拥有海思麒麟芯片,以及在安卓系统失信撤离之后,自己开发出全球第三大手机操作系统——鸿蒙OS,这些重要的突破,解决了很多关键技术问题,也为我国芯片领域和半导体产业发展,提供了更好的思路和解决办法。此外，我国另一家通讯设备巨头——中兴电子通讯已经公开宣布，对于芯片 7nm 制程量产，已经完全有实力实现和完成了，因此也直接打破了美国的垄断阴谋，让美国的芯片禁令直接作废。只有不断创新发展，我们才有足够的安全保障和技术底气，展现出强大的发展潜力和竞争力。

创新劳动是我们通向未来的阶梯。如果有人问：最近最火的人工智能科技是什么？毫无疑问，答案一定是"ChatGPT"。2022年，以 ChatGPT、DALL-E 和 Lensa 等为代表的几个面向消费者的应用程序发布，它们的共同主题是使用生成式人工智能。生成式人工智能是感知机器向认知机器发展的阶段性突破，深深影响着人工智能的发展方向，也必将对人的生活和人的发展产生广泛而深远的影响，智能生活也许正在悄然而至，人的部分脑力劳动也会被这样的智能机器所取代。人类创新劳动在人工智能的辅助下或许会产生新的飞跃。ChatGPT 一出现，舆论对此的第一反应是：哪些工作会被替代？多少工作会被替代？有评论认为，第一波受影响的工作包括：软件技术类工作、新闻媒体类工作、法律类工作、市场研究分析师、教师、金融分析师、交易员、平面设计师、会计师、客服人员等。未来会有更多职业的从业者受到挑战或者被替代。

近些年来，熄灯工厂、无人驾驶等技术的出现，更让人们关心的不仅仅是重复性的体力劳动可能被人工智能取代。ChatGPT 之所以受到高度关注，在于它不仅擅长重复性劳动，而且对专业性、逻辑性和创意性较强的脑力劳动提出了挑战。比如，程序员、设计师、作家、画家、记者、教师、律师、建筑师等工作，可能会在引入 ChatGPT 后出现一定的变化。相对来说，ChatGPT 这样的人工智能一旦大规模部署，效率更高、成本更低。更值得一提的是，人工智能可以不断迭代升级并自主学习，它的能力会持续增强。

大哲学家叔本华说，理性也应该称为预言，因为理性向我们展示未来。面对崛起的生成式人工智能，有人通过类比进行预言，ChatGPT让人类已经站在了"技术奇点"的前沿。就像蒸汽机将人类带入蒸汽时代，发电机将人类带入电气时代，互联网将人类带入信息时代，ChatGPT一定会深刻地改变社会以及人们的生活、学习和工作方式。比尔·盖茨对此评价道："这种人工智能技术出现的重大历史意义，不亚于互联网和个人电脑的诞生"。

前四次工业革命，核心技术是机械自动化、电力自动化和生产自动化，主要解决的问题是机器替代体力劳动者，或者说是解放体力劳动者。未来的第五次工业革命，或许正是以ChatGPT为代表的人工智能技术，其核心是信息自动化、知识自动化和创新自动化，主要解决的问题是如何用机器替代脑力劳动者，或者解放脑力劳动者。

我们在谈论未来的时候，未来已来，我们在讨论将至的可能性时，将至已至。未来似乎很遥远又似乎很近。世界变了，现在和未来的界限变得模糊，我们一只脚踩在现在，一只脚已经跨进未来。面对席卷而来的未来浪潮，我们只有以变革的姿态迎接未来，决胜未来。而未来仍然是由人的劳动创造的，什么样的劳动会创造什么样的未来。从常规劳动到创新劳动，从今天的创新劳动到未来的创新劳动，我们准备好了吗？劳动带给我们无穷的思考，我们对劳动的探索永无止境。热爱劳动就是热爱生活，尊重劳动就是尊重自己，而拥抱劳动就是拥抱未来！

王　滨

2022年3月9日于同济大学

# 目 录

## 第一章 创新与劳动——创造学研究的新视角 ………… 1
- 一、创新研究的多学科视野 ……………………………… 1
- 二、创造学研究的新视野——创新劳动 ………………… 16
- 三、劳动研究的新视角——创新 ………………………… 26
- 四、从劳动分类审视创新劳动 …………………………… 38

## 第二章 创新劳动内涵的历史认知与时代解析 ………… 47
- 一、对劳动概念的再认识 ………………………………… 47
- 二、马克思主义经典作家对劳动本质的探究 …………… 62
- 三、创新劳动的内涵分析 ………………………………… 78
- 四、新时代中国特色社会主义劳动观 …………………… 90

## 第三章 创新劳动的特征及作用 …………………………… 99
- 一、创新劳动的特征 ……………………………………… 99
- 二、创新劳动的时代回应 ………………………………… 123
- 三、创新劳动的社会作用 ………………………………… 136

## 第四章 创新劳动的价值源泉 ……………………………… 153
- 一、创新劳动的价值重塑 ………………………………… 153
- 二、创新劳动的价值实现主体 …………………………… 172
- 三、创新劳动的价值实现对象 …………………………… 185

## 第五章　创新劳动的道德基础 … **196**

一、创新劳动的伦理关系 … **196**

二、创新劳动的人际关系——协同创新 … **208**

三、科学史上的协同创新 … **218**

四、创新劳动中的道德规范——负责任创新 … **227**

五、创新劳动的法治环境 … **240**

## 第六章　创新劳动的社会土壤 … **249**

一、创新劳动教育与文化环境 … **249**

二、创新劳动的精神诉求 … **263**

三、营造劳动光荣的社会风尚 … **272**

四、创新劳动的社区环境 … **281**

五、创新劳动与休闲 … **290**

## 参考文献 … **301**

## 后　记 … **307**

# 第一章 创新与劳动——创造学研究的新视角

## 一、创新研究的多学科视野

1. 多学科性研究传统的形成

创新或者说创造发明是人类最独特的一种现象,创造发明就其本质而言是人类固有的天性。既然认识创新要深入到人的本质中去,那就无法回避人的劳动。因为恩格斯曾提出过"劳动创造了人本身"的命题;马克思在《1844年经济学哲学手稿》中也明确提出"人类的本质是自由自觉的人类劳动。"① 然而遗憾的是,以往创造学的研究更多地停留在人的思维层面、人的个性品质等个性心理层面、创造力开发技巧层面、创新作品的新颖独创及社会作用层面、创新产品的经济层面等,却唯独忽视了从劳动入手,而这正是深入到创新本质的最顺理成章的理论路径与实践路径。由此,引出本书的主题——创新与劳动。

从而通过这个主题进一步证明,"理论是灰色的,而生活是常新的"②,"问题是旧的,而方法是新的"。亦如恩格斯深刻指出的那样:"马克思的整个世界观不是教义,而是方法。它提供的不是现成的教条,而是进一步研究的出发点和供这种研究使用的方法。"③ 恩格斯对理论的研究还有一句精辟的概括:我们的理论"是一种历史的产物,它在不同的时代具有完全

---

① 马克思,恩格斯. 马克思恩格斯文集:第1卷[M]. 中共中央马克思恩格斯列宁斯大林著作编译局,编译. 北京:人民出版社,2009:162.
② 列宁在《论策略书》一文中引用的歌德《浮士德》中的一句话:"我的朋友,理论是灰色的,而生活之树是常青的。"列宁. 列宁选集:第3卷[M]. 中共中央马克思恩格斯列宁斯大林著作编译局,编译. 北京:人民出版社,2012:24.
③ 恩格斯. 致韦尔纳·桑巴特[M]//马克思恩格斯文集:第10卷. 中共中央马克思恩格斯列宁斯大林著作编译局,编译. 北京:人民出版社,2009:691.

不同的形式，同时具有完全不同的内容"。再比如，西方哲学就是由一系列问题而引发思考，它一直有老问题，它时刻在追问反思：我是谁，我从哪里来，我到哪里去等等千古难题。但20世纪初，西方哲学有了新方法，有了科学的分析方法，还有了现象学的"构成"方法，它试图从另一个视角来解决"一与多""现象与本质"等重要的哲学老问题，从而推动了哲学进步。

创新在人类历史进程中起着决定性的作用。这个作用，无论我们用什么样词汇和语言来概括，其实质都是一致的。比如，我们说科学是历史上起推动作用的革命力量，创新是引领发展的第一要务，创新是一个民族不竭的动力，等等。然而，同任何自然和社会现象一样，人类的创新、创造发明的背后一定有着某种规律，这些规律需要我们去认识和驾驭。于是，我们可以将研究人类创造发明规律的学问笼统地称为创造学，或创造规律研究、创造理论研究、创造奥秘研究，等等。当然，这些都是广义的概念，因为创造学实际是一个学科群类的概念，其包括丰富的分支和内容。

我们可以给创造学下一个较为宽泛的定义，即创造学以人类的创新行为或创造发明活动为研究对象，是人类创造发明的思维和实践经验的总结，是研究人类的创造能力，创造发明的过程、方法及其规律的新兴学科。它涉及哲学、思维科学、脑科学、心理学、逻辑学、行为科学、教育学、未来学和科学技术史等学科，是一门综合性很强的学科。

从这个定义可以看出，多学科研究是创造学研究的最鲜明特征，也是创造学在发展历程中逐渐形成的研究传统。正是因为多学科研究，必然会产生交叉学科研究，而无论哪个学科又都有自己的核心概念和理论体系，都习惯于将新东西纳入自己的大学科体系之中，作为传统内容的延伸或扩展，结果就造成了另一个弊端，那就是创造学一直以来得不到公认，未能成为一个显学科，仅仅算是某学科的研究方向或者依附于其他学科之中。比如，依附于教育学、心理学、哲学，等等，常常被冠名为创新教育学、创新哲学、创造方法论、创造心理学，等等。

事实上这也无可厚非，创造学研究的内容本就非常广泛，很难为一个单一学科或学问所囊括，现在人们给它确立的研究目标和内容有如下方面：（1）通过对创造发明史所积累的大量材料进行实例考察和典型分析，揭示人类创造发明的机制和条件，探索发明创造的规律性；（2）通过对科学方法论、技术方法论、艺术方法论等方法论学说的研究，总结和探索创造过程的一般程序和方法，以形成创造活动的方法论基础；（3）通过创造心理学、一般认识论去研究和探索创造性思维的发生规律、活动规律和发展规律；（4）研究通过创造与经济结合形成创新而出现的规律，有技术创新经济学等；（5）研究创新与社会的关系，创新产生的社会条件和创新的社会功能，并通过对历史唯物主义和社会学的研究，揭示创造与社会环境的关系、创造的社会本质，形成创造学的完整体系；（6）研究创新的文化条件和创新文化本身的现实规律和塑造。

人们研究创新或创造发明的视野是不断扩展和深化的，研究视野、热点和方向也随着研究和社会实践而不断转化。广义的创造学，其研究视角的扩展还与其关联的各类学科研究的深入和手段的进步有关，这些科学也存在经过发展而转向研究创新的。在中国，创新或创造学研究还有国家战略、政策导向这样一种视野。比如，技术创新、自主创新、双创时代、高技术、人工智能、数字创新，等等，这些研究的扩展不仅仅是学科本身推动的，还有政党和国家层面推动的，中国共产党在领导全国人民改革开放实践中，在推进中国特色社会主义建设中，特别是新时代中国特色社会建设中，系统化地提出了关于创新的理论，包括创新驱动发展战略、创新是第一动力、加快建设创新型国家等思想，而各级政府也相应地在发展规划和政策制定中进行了重要的具体制度层面的实践探索，成为中国对世界范围的创新研究的重要贡献。

既然创造学或创新研究是综合性学科，那么与其他学科一样，它最初或者在具体研究过程中都是从一个一个的个别视角进行的。最初的视角是心理学、教育学、人才学、方法论，以及被冠以"工程"的方法科学——创新工程学、创新方法学，等等，事实上，创造研究就是从方法学研究起步的。之后，就进入到科技史、经济学、管理学、社会学等具体应用层面。特别是进入经济层面，与企业的研发、销售与生产实践结合在一起，于是创新的概念就逐渐代替创造的概念出现在创造学的研究中。未来其多学科性研究传统仍将延续。

2. 方法学层面的创造学视野

无论是总体上研究创造发明的创造学，还是侧重于从方法上研究创造的创造学，实际都可看成狭义的创造学。创造学的探究历史可谓源远流长，但真正把它作为专门领域来对待，即产生了狭义的创造学则又是另一回事。因此，创造学何时起步就难以有明确的定论。以往我们介绍创造学历史的时候，形成了一个共同认知，即创造学发源于 20 世纪 30 年代的美国。其实质是从创新方法或创新工程学视角界定创造学的，这可以算是创造学研究最初的视角。按这个理解，创造学始于 20 世纪初的美国，当时的美国经济发展欣欣向荣，技术发明活跃，专利审查制度日益完善。于是在专利审查人员中，有的人开始注意到一些发明家的富于创意的技巧，有可能利用专利制度来加以传授。1906 年，专利审查人员 E. J. 普林德尔向美国电气工程师协会提交了《发明的艺术》的论文，不仅用一些实例说明了这一点，而且建议对工程师进行这方面的训练。到 20 世纪 20 年代末，专利审查人员罗斯曼从积存的专利资料中选出 700 多个最多产的发明家进行问卷调查和统计分析，并写出《发明家的心理学》一书，其中专门探讨了对技术发明者进行创造力开发训练的可能性以及训练的有效方法。这些早期的工作，为美国后来开展大规模的科技人员创造力开发训练奠定了基础，同时也为专门的创造力研究打开了思路。

在工商企业界的支持和参与下，到 20 世纪三四十年代，开发科技人员创造力的实际训练和相应的理论研究逐渐在美国形成高潮。其中最突出的标志便是出现了后来被誉为"创造工程之父"的 A. 奥斯本，他于 20 世纪 30 年代末 40 年代初发明并公布了"头脑风暴法"。这是一种非常实用的激发集体创造力的方法，这种方法迅速取得实效而受到企业家们重视，因而很快得到推广。这期间，奥斯本不局限于到工厂车间宣传、训练和组织实施"头脑风暴法"，而且还到大学、科技社团和社区等作宣传推广。

在总结经验基础上，奥斯本出版了著名的普及读物，即《创造性想象》（1953），这本既有理论又有可操作性的普及读物很快成为畅销书。奥斯本还创办了"创造教育基金会"（1954），举办一年一度的"创造性问题解决讲习班"，大力推进创造教育。1931 年，美国内布拉斯加大学教授 R. P. 克劳福德首次在大学里开设了创造学课程，并提出了一种创造技法——"特性列举法"。1935 年，美国电气工程师协会举办了世界上第一个工程师创造力训练班。1936 年史蒂文森在通用电气公司为技术人员开设了"创造工程"课程，这是工业界在创造力开发方面的首次尝试，后来被学术界公认为创造学正式诞生的标志。

我国在 20 世纪 80 年代引进国外的创造学，也是从这个视角开始的，当时主要是从事科技哲学、科学学、科技管理方面的学者。以东北大学（当时的校名还是东北工学院）为例，最初从引进和翻译入手，出版了内部刊物，即36部翻译著作，其中包括《发明学》《综摄法——创造才能的开发》《工程师如何思考》《发明程序大纲》，其中也首次引入了后来被称为TRIZ的苏联学者提出的创新方法。关于TRIZ方法，当时更多的是学术层面的探索，不可能与今天的商业炒作相比，所以那时的翻译，比如TRIZ创立者是阿利特舒列尔，其方法常被译为"发明程序大纲"，这些概念当时根本没有被传播开。而今天作者被译成了阿奇舒勒，其方法被译成英文名字TRIZ或萃思。20世纪80年代中期，东北大学的谢燮正出版了《发明创造学》，奠定了中国创造学的体系，以至于后来的大量创造学著作都没能超出这个框架。[①] 笔者当时写的第一本专著《创造行为与创造技法》也同样是这个框架。[②]，笔者1989年硕士毕业提交答辩的论文就是研究日本创造学家市川龟久弥的"等价变换方法"，同时也编辑了一个与该方法相配套的辅助工具——动词词典，算是中国最早研究创造学的硕士之一。

3. 心理学层面的创造学视野

将创新缩小到个体层面，就需要研究创造行为，人的创造行为同样是一种复杂现象，它涉及一个人的先天素质和后天教育，涉及人的认知风格、性格特征和个性品质等方面，以及影响其形成和发展的诸多内在的和外在的心理因素或社会因素等。因此，它的深刻内涵又不是单纯知识积累和发明技巧、创造技法所能包容的。也就是说，尽管创造技法可以启发人们产生富于创造性的灵活思路，但要真正揭示创新思维的产生机制、创造力的本质，揭示形成和发展创造力的内在规律性，仍然有赖于心理学和教育学的深入研究。于是广义创造学的研究就有了心理学研究转向。而今天留下的创造力、创造力开发、创造性思维等概念恰恰是从心理学来的。

美国心理学家J. P. 吉尔福特是这个领域的奠基者，1950年他在就任美国心理学会主席时，发表了题为《论创造力》的就职演说，他认为，传统的心理学更多是关心病态，而热衷于治愈心理问题，其中就以精神分析学为代表，而心理学应该是积极正面的。正是在这个演讲之后，一批批心理学家改弦易辙开始涉足于创造行为、创造性思维和创造力开发的研究。由此在吉尔福特的倡导下，开辟了一个崭新的应用心理学分支——创造心理学。特别是该学科提出了创造力开发的概念，为广义的创造学研究增添

---

① 赵惠田，谢燮正. 发明创造学 [M]. 沈阳：东北工学院出版社，1987.
② 王滨. 创造行为与创造技法 [M]. 沈阳：东北工学院出版社，1992.

了新的视野和内容。在较长时期创造力开发训练的实践积累基础上，一些心理学家从理论上对有关创造力的诸多问题进行了深入研究，从某种意义上说，直到这时才真正标志着较完整意义上的创造学诞生。

人的创造力或创造心理现象是一个极其复杂的心理学问题。科学的实验心理学19世纪末才诞生，实验心理学一直主张尽可能从最简单、易分析、易于实证的心理现象（如感、知觉）开始研究，因此差不多在长达半个世纪时间里，心理学家们一般都不轻易涉足创造心理这个领域。唯其如此，历史上给富于创造性的人才蒙上的源于"天才论""遗传论"等观点的神秘面纱，也长期笼罩在有关人的创造力的研究上。现代创造心理学奠基人、美国心理学家吉尔福特在回溯这一历史过程时，就曾在这一点上给奥斯本的工作以高度评价，认为奥斯本的工作是开创性的。

这反映出创造学是以心理学为基础的，创造规律和后来的创造教育，也都需要从心理学入手来进行。创造心理学研究的开展引出了很多重要概念，比如创造力开发、创造力测评、创造性思维、创新思维等。同时也引出了大量的著作出版。当然，这不是说创造技法就无人问津了，而是创造技法或创新方法被融入创新思维中，归结为创新思维的方法，当然这也能够说得通，因为创造设想的产生最初都是思维的结果。然而，这也仍存在一系列问题，仅仅从思维上把握并不能囊括诸如发明、试验、成果商业化等广泛内容，所以仅仅从心理学研究人的创造行为反而限制了创造学的发展。

到20世纪50年代后期，创造学研究在美国形成了一批有成就的科研集体，到60年代则建立起一些专门的研究机构。如以吉尔福特为首的南加州大学的"能力倾向研究中心"、D. 麦金农等领导的加州大学伯克利分校的"人格心理学与人格评估研究所"（现称"人格与社会研究所"）、J. W. 盖泽尔斯和P. W. 杰克逊领导的芝加哥大学的"智力和创造力研究中心"、E. P. 托兰斯领导的明尼苏达大学的教育研究所等。托兰斯经过长期研究发明了一个著名的创造力测量量表，其制订的一套"创造性思维测验手册"，现已被许多国家和地区使用，成为创造力测评的权威工具。在与实际训练紧密结合方面，特别值得提出的是A. 奥斯本与心理学家S. J. 帕内斯合作领导的布法罗纽约州立大学的"跨学科创造力研究中心"。这个中心在积累早期创造力训练经验基础上，对训练方法进行实验研究，取得了很多有实效的研究成果。

20 世纪 50 年代，在英国出现了以爱德华·德博诺（Edward de Bono）为代表的以思维训练为研究方向的学者，他们总结创新思维规律且应用于人的训练中。德博诺毕业于英国牛津大学，同时取得心理学及生理学的荣誉学位及医科哲学博士学位。然后，他又在剑桥大学取得另一个哲学博士学位，并先后任教于牛津大学、伦敦大学、剑桥大学及哈佛大学。德博诺博士将毕生精力用于创新思维领域的拓展与开发，他根据对人大脑的工作原理的理解，建构了有实用性的思维训练系统。20 世纪 60 年代末他提出了"水平思考"法，该方法试图改变人们通常采用的"垂直思考"方式。1967 年，他将该方法写成书出版即《水平思维的运用》，这本书提出了创造力在不可思议的瞬间发生的情况，还提出了再造创造力的方式。"水平思考"（lateral thinking）一词被收入《牛津英语大词典》《朗文词典》。诸多著名跨国公司总裁、诺贝尔奖得主及世界各个领域的精英对他的理论推崇备至。半数以上的世界 500 强企业、联合国教科文组织和奥组委等众多机构，以及全球 50 多个国家和地区的数十万所学校都曾经或正在使用他开发的思维工具和方法。

德博诺自 20 世纪 60 年代末提出了"水平思考"法之后，70 年代初他又创立了系统的思维训练课程——柯尔特，或称为 CoRT（cognitive research trust，CoRT）思维，20 世纪 80 年代中期他又提出了"六项思考帽"法。他所发明的这一系列针对不同群体的思维训练课程，在不同领域包括商业、教育、政府和社会团体应用，效果反应非常强烈，使创造力成为任何智力健全的人都可以通过训练而掌握的技能。

我国在引入创造学时，连同创新方法一起，引入了创新心理学，出现了大量创造力开发方面的书籍和各种课程。同时也引入了西方的创造力测量等技术，尤其是以美国托兰斯的创造力测量量表为代表。我国最早培养的创造学硕士的毕业论文，主要也是从创造性思维和创造心理学角度进行的。笔者虽然从事创造技法研究，但同时也涉及这个领域，并于 2000 年在上海科学普及出版社出版了《超越逻辑——创造性解决问题》《寻求独创——创新思考术》两本普及读物，还获得过国家级科普著作三等奖。20 世纪 90 年代，笔者还与东北大学的罗玲玲等出版了《联想的彩练》《发明创造的金钥匙》《想象王国漫游》《大脑发动机》等一套开发儿童创新思维的读物，并获得了 1992 年冰心儿童文学奖。2015 年笔者还在上海科学普及出版社出版了《创新思维与人生智慧》，均属于对创造学在心理学视野的探索。

4. 经济学、技术论的转向

20世纪90年代，创新和技术创新概念开始在中国学术界、政府和企业界出现，引发了对创新的研究热潮，相比之下，创造和创造学这些概念日渐式微。经过查阅文献和追溯历史，我们发现，创新这个概念早在1912年就由美籍奥地利经济学家熊彼特提出。熊彼特在其著作《经济发展理论》中首次提出"创新"这一概念。但长期以来我们并没有重视，甚至翻译也存在问题，最初将其翻译为"革新"，而在中国，汉语"革新"有其约定俗成的含义，就是小改小革，不够发明的程度才称为革新，而熊彼特讲的创新（innovation）概念，是指一项发明的首次商业应用成功。它强调的不仅仅是发明，还要有企业家将这些发明经过开发而实现商业化。这一概念的引入引起了我国学术界和政府部门的高度重视，创新这一概念和其相应的理论也直接触及我们的软肋，那就是我们的科技与经济脱节的现象，以往我们太重视科技创造，结果往往产生出更多的样品和展品，而不是走进市场的产品，有关部门和最终科技人员也更关注成果的获奖，而并不能或者根本就缺乏某种制度和机制去将这些成果进行商业化运作。按照熊彼特的理论，企业才是创新的主体，而不是大学和科研机构，创新的源泉是大学、科研机构的发明，但实现创新的最终载体是按照市场化运营的企业。创新就是将各种要素形成一种新的组合，带到生产体系中，变成实实在在的生产力。在这个过程中，企业家是一个非常重要的因素。这样的认识无疑抓住当时我国科技发展的命门，当时我们还称为科技成果转化不足，实际就是科技与经济"两张皮"，两者没有更好地结合，而创新就是科技与经济结合的概念。

这样一来，创新的概念一下子打开和开拓了我们研究创造学的视野。也就是说，创造学应该有经济学这个视野，或者要有科技与经济结合的视野。于是，在20世纪90年代，大量的相关研究出现，大量的有关创新的书籍和论文雨后春笋般呈现出来。政府部门也进行了大量的企业技术创新试点调研和政策制定等工作。当时创新更多地被称为技术创新，常常将创新和技术创新混起来称呼，并没有严格区分。笔者当时所在的东北大学技术与社会研究中心也是全国较早进行这方面研究的机构，当时是从技术论角度和创造学角度进行转向的。而当时参与和推动这个转向的，还有一批从事经济管理、技术经济学等方面的学者，如清华大学的雷家骕、柳卸林等,浙江大学的许庆瑞等带领的团队,几乎同时进行着这样的研究。如今难以想象,管理学和经济学的研究传统和队伍,与技术论、技术哲学的研究队伍能够进行融合合作,甚至竞赛开展研究。当时出版了《技术创新经济学》(柳卸林,中国经济出版社,1993);《研究、发展与技术创新管理》(许庆瑞,浙江大学出版社,1990);《中日企业技术创新比较》(远德玉等,东北大学出版社,1994);《技术创新主体论》(李兆友,东北大学出版社,2001);《技术创新契合论》(曹东溟,东北大学出版社,2005)等书籍。笔者的博士学位论文也开始转向这方面的研究,主要聚焦于科技成果从实验室到实现生产转化的中间试验环节中的过程研究和哲学问题研究,并以《技术创新过程论:对中间试验的哲学探索》为书名,于2002年在同济大学出版社出版。

5. 政治学、政策学视野下的创造学

一个国家和地区是不是存在优秀的企业,就一定有持续的技术创新,就一定有持续的发明的商业应用呢?显然,仅有优秀企业是不够的,仅仅提出企业为技术创新主体就以为万事大吉了,那就把问题看得太简单了。企业的技术创新离不开整个社会的政治、经济、思想文化环境,特别是制度环境。这样一来,创造学或创新的研究就必然要涉及体制、制度等政治学、政策学方面的内容,这就必然出现创造学研究的新视角,即政治学、政策学视角。

对此,我们可以简单地思考这样的问题:欧美科技创新仅靠市场力量吗?

2016年,我国发射了全球首枚量子科学实验卫星"墨子号",引发广泛关注,中国量子卫星上天标志着这个领域未来可能成为各国竞争的热点。于是在互联网舆论场,有学者讨论政府是否应该乘胜前进追加巨额资金投入发展科技创新,也有人提出应像欧美那样依靠市场力量,而不是举国体制。看来,对于政府在科技创新中应发挥的作用,国内很多人在认识上有一些误解或想当然了。实际上,欧美国家政府同样在科技创新中发挥着重要作用,而且越来越重要,绝非像这些人想象的那样主要依靠市场力量。

以美国为例,1945年,美国科学研究发展局局长维瓦尔·布什向时任美国总统杜鲁门提交了一份名为《科学:没有止境的边疆》的研究报告,这份报告改变了美国政府对其在科技创新中责任的认识。在此之后,美国政府不断调整自身对科技创新活动的介入方式和介入程度，逐步全面介入科技创新活动之中，成为推动美国科技创新发展的重要力量。

很长时间以来，欧美国家政府推动科技创新发展，除了通过制定完善的法律体系、健全科技政策来营造良好的创新环境外，至少采取了如下做法。

首先，通过对科学技术研究进行投资，促进产生新的科学技术知识和培训青年人的科学才能，是政府推动科技创新的重要途径。早在1950年，美国就成立了国家自然科学基金委员会，宗旨在于促进全美科技进步，给科研活动提供经费支持，从而开了欧美国家政府对科研活动制度性经费投入的先河。政府的这种直接资助科技创新的措施不仅有助于私营企业和科研机构产生新知识、开发新技术，保证科研活动的连续性，而且这种知识和技术最终也能使企业在商业上获得成功，从而增强美国的科技实力和国家竞争力。政府的科技研发投入是国家创新的基石。虽然世界上很多创新产品是由私人企业推向市场，但如果没有政府的支持，这些新产品是难以在市场中产生的。所以很多新的理念、早期产品的原型，甚至最初的市场，都是在政府支持下开展起来的。比如，对人们生产和生活有巨大影响的互联网、全球定位系统（GPS）、语音识别技术等，都是在美国政府的资助下最先产生的。尽管一些国家政府的研发经费投入在总的投入中占比没有企业的比例高，但是因为其更侧重对基础性、前瞻性和公益性项目的支持，它的作用是企业研发经费投入所无法替代的。

其次，建立公共研发平台和服务机构，政府在科技创新中也扮演着重要的角色。科研设施和仪器与科技创新，从来都相伴而生，这些大型设施和仪器是突破科学前沿和国家安全重大科技问题的技术基础及重要手段。现在，科学研究早已进入"大科学"时代。"大科学"就其研究特点来看，更加依赖于强大的投资，要求多学科交叉，需要昂贵且复杂的实验设备等。因此，仅仅依靠单一的研究机构很难建设和提供，需要国家支持。历史和现实都表明，欧美国家设立国家科研机构，依靠跨学科、大协作和高强度的国家支持，开展协同创新的大型实体研究平台，已成为这些国家抢占科技制高点的重要创新载体。

我国政府层面在鼓励创新的政策和制度设计上有很长的历史。2006年，全国科技大会提出自主创新、建设创新型国家战略，国务院颁布了《国家中长期科学和技术发展规划纲要（2006—2020年）》。2015年，《中

共中央 国务院关于深化体制机制改革加快实施创新驱动发展战略的若干意见》发布,同年还发布了《深化科技体制改革实施方案》。2016年,中共中央、国务院发布《国家创新驱动发展战略纲要》,召开"科技三会",提出我国科技创新"三步走"战略目标,就是到2020年进入创新型国家行列,到2030年进入创新型国家前列,到新中国成立100年时成为世界科技创新强国。2015年被称为中国的创新创业元年,国家陆续出台了大量政策,全国也兴起了"双创"热潮。比如,2015年发布《关于深化高等学校创新创业教育改革的实施意见》;2017年发布《关于大力推进大众创业万众创新若干政策措施的意见》;2018年发布《关于推动创新创业高质量发展打造"双创"升级版的意见》等。

在这方面学术界也出版了大量相应的书籍,如《创新驱动发展:理论、问题与对策》《国家自主创新示范区建设政策与立法研究》《欧洲国家创新政策热点问题研究》等。2007年上海科学普及出版社出版了笔者的一部专著——《自主创新纵横谈》,就是属于这类方向的研究,即关于创新的政治学、政策学的一种思考。

从马克思主义理论、政党学说、政策学、国家战略、公共管理等角度开展创新研究,涉及创新战略、政府层面的创新管理等方方面面的内容。中国特色社会主义进入新时代,对科技创新和创新驱动的全新定位,源于习近平总书记对国内外大势和国家长远发展的深刻洞见。2012年,党的十八大作出了创新驱动发展战略部署,将发展的基点放在创新上,强调科技创新是提高社会生产力和综合国力的战略支撑,必须摆在国家发展全局的核心位置。这是党中央在新的发展阶段确立的立足全局、面向全球、聚焦关键、带动整体的国家重大发展战略。

2014年8月18日,习近平总书记在中央财经领导小组第七次会议上强调,"创新始终是推动一个国家、一个民族向前发展的重要力量"。"实施创新驱动发展战略,就是要推动以科技创新为核心的全面创新……"中共十八届五中全会提出"创新、协调、绿色、开放、共享"的发展理念。在党的十九大报告中,习近平总书记更是从"创新是引领发展的第一动力,是建设现代化经济体系的战略支撑"的高度,认识加快建设创新型国家的重要性和必要性;提出加强理论基础研究和应用基础研究、构建国家创新体系,深化科技体制改革、建立技术创新体系,倡导创新文化和知识产权保障制度建设等政策措施。在党的十九大报告中,"创新"一词出现

50余次,习近平总书记多次强调加强理论创新、实践创新、制度创新、文化创新以及其他各方面创新,加快建设创新型国家的步伐。党的十九大确立了到2035年我国跻身创新型国家前列的战略目标。

6. 创造学研究的文化学视角

20世纪上半叶,开始兴起以文化视角研究人类社会和历史。因为人类社会的每一次跃进、每一次升华,无不伴随着文化的历史进步。但随着冷战时代的来临,文化研究一度被冷落。很多人仅仅看到了国家间表面的武力争斗,看不到隐藏的真正起作用的其他冲突和矛盾。20世纪70年代以伊朗伊斯兰革命为标志,尤其冷战结束后,文化差异和文明冲突在当今世界的重要性较之以往更加凸显出来。于是又出现"文化热"。

文化学者认为,经济、政治行为是隐藏在它们下面的文化碰撞和冲突的外在表现。许多问题看似经济问题,或者政治问题,实际上是社会学意义的文化问题。在人类历史发展中,先进文化是有效解决人类社会生存和发展中各种矛盾的精神武器。

创新文化成为研究创新的一种新视角,也是从欧美发达国家开始的。以美国的硅谷为例,20世纪50年代以来,硅谷(Silicon Valley)出现了谷歌、苹果、英特尔等著名创新企业,这里每一项撼动世界的产品的推出或迭代,都影响着人类科技的进步和现代生活的革新步伐。产品、技术、人才、创业、科技致富,这些词语显然已经成为硅谷的名片。硅谷如何由果园摇身一变成为改变世界的创新中心呢?首先是硅谷的地理位置和环境。硅谷位于美国西海岸的中部,加利福尼亚州北部,环旧金山大湾区,有极好的地理位置和气候优势,为高科技人才提供了宜居宜业的环境。

除地理环境外,还有一些因素不能忽视,其中之一就是硅谷所特有的文化氛围和它所创造出的硅谷文化。硅谷聚集了大批来自亚洲的优秀人才。许多华人到美国的第一站便是美国西海岸,就是旧金山。这里成为吸引人才的磁铁,约1/3人口出生于美国以外地区,其中华人和印度等亚洲移民占有很大的比例。这里的劳动力年轻,且受教育程度高,同时还呈现多元化的特征。多元文化在这里相互融合,使人的思维更易发散,以更多角度和方式来看待和处理问题,进而演化成一种包容的文化氛围,即鼓励冒险,宽容失败。加利福尼亚州的法律环境比较宽松。知识产权保护在美国比较严格,假如你在一家高科技企业工作,一旦跳槽,可能在一到两年内是不允许在同行业工作的。而加利福尼亚州在这方面自由很多,如果某人跳槽遭到公司起诉，法院一般不予制裁，这就使得一个公司可以快速分裂，每个人都可以跳槽的方式迅速在同行业创业。

硅谷的文化里总是充斥着穿戴随意的CEO，稀奇古怪的职位头衔；表面炫酷，实则压力巨大的工科男女；充分的授权与灵活的工作时间；奇思妙想与不同项目组白热化的PK……这些平民化、扁平化的风格貌似出自那些创业者卑微的起点，就如苹果、微软、亚马逊和惠普都诞生在某个人的车库里。然而回顾一个世纪前的美国，这种底层年轻人白手起家，通过创新发明做大企业，积累巨额财富，促进世界进步的文化风格已经存在了。

"culture eats strategy for breakfast"（文化能把战略当早餐吃），是硅谷广为流传的一句箴言，意思是一个公司的成败并不取决于其技术实力，反而取决于该公司员工的价值观和行为。

创新首先表现在人的创新意识上，就是不墨守成规，喜欢标新立异，敢于探索新的事物，这种意识实际是受到社会文化价值判断和习惯影响的，其本身也就是文化的一个组成部分；创新其次表现在创新思维上，而人的创新思维不仅仅与其掌握的知识和信息有关，更与其思维方式、方法有关，这些方式和方法也是社会文化潜移默化影响的结果；创新还要得到社会的接受、认可和鼓励，社会习俗、社会价值观等都对创新产生影响，鼓励创新的文化会产生更多的创新成果，而一个保守的社会文化，自然会排斥创新，使创新思想早早夭折。

科学技术作为创新劳动的结晶，是在社会中孕育和发展的，任何一种成熟的文化都必然会孕育出印有这种文化特殊印记的科学技术，科学技术在发展过程中的兴衰成败，总是与其文化母体提供的时代条件息息相关。当两种不同的文化遭遇之际，科学技术也夹杂于其间，或优胜劣汰，或相得益彰。因此，文化传统是创新的重要环境因素和外在力量。它一方面是创新的"助推器"，对建设良好的创新环境，营造浓厚的创新氛围，激励和培育创新思维，造就创新人才，作出创新成果和实现可持续发展，具有积极的促进作用；另一方面它也可能是创新的"绊脚石"，例如，墨守成规、因循守旧、中庸思想盛行的文化，必然会阻碍创新。

从文化角度研究创造，出现了所谓创造文化、创新文化研究，给创造学提供了一个新的视角。从早期的《硅谷热——高科技文化的成长》，到今天的《塑造创新文化——实现创新的14个关键因素》《创新文化生态系统研究》《技术创新文化论》等大量著作出版。笔者在创造学的研究中也涉及这方面的转向,分别于 2005 年和 2020 年出版了《科学精神启示录》和《理论创新的内在逻辑》。

7. 创业与行业创新视角下的创造学

近年来创业教育越来越热门,很多大学都成立了创业学院,创业课也成为必修课。创业教育是联合国教科文组织在研讨面向 21 世纪国际教育发展趋势时提出的一个全新的教育概念。1989 年由联合国教科文组织在北京召开的"面向 21 世纪教育国际研讨会"上,"创业教育"(entrepreneurship education)被首次提出。在这次会议报告中提出"学习的第三本护照"这一概念,将创业教育、专业教育(学术性)和职业教育(职业性)列为 21 世纪教育的三张通行证。这可算是"创业教育"在我国的萌芽。1999 年 4 月第二届国际职业技术教育大会进一步强调,"为了适应 21 世纪的挑战,必须革新教育,注重培养学生的创业能力。创业能力是一种核心能力,必须通过普通教育和技术与职业教育来培养。"1998 年清华大学"创业计划大赛"是我国高校实施创业教育的开始。2002 年,我国高校开始试行创业教育,教育部先后确立了清华大学、中国人民大学、北京航空航天大学、上海交通大学、南京财经大学、武汉大学、西安交通大学、西北工业大学、黑龙江大学等九所院校为试点高等院校。

创业教育,从广义上来说是指培养具有开创性的个人,它不仅是对创业者,而且对于拿工资在任何岗位工作的人同样重要,因为用人机构或个人除了要求受雇者在事业上有所成就外,也越来越重视受雇者的首创、冒险精神,创业和独立工作能力以及技术、社交、管理技能。高校创业教育这一本质,意味着创业教育绝不仅仅是简单开设几门与创业相关的课程,更不是专注于培养"大学生老板、企业家"的商业教育或创业培训,而是要站在人发展的起点上,着眼于大学生综合素质的培养,在高校整个人才培养体系的框架内思考创业教育,并求得创业教育目标结果的发展和分步实现。作为一种国际化的教育理念和教育发展趋势,创业教育顺应了时代发展的要求,符合国家战略经济结构调整和个人发展的需要。

创业教育不是仅仅培养"企业家",而是培养"有创业思维的人"。这样的人才能适应未来的不确定性社会。那么,什么是"有创业思维的人"呢?一般来讲,创业思维具有以下特征。

(1)当你遇到问题时,你总能换个角度来面对它,将它看成一种机会，一种可以带来改变的机会，并且为其找到解决方案。（2）不是总等到一切就绪了，才开始做一件事情，而是从自己是谁、自己手上拥有什么资源出发，立刻开始做一件事情，并且关注这件事情如何做得持久，是不是可以带来改变和影响。（3）习惯世界上有很多偶然的、突发的和不可预见的因素，面对不确定环境和问题进行决策。（4）遇到问题去寻找解决问题的办法，并进行创新，变不可能为可能。（5）开创事业思维。创业教育倡导事业的开创性，有热情和激情去做，一切皆有可能——这种态度和思维。

创业思维的核心是创新思维，创业的核心也是通过创新带动创业。如今，创业成功的关键不仅仅在生产技术和产品本身，更为重要的在于创业者能否突破传统思维限制，主动应对环境变化，整合组织内外部资源，创造出新产品、新技术和新服务，实施技术创新、管理创新、体制创新、品牌创新、市场创新等战略，创造出新的经营模式。在信息社会和知识经济发展过程中，创新型创业越来越重要。过去几年间，国内互联网创业浪潮汹涌，电商、O2O、共享经济和"互联网+"等各种商业模式出现，创业公司如雨后春笋般崛起。面对庞大的用户群体，互联网公司竞相推陈出新，满足用户各类需求。互联网成为国民经济的一大引擎。我们为此而骄傲时，又不得不承认一个严峻的现实：支撑我们所有应用服务的底层基础技术大多属于美国巨头公司。比如，支撑互联网的核心服务器技术被IBM和甲骨文等公司掌握，两大智能手机操作系统分别属于苹果、谷歌公司，主流智能终端芯片更是被英特尔、高通等公司牢牢控制。

以往大多的创业教育理论研究与实践当中，我们更多地倾向于指导学生如何创办小型商业企业，视大学生创办多少公司为教育效果，忽视了大学生所创办企业的类型和所产生的社会效益及经济效益。因此，我们应该对科技创业教育及创新型创业给予更多的关注。自1990年以来，美国麻省理工学院（MIT）毕业生和教师平均每年创建150个新公司，对美国经济发展作出重大贡献。斯坦福大学的师生创办了雅虎、思科、谷歌、惠普、Instagram、网景、英伟达、硅谷制图等企业。这些公司是什么？都是高科技企业。高科技企业是高校创业教育培养出来的毕业生创办的企业中最有价值的企业类型。

如今，全球市值最高的两大企业——苹果与谷歌，都是以强劲的科技创新为重要的推动力，不断吸引着来自全世界的顶尖科技人才。翻阅历史，Google 上线之初，并没有有效的盈利模式。不过很快，几个工程师用业余时间开发出来的广告系统，让 Google 不到一年实现盈亏平衡，A 轮 2500 万美金融资没有用完，就成功 IPO（首次公开发行股票）。我们不得不感慨：科技创新对企业的驱动远远比商业模式创新来得更纯粹，力量更大。接下来，互联网下一幕的核心元素必然是人工智能、物联网、大数据和云计算等一类前沿科技。

因此，近年来的创业教育更多地关注创新。在创业项目、创业机会识别方面需要通过创新思维、创新方法的训练来实现创业项目的确立，在项目实施和完成创业项目的各个阶段中，包括融资、市场开拓等也需要创新思维产生想法。反过来，创业教育关注创新也能促进创新的实用化和完善化，从某种意义上说，正是创业实践和创业教育的兴起推动了创新方法的完善、普及和推广。笔者 2019 年在同济大学出版社出版了《创新创业十二讲》；作为主编之一，于 2019 年在机械工业出版社出版了《创新创业实战教程——内生创业进阶》，也正是基于创业视角来研究创新的。

此外，从具体应用领域与行业角度研究创新也是重要的视角。与创新方法、创新心理不同，这些是纵向探索创新的一般规律，还可以横向，即进行不同行业的创新研究，突出行业的创新特征和特殊性，比如，科技创新、军事创新、艺术创新、技术创新、管理创新、教育创新、理论创新。笔者曾出版《理论创新的内在逻辑》《工程改变世界》等书，探讨理论创新、工程创新，而笔者于 2002 年出版的《技术创新过程论》，则偏重于技术领域的创新。

## 二、创造学研究的新视野——创新劳动

### 1. 研究范式转换与成果借鉴

研究创新的视角丰富多彩，枝繁叶茂，这一方面说明人们对创新研究的深化和扩展，另一方面也说明创新是一种复杂的现象，任何角度的研究不仅必要，且都是揭示其规律和本质的重要途径。从劳动角度研究创新就是一种新的视角（强调外界对研究的推动），当然，这与创新研究关注劳动视角是相互呼应的，相互促成的（强调研究自身的扩展和外推）。而创造学发展至今，从劳动的角度去展开研究却显得不够，甚至较为稀少，或者说创造与劳动在以往还分属两个不同的学科领域。

那么，劳动难道不应该是创新研究的一个视角和方向吗？为什么被忽视了？今天又是什么原因这个视角开始被我们重视了呢？

上面列举了以往我们对创新研究采取的多视角，这也表明了创新研究的趋势——融合与渗透，这其实也是任何学术研究、任何社会现象研究的趋势，即走向多角度，学科交叉、协同，采取综合性的、横断性的研究，从而发现研究对象的本质和把握全貌，丰富理论和指导实践。因此，从劳动角度深入到创新研究，并不是以往的创新研究已经"黔驴技穷"、没有思路和角度了，也不是心血来潮的"创意"，主要是创新与劳动的紧密联系性和存在严重被忽视的现实。同样，还有一种考虑就是借鉴劳动研究的丰富成果、理论框架和术语，必然会给创新研究打开一扇大门，让创新研究者又一次看到外面的世界。

那么劳动的理论成果和实践有哪些可供借鉴呢？首先，从理论经济学看，理论经济学的核心是政治经济学，政治经济学的核心概念之一就是劳动，马克思在历史唯物主义基础上创立的政治经济学是从分析劳动开始而深入到资本主义的生产关系之中的。其次，从应用经济学看，劳动经济学是研究劳动力市场中劳动力供给和劳动力需求各自影响因素以及相互作用关系的经济学分支。劳动经济学的研究领域包括劳动力供给、劳动力需求、就业、工资、人力资本投资、失业、收入分配等。而从创新角度看，就业、失业、劳动力市场发育等问题成为经济生活中越来越重要的课题，也必然存在创新劳动力市场发育的问题。此外，劳动社会学也是一门研究劳动者及其行为、劳动关系、劳动组织、劳动制度和劳动社会过程，以揭示劳动社会的结构、功能及其运动规律的一门社会学分支学科。劳动社会学所研究的劳动社会又称产业社会，它是劳动者交互作用的产物，是一个内含经济、文化、政治等社会要素的综合体。创新劳动也同样涉及这些因素，比如创新劳动中劳动者之间的社会关系、协同关系，涉及创新劳动的组织结构、创新行为等，有很多概念和理论可供借鉴。

劳动与社会保障是中国普通高等学校的本科专业之一，主要研究管理学、经济学、社会学等方面的基本知识和技能，进行劳动、社会保险、社会救济、社会福利、社会服务等方面的工作，涉及很多的课程和学科。以课程为例，涉及"劳动关系管理""劳动法与劳动争议处理""劳动伦理学""社会保险学""社会保障制度国际比较""劳动经济学""劳动法与社会保障法"等。2022年2月22日，教育部发布《教育部关于公布2021

年度普通高等学校本科专业备案和审批结果的通知》及《列入普通高等学校本科专业目录的新专业名单》，我国普通高等学校首次开设新专业——劳动教育。

2022年我国新增加了31个本科专业，其中之一就是劳动教育专业，该专业属于教育学类。同时，在我国还建有以劳动为主题词的大学——中国劳动关系学院，是中华全国总工会直属的唯一一所普通本科院校，由中华全国总工会和教育部共建。学院开设了劳动关系、学校劳动教育、劳动与社会保障等专业。国内也有一些大学在应用经济学一级学科下招收劳动关系学专业的硕士研究生和博士研究生。

探索创新劳动也是技术哲学和工程哲学视野的转换。研究创新劳动是创造学的新视野，同时也是广义的技术哲学的新视野，因为技术哲学关注的对象一直都不是单纯的技术，它也涉及科学与工程，包括科学、技术与工程三者之间的交汇点，诸如技术科学或者应用科学、工程技术等，后来也不断扩展到产业等。技术哲学实际是科学、技术、工程、产业哲学的综合性研究。尽管还分为科学哲学、工程哲学、产业哲学，其实严格讲，这些分支学科是难以分割的。比如，以量子通信、人工智能等为代表的学科，无法严格区分科学、技术、工程和产业的界限。

技术哲学和创造学都越来越关注人类的工程实践和工程创新，中国要建设工程强国，而工程实践表现为创新劳动和常规劳动的结合。当今时代，科学技术迅猛发展，人类社会开始进入以数字化、信息化为标志的知识经济时代，物质资料的生产实践，尤其是工程实践，既离不开体力劳动，又使脑力劳动变得日益重要。特别是与物质生产相关联的科技劳动、管理劳动、服务劳动等在生产和经济生活中起着日益重要的作用，即使是工程实践的常规劳动中，我们也需要更多的现代工匠和工匠精神。比如都江堰这一世界级的伟大工程，体现出来的是设计者和组织者的智慧劳动、创新劳动和劳动者施工中的常规劳动的结合，没有其中的任何一项劳动都造就不了这样的伟大工程。

高新科技的出现和发展，使得过去被认为与物质生产没有直接关系的的变得同物质生产的关系越来越紧密，从而导致创造价值的劳动扩大到那些与物质资料生产直接有关的劳动，这些劳动作为现代社会"总体工人"劳动中必要构成部分，都属于生产劳动，从而都创造价值，即使过去理解的体力劳动，也需要有工匠精神和匠人的态度才能够完美实现设计思想。

由此可见，技术哲学研究和工程哲学研究需要我们从劳动角度去思考，技术实践、工程实践都是劳动，既包括创造性的也包括常规性的劳动，因此，从劳动角度可以对技术和工程的本质、特征、组织方式、人才培养等方面给出更全面的认识。

2. 创新劳动——探索创新起源

劳动是人类社会存在和发展的基本条件，没有劳动就没有世界。劳动可以定义为，从外界获取物质能量以维持个体或群体的生命活动。显然，按照这个理解，劳动就是我们的本能。因为经历了千万年的自然选择，具有这种劳动本能特性的人类族群才有机会生存延续到现在。捕食动物是劳动，采集果实是劳动，寻找居所也是劳动。随着人类获得更高水平智力，人类偶然间发现剩余没吃完的果实可以在土壤中发芽生长；圈起来的动物可以繁衍养殖，于是原始农业和畜牧业萌芽出现。因此就有了更加精细化生产操作的需求，于是出现石器的简单加工，出现刀耕火种，出现对石器更精细的加工……后来人类的生产工具越来越发达，操作越来越精细，体脑分工越来越复杂，人类劳作方式由直接从自然界获取资源向更加抽象复杂的社会价值交换转型。历经生产力千百年的发展和后来的工业革命直至今天，这种以人的劳动能力提升为核心的发展逻辑依旧如此。

研究创新就不能回避创新的起源，人类创新源头问题在以往的研究中一直没有能够很好地展开和说明。任何创新的源泉其实都是人的劳动。正如恩格斯所言，劳动创造了人本身。也可以说，劳动是创造的源泉。2020年，英国学者马特·里德利出版了《创新的起源》一书。在书的开头他就提出如下疑问：创新到底是怎样产生的？为什么现代社会在很多领域出现了创新荒？到底我们该怎么引领未来的创新？[①] 马特·里德利试图在这部书中给予解答。

长期以来，我们很多人都认为人类的发明常常是源于一个个聪明人的突发奇想，也有人认为来自个别企业的自主创新。但马特·里德利却颠覆了这一通常的想法。他通过大量的科技史实向我们说明，人类的发明和企业的创新都是渐进的，而且是经过许多人共同努力才做到的，他似乎给我们正在发烧的创新热泼了瓢冷水，让我们更加理智地对待创新。

---

① 马特·里德利. 创新的起源：一部科学技术进步史［M］. 王大鹏，张智，译. 北京：机械工业出版社，2021：1.

事实上，当我们将创新在溯源上不断去向前推移时，我们看到的就是劳动。劳动与创造看似两个不同的概念，实际上具有内在的紧密联系。人是从自然界分化出来的，由此形成了人与自然的对象性关系。2020年第七版《辞海》中对劳动一词的解释是：劳动是发生在人与自然界之间的活动，其实质是通过人的有意识的、有一定目的的自身活动来调整和控制自然界，使之发生物质变换，即改变自然物的形态或性质，为人类的生活和自己的需要服务。从劳动的视域看，劳动作为发生在人与自然界之间的活动，其调整和控制自然界，改变自然物的形态或性质，总是要借助于一定的技术创造才能实现。而从技术创造的视域看，技术作为一定的工艺操作方法与技能，或者生产工具和相关设备等，总是在一定的生产劳动中产生并被人们用于一定的生产劳动之中。离开劳动的技术和没有技术的劳动都是不可想象的。以往人们常常将生产劳动等同于生产或产业，以此来研讨技术与产业的关系，技术创新与产业的关系，现在看，我们对"劳动"二字的忽视造成了认识上的不准确，因为人在从必然王国走向自由王国的过程中，最初还根本没有什么产业的概念，也没有具有现代意蕴的所谓生产，而仅仅是劳动，甚至是出于本能的劳动。

从猿进化成人类的第一个标志是站立。因为站立解放了双手，解放了双手，人才能制造工具，这就是人类的最初创造，一旦使用工具，这就是在从事技术发明和技术的利用。我们的祖先在进化的过程中，已经出现了工具的二次加工。距今10万年之内的许家窑人已经加工出了单刃砍砸器、多刃砍砸器、三棱尖状器等多种石器。而丁村人使用的石球多用石灰岩打成，是重要的狩猎工具。

变异和筛选，不断尝试和淘汰，这是大自然推进生物群体持续演化的规律。1000万年间，大自然已经尝试过各种设计、各种变异，各种生物特征、各种细微的调整，只有最合适、最适应生存环境的才会遗传下来，这叫物竞天择，适者生存。那么，人类自己适应这种规律，主动强化生存能力，让自己变得完美的方式是什么呢？答案就是劳动。

人类劳动分为两种，即创造性劳动和重复性劳动。人本身的产生，不仅仅是简单重复性的劳动，更重要的在于创造性地进行劳动，即创新劳动。人类各种生存能力，乃至生产生活能力的发展、水平的提升，是与创新劳动的发展进步相统一的，从一定意义上讲，人是创新劳动发展的产物。人类思维、思想、精神面貌的发展，归根结底是创新劳动的结果。创新劳动的产生和发展是客观趋势，创新劳动使人类越来越多地从低级低效机械重复的劳动中解放出来。

恩格斯关于劳动在人类进化中的作用的思想启示我们，创新的源泉不是人的天才灵感和一时的突发奇想，而是劳动。正如恩格斯所说，真正的劳动是从制造工具开始的。而技术的萌芽也始于制造工具，将工具的历史向前推，我们可以说，人类制造工具又是从第一把工具开始的，而人类制造第一把工具的劳动就是创新劳动。从这个意义上讲，创新劳动也是从制造工具开始的。

1877年，德国哲学家恩斯特·卡普在其奠基之作《技术哲学纲要》中，提出了工具和器物是人体器官投影的思想。卡普认为，人体的外形和功能总是作为人类最能理解的客观存在，被当成创造技术的外形和功能的尺度，投影到外部环境。即所有创新的源泉在于工具，而所有工具的源泉和本原的技术，都是建立在人的器官特别是手的基础之上的。因此，人是制造器物的尺度。卡普还指出："在工具和器官之间所呈现的那种内在的关系，以及一种将要被揭示和强调的关系——尽管较之于有意识的发明而言，它更多的是一种无意识的发现——就是人通过工具不断地创造自己。因为其效用和力量日益增长的器官是控制的因素，所以一种工具的合适形式只能起源于那种器官。"[①] 基于这一理论，卡普对许多器物和工具做了详尽的解释："这样大量的精神创造物突然从手、臂和牙齿中涌现出来。弯曲的手指变成了一只钩子，手的凹陷成为一只碗；人们从刀、矛、桨、铲、耙、犁和锹等，看到了臂、手和手指的各种各样的姿势，很显然，它们适合于打猎、捕鱼，从事园艺，以及耕作。"[②] 卡普还强调了器官投影论对工具发展的深远意义：作为器官投影，不仅工具的形状、结构和功能跟人体的器官一样，而且尺寸和数量关系也可以从人体推算出来。卡普已经预见到人工智能技术了，还暗示出把器官投影论从自然环境的外部转向社会环境的内部开拓。总的来说，卡普开创了一种分析技术创新的独特视角，即从人自身——人的最原始的劳动工具开始，技术与人体有结构和功能上的相似性，技术发展的系统性趋势，以及关注"投影"的目的以发挥技术的有益功能等观点，对研究创新劳动具有重要的借鉴意义。

---

① 卡尔·米切姆. 技术哲学概论［M］. 殷登祥，曹南燕，等译. 天津：天津科学技术出版社 1999：6.
② 同①：7.

3. 创新劳动——探索创新权利

劳动是劳动者的第一权利。马克思曾在致路德维希·库格曼的信中指出："任何一个民族，如果停止劳动，不用说一年，就是几个星期，也要灭亡，这是每一个小孩都知道的。人人都同样知道，要想得到和各种不同的需求量相适应的产品量，就要付出各种不同的和一定数量的社会劳动总量。"① 恩格斯还在《劳动在从猿到人转变过程中的作用》一文中提出了"劳动创造了人本身"的理论命题。现代社会，劳动包含着劳动者、劳动对象、劳动资料三个基本要素，而劳动者是主体，在劳动中起着决定的、主导的作用。与此同时，劳动也就成了劳动者的最基本的权利，即劳动者是通过劳动权利来确证的，劳动者如果失去了劳动权利，那劳动者本身也就不存在了，以劳动为类本质的人也就得到了根本性的否定。

劳动权作为公民的一项重要的权利，其核心要件应当理解为公民在法律规定的条件下，能够享有平等地获得劳动资格和就业机会的权利。这样的伦理原则对现时代人的创新劳动同样如此。尊重劳动，就要尊重创新劳动，尊重创新劳动就意味着创新是人的基本的权利。具体而言，首先意味着平等地尊重每个人的劳动。这不仅是尊重其创新劳动成果，而且是尊重其创新劳动权利和劳动形式，保证劳动者能够按照付出的劳动量获得相应的报酬，任何蔑视和践踏他人创新劳动权利和创新劳动成果的行为都是有违我们最基本的伦理道德原则的。

尊重劳动，包括尊重创新劳动，还意味着对每个人劳动能力与劳动成果差异的尊重。虽然生命的权利是平等的，但是，每个人的创新劳动能力不平等，有高低大小之别，对社会的贡献也有很大差别。劳动能力强，特别是体现在创新劳动能力上，且贡献大的人就有可能在社会中获得较多的利益，这种利益也应该得到尊重和保障。因此，多劳多得，优劳优酬，不仅是社会主义分配原则的基本要求，也是社会主义道德原则的题中应有之义。即党的十八届三中全会指出的，让一切劳动、知识、技术、管理、资本的活力竞相迸发，让一切创造社会财富的源泉充分涌流。

对劳动权的保护，包括对创新劳动权利的保护，就是不能随意剥夺公民的劳动权。现代劳动法诞生于 19 世纪初的"工厂立法"，其历史条件是

---

① 马克思，恩格斯. 马克思恩格斯选集：第 4 卷 [M]. 中共中央马克思恩格斯列宁斯大林著作编译局，编译. 北京：人民出版社，1995：368.

工厂大工业的兴起和劳动者的人格独立；其标志是立法保护重心的转移——从资本所有者转移至劳动力所有者。劳动者是劳动关系中的弱者，确保劳动者在劳动关系中的权益与人格实现，是现代劳动法的神圣使命。劳动法的发展史和工人阶级的斗争史，都可以印证劳动法保护劳动者的正义诉求。对劳动的法律保护本身就体现了社会道德的要求，因此劳动法本身就是对劳动的一种道德保护。充分保证公民的就业岗位和平等就业机会，是保民生、保稳定的重中之重，也是社会伦理建设的重中之重。

1943年11月，著名教育家、思想家陶行知先生在《新华日报》上以激扬文字发表了《创造宣言》，这篇文章也入选九年级语文教材（2018年人教版）。陶行知先生的这个宣言的主题就是高扬人的创造权利。从一定意义上讲，《创造宣言》是在彰显着人的创新劳动的权利。宣言论证的是：人生的终极目标是追求智，而这个途径就是创新劳动。创新是人类所特有的创造性劳动的体现，是人类社会进步的核心动力和源泉。创新并不是一种天赋，而是每一个人都有的种子。宣言内容如下：

创造主未完成之工作，让我们接过来，继续创造。……

有人说：年纪太小，不能创造。见着幼年研究生之名而哈哈大笑。但是当你把莫扎尔特、爱迪生及冲破父亲数学层层封锁之帕斯卡的幼年研究生活翻给他看，他又只好哑口无言了。……

有人说：我是太无能了，不能创造。但是鲁钝的曾参传了孔子的道统。不识字的慧能传了黄梅的教义。慧能说："下下人有上上智。"我们岂可以自暴自弃呀！可见无能也是借口。蚕吃桑叶，尚能吐丝，难道我们天天吃白米饭，除造粪之外，便一无贡献吗？……

所以：处处是创造之地，天天是创造之时，人人是创造之人。让我们至少走两步退一步。向着创造之路迈进吧。

像屋檐水一样，一点一滴，滴穿阶沿石。点滴的创造固不如整体的创造，但不要轻视点滴的创造而不为，呆望着大创造从天而降。……

罗丹说："恶是枯干。"汗干了，血干了，热情干了，僵了，死了，死人才无意于创造。只要有一滴汗，一滴血，一滴热情，便是创造之神所爱住的行宫，就能开创造之花，结创造之果，繁殖创造之森林。①

4. 创新劳动——探索创新价值和动力

人们在探索创新机制时常常强调创新过程，于是就容易陷入心理学或

---

① 陶行知. 陶行知全集：第4卷［M］. 成都：四川教育出版社，2005：48.

者方法学的研究思路中,即将创新理解为心理过程或思维过程。当然我们也重视创新成果,也涉及对创新成果的评价,但更多的是评价成果的创造性。比如按照专利的标准来看成果的创造性,即指新技术与原有技术比,具有实质性突出的特点和显著的技术进步,但无论过程还是结果,无论何种创新过程和方法,何种创新成果,我们忽视了一个事实,即创新成果是通过创新劳动获得的,没有创新劳动,就不可能有原创性的创新成果。

劳动是人的劳动力的支出、使用或消费,这些其实都是经济学概念,需要有经济学的指标来衡量创新。比如,从使用价值意义上,所谓创新劳动,就是发现、发明和创造人类在质上尚未有或部分尚未有的新使用价值的劳动。而重复劳动则不能发现、发明和创造人类在质上尚未有的新使用价值,也不能发现、发明和创造人类在质上部分尚未有的新使用价值。同样,在探索国家、社会和个人的创新动力、创新类型等方面时,我们也需要从劳动,比如劳动类型、劳动分工等角度研究,从而可以看出哪种劳动涉及创新,哪种分工更加适合创新,以及我们又忽视了什么。比如,从劳动分工的演进和进步角度,我们能够进一步理解创新过程和动力。

人类文明发展到今天,离不开社会劳动分工不断深化的贡献。社会劳动分工的基本逻辑主要有三条:一是让劳动者做他们擅长的工作;二是让劳动者固定做一种工作,成为熟练工;三是一个领域对劳动者能力素质要求的差异性越大,就越需要社会分工,分工后效率的提升也就越明显。工业革命以来,社会分工不断深化细化,极大地推动了经济社会发展。但长期以来,人们忽视了一个重要领域的分工——科技劳动的社会分工,致使当今世界科技创新领域基本处于各种劳动被无差别对待的状态。

究其原因,主要有两点:一是在历史上,科技创新主要是个体或少数群体所从事的活动,一直处于缺少分工的状态;二是科技创新具有封闭性、未知性和专业性,在社会分工中容易被忽视。而科技劳动也可以更细分为创造性劳动、智力性劳动和体力性劳动三大类。其中,创造性劳动是指依托人类创造力,超越甚至颠覆现有知识的思想性劳动;智力性劳动是指创造性劳动以外的脑力劳动;体力性劳动是指耗费人类体力的劳动。这三类科技劳动性质各不相同,要求不同特质的劳动者或人才来完成。因此,科技劳动同样是可以分工的,也是分工后效率提升明显的领域。

由于这样的细分更容易被人们所忽视,人类的创新劳动也就被忽视,这无论对于创新的研究还是对劳动分工的深化认识都有阻碍作用,尤其是影响着创新劳动的社会划分及其独立化与专业化。而事实是，创新劳动的进一步独立化与专业化，必将导致社会形成新兴的创新劳动主体和相应的创新劳动企业、创新劳动产业等。有人曾将创新劳动产业定义为第零产业，认为一旦培育形成，社会将形成第零产业、第一产业、第二产业和第三产业并存的产业格局。

正是基于这种分工的认识，我们可以反过来看到人类的创新劳动的重要性，也可以从分工的角度和劳动关系的角度看待创新群体的关系和协同创新的普遍存在。尽管人类在现行科技创新体系下已经取得了重大科技进步，但现行科技创新体系下社会劳动组织形式随着创新劳动的量变和质变也必然会不断改革和完善。在科技进步日新月异的今天，无差别地对待科技创新的三类劳动是不科学的。如何对科技创新领域的劳动进行科学分工，加快推进科技创新方式变革，更加有效地集聚创造英才，让更多的发明家和创造者专门从事他们擅长的工作，从而推动科技实现更快、更大进步，仍是我们今天深化改革要攻克的难题之一。

劳动是价值的唯一源泉，从劳动价值论的意义上认识创新，对深入理解创新的价值具有重要的扩展意义。以往对创新价值的理解更多是从社会学意义上说的，即创新促进经济增长、促进转变发展方式、促进社会进步、促进国家的繁荣和强大，但具体落实到某项创新时，我们用的分析工具却显得不够甚至被完全忽视了。从价值源泉看，创造价值的劳动不能仅仅理解为体力劳动。商品的生产和价值的创造，固然离不开体力劳动，但随着商品生产的发展和劳动协作关系的不断扩大，创造价值的生产劳动以及生产劳动者的范围相应不断扩大。在创造价值的"总体工人"的劳动中，既包括直接进行生产操作者的劳动，也包括从事生产管理和工程技术人员的劳动；既包括体力劳动，也包括脑力劳动；既包括简单劳动，也包括复杂劳动。而且，一般来说，经营管理和工程技术人员，尤其是创新劳动人员的劳动比一般生产操作者的劳动，是更加复杂的劳动，从而在同一时间内能创造出更多的价值。从这样的角度才能够定性化和定量化地理解人类的创新成果。

从劳动价值论的角度看，创造出不同于既有使用价值的使用价值就是创新，创新的本质就是使用价值的创新。理论成果或者应用成果的使用价值不同于既有的使用价值，才能被称为是原创性的理论成果和突破性的应用成果；技术体系和产权制度的使用价值不同于既有的使用价值，才能被认为是技术创新体系和产权制度的创新；否则的话，就不能认为是创新。使用价值具有质的差异，正如马克思在《资本论》第一卷第一章开篇中指出的那样，"作为使用价值，商品首先有质的差别，作为交换价值，商品只有量的差别，因而不包含任何一个使用价值的原子。如果把商品体的使用价值撇开，商品体就只剩下一个属性，即劳动产品这个属性。可是劳动产品在我们手里也已经起了变化。如果我们把劳动产品的使用价值抽去，那么也就是把那些使劳动产品成为使用价值的物质组成部分和形式抽去。"① 商品的使用价值是如此，其他的物或非物的使用价值也是如此。可以说，只有质上有差别的使用价值，才能作为判断理论成果、应用成果、技术体系和产权制度等是否创新的依据。商品的价值只有量的区别，没有质的差异，不能作为商品创新的依据或标准；其他物或非物的价值，也因为只有量的区别而无质的差别而不能作为创新的依据或标准。抄袭的技术成果或者作品，因为只有量的区别而无使用价值质上的差异，不能作为创新的技术成果和作品。因此，我们要严禁抄袭他人成果和作品作为自己的创新成果，而这个创新成果背后反映的是个人和集体的创新劳动。

## 三、劳动研究的新视角——创新

### 1. 创新劳动——新时代劳动观的深化

随着对劳动教育的重新重视，特别是德智体美劳教育方针的提出，更是在教育界产生了革命性的影响，我们对劳动研究也同样是多角度化、多样化的。但遗憾的是，以往我们对劳动的研究视角还不够全面，尤其创新这个视角更为薄弱，而当前从创新视角去研究劳动，在理论和实践层面都非常重要，这主要基于新时代劳动观的扩展与深化。

创新劳动在新时代更加具有突出的地位。新时代的劳动观和由此引出的劳动经济学、劳动社会学、劳动关系学等科学都必然要围绕创新劳动进行思考和确立，新时代劳动观的核心是树立劳动光荣的价值观，弘扬劳模精神、劳动精神、工匠精神，尊重创新性劳动。因此，创新劳动对劳动研究而言也是一个新课题。创新给劳动研究提供了新视角，同时劳动研究必须对创新的本质规律有所认识，并要利用创新方法等方面的内容进行创新

---

① 马克思，恩格斯. 马克思恩格斯文集：第 5 卷 [M]. 中共中央马克思恩格斯列宁斯大林著作编译局，编译. 北京：人民出版社，2009：50.

劳动教育。按照不同的标准，劳动可以有很多的分类，可以将劳动分为重复性劳动和创造性劳动或创新性劳动、创新劳动。而要认识创新劳动，仅仅遵循以往的劳动研究范式是不够的，需要利用创新理论和了解创新机制才能够完成。

这个角度是新时代劳动观的新视野。因为在当今新一轮工业革命发展的时代，传统劳动或者说体力劳动随着智能化工具的出现而越来越少了，智慧劳动越来越多，我们说的劳动光荣也更多指向创新劳动光荣。只有倡导创新劳动，才能使民族更加具有文明的智慧，才能促使人类社会向着美好的明天去奋斗。一个社会，只有弘扬创新劳动光荣的良好风气，才能实现体面劳动的愉悦，才能实现社会财富的不断增长。这种劳动形式和内容的进步与变化，表明了创新劳动在时代发展中的进步价值。社会在发展，劳动方式在变，创新劳动所体现出的社会价值及内涵会更加深刻。

创新劳动也为马克思主义劳动价值论发展提供了广阔的空间。马克思的劳动价值论在创新时代也面临着一系列的挑战，需要创新发展以解释说明和指导当前的实践。比如，创新劳动所创造的巨大价值与社会必要劳动时间不像常规劳动与相应的必要劳动时间那样呈线性相关。因为经典理论告诉我们，劳动是可以用"社会必要劳动时间"来衡量劳动价值量的，但当时更多的是常规劳动。通过展开常规劳动的研究，马克思的劳动价值论揭示了价值理论的最基本内涵。但是，随着创新劳动在整个劳动中地位的日益凸显，仅仅用"社会必要劳动时间"来衡量劳动价值就遇到解释上的困难。因为创新劳动不存在常规劳动意义上的劳动量衡量的前提，不能用"社会必要劳动时间"来衡量；而且，在任何意义上用劳动时间来衡量，都不能解释"创新"的巨大价值。

劳动创造价值是常规劳动中量的累积和创新劳动中质的创造的统一。从生产产品角度看，创新劳动的成果是劳动前不存在的，常规劳动主要生产已经存在的产品。因此，常规劳动与创新劳动的真正区别在于劳动的量和质。创新劳动的价值与劳动时间的量不具有计量意义上的关联，劳动价值量应以社会必要劳动时间和基于人的需要的市场需求两种方式来度量。创新劳动价值的生成进一步揭示了劳动是价值的根本源泉这一基本事实；商品的价值由社会必要劳动时间及其能满足人的需求的状况所决定。在劳动的量的基础上进一步考虑劳动的质，就形成了创新劳动价值论。而在劳动的质的基础上进一步考虑供求关系，则形成了建立在人的需要基础上的劳动价值论。无论创新劳动价值论还是劳动价值论创新，都是马克思劳动价值论的合理展开。

2. 传统劳动中的创新受到重视

不仅创新劳动存在创新，常规劳动中同样存在创新，即常规劳动或者说重复劳动，同样也需要创新并表现出创新的广泛天地。现时代重复性劳动仍然大量存在，劳动者在"平凡的"劳动岗位更能够直接体验和接触到问题，更能够及时发现问题和提出解决方案。中国古代工匠们的工匠传统和工匠精神曾创造出领先于世界的中华文明，这无一不是劳动中的创新典范。我们常常用"能工巧匠"来形容古代的工匠，就反映出对其劳动的尊敬。古代哲学家庄子曾说自己的书是"寓言十九"，意思就是说他的书里有几乎十分之九的内容都是用寓言的方式来表达的。《庄子》中有不少寓言是关于具有特殊技能的劳动者的，如"庖丁解牛""轮扁斫轮""梓庆削木为鐻""佝偻者承蜩"等，都达到了"技进乎道"的自由境界，劳作成为艺术创造，因而具有了内在的价值包括审美的价值。

《庖丁解牛》文章开始是一段惟妙惟肖的"解牛"描写。庄子以浓重的笔墨，文采斐然地表现出庖丁解牛时神情之悠闲、技艺之精湛与动作之和谐。全身手、肩、足、膝并用，触、倚、踩、抵相互配合，一切都显得那么协调潇洒。"砉然向然，奏刀騞然"，声形逼真。牛的骨肉分离的声音，砍牛骨的声音，轻重有致，起伏相间，声声入耳。紧接着又用文惠君之叹："善哉！技盖至此乎！"进一步点出庖丁解牛之"神"，这就为下文由叙转入论做好铺垫。妙在庖丁的回答并不囿于"技"，而是将"技至此"的原因归于"道"。"臣之所好者道也，进乎技矣。"并由此讲述了一番求于"道"而精于"技"的道理。而庖丁解牛后"提刀而立，为之四顾，为之踌躇满志"的神情，又使人们看到创造者在作品完成后内心满足的喜悦。庄子正是通过庖丁其言其艺，揭示出美是一种自由的创造。这种美的创造，必须实现合规律（"因其固然"）与合目的（"切中肯綮"）的统一，以达到自由自在（"游刃有余"）的境界。

创新不仅仅是发明家、科技工作者、企业家的事情，劳动也不仅仅是科技劳动或者创造性劳动。以往还有一种错误的认识，即市场和政府只要激发资产者的积极性，就能促进生产力发展。这个经济学理论依据是美籍奥地利经济学家熊彼特提出的。他在1912年出版的《经济发展理论》一书中，明确地将经济发展与企业家的创新视为同一物，将创新定义为企业家对生产要素执行新组合的经营创新。熊彼特的论述表明了企业家的经营创新对于发展生产力的重要性,这种理论当然是我们必须借鉴的,但他的论述里也有不合理的因素,就是把创新只定义为企业家对生产要素的新组合,为了否定社会其他阶层的作用,又将劳动区分为"领导劳动"和"被领导劳动"、"独立劳动"和"工资劳动",借此论证只有企业家的"领导劳动"和单干者的"独立劳动"才是体现创新的劳动,而"工资劳动"的作用和物的作用是一样的。[①]

与熊彼特的观点不同,马克思主义认为,不仅企业家和单干者,而且社会其他阶层的人民都具有创新能力,社会生产力是广大劳动者的劳动共同创造的。科学技术的产生和生产力的发展,是以物质财富的存在和增长为基础的。从事物质生产的广大劳动者必然构成一个人民群众的主体,他们的劳动是"积极的、创造性的活动",在直接创造了价值和剩余价值的同时,也为一切创新劳动得以进行创造了条件。人类社会包括科学技术在内的一切劳动产品财富,都是劳动者用自己的智力和体力改造自然创造的。社会各阶层人民所共同作出的创新劳动,是科学技术这类真正能促进生产力发展的财富的唯一源泉。

一般来说,企业家创业初期的"领导劳动"是有较多自主创新因素的。但创业以后,他们就不一定是每天都在进行创新劳动了,很多时候他们都是在按照规章制度进行常规管理。特别是那些较大程度上是为单纯追求金钱享受而创业的人,更是可能连常规管理劳动都懒得去做。或把企业交给经理人,自己坐拿红利;或把企业卖了,把钱存到银行自己坐吃利息。即便是仍有创新精神的企业家,也不可能每天都从事创新劳动,在创新想法不成熟和创新条件不具备时,他们要用守成劳动和常规劳动去积累知识和等待时机。

而"工资劳动"不一定都是没有创新的劳动。当劳动者将劳动成果和自己的劳动贡献联系紧密或自己热爱自己所从事的劳动时,"工资劳动"就同时可以成为创新劳动。劳动者真正热爱自己的工作,把这项工作当成了自己的事业,他同样可以作出创新劳动的。例如,新中国成立以后,我国各个领域都涌现出了大批劳动模范,他们之中有很多人并不处于领导岗位,只是普通工资劳动者,却作出了突出的创新劳动。可见,就发展生产

---

[①] 约瑟夫·熊彼特. 经济发展理论 [M]. 何畏,易家洋,张军扩,等译. 北京:商务印书馆,1990:24-25.

力来说，光有企业家的创新劳动是很不够的，处于其他社会地位，包括在企业经营方面暂时处于被领导地位的各阶层人民的创新劳动也同样重要。

企业不应该仅仅是一个追求利润最大化的微观经济实体，同时还应该是一个开发员工能力、符合员工利益、保护生态环境、维护现代经济发展的生态基础和保障消费者利益的社会生态经济实体。我们在政策和社会制度设计上也要保证并促进广大劳动者享有更多的平等和自由，把各方面力量凝聚起来，充分激发广大劳动者的创新活力，让最广大劳动者共同享有人生出彩的机会，共同享有梦想成真的机会，共同享有同祖国和时代一起成长与进步的机会。

当然，今天人们在平凡岗位上进行的创新劳动，不仅仅需要劳动者的技能，更需要劳动者具有主人翁责任感等新时代的劳动精神品质，新时代我们如何激发广大劳动者的创新活力，一直是我们关注的焦点，我们所倡导的大众创业、万众创新，最大限度地激发最广大劳动者发展生产力的创新活力，就有这样的意蕴所在。新时代劳动学科的深化需要引入创新这个变量，劳动价值的衡量需要创新辅助，劳动精神的树立和传承需要创新辅助，劳动教育的扩展需要创新辅助。

3. 劳动研究的学科范畴扩展

劳动是人类所特有的一种有意识、有目的的社会实践活动，是人用自己的体力、脑力，以自身的活动来调整和控制人与自然之间的物质、能量、信息的交换过程，是人的生存条件和存在方式，也是社会存在和发展的基础。无论是观照人类社会的历史还是现实，我们都应该从劳动入手，劳动就如同这个坐标的原点。劳动研究是一个比较笼统的概念，具体包括劳动观研究、劳动教育研究、劳动经济学研究、劳动社会学研究等，这些学科也要充分借鉴创造学成果。即劳动研究需要借鉴创新研究的理论成果，诸如创新的概念、特征，创造力的策略，创新方法，创新与创业的组织与管理等。

当然，从劳动角度研究创新和从创新角度研究劳动，本是相辅相成的，两者结合也是必然的，只是由于与创新一样，劳动本身也是非常复杂的社会现象，对劳动的研究也是呈现分门别类的多学科性特征。无论从哲学角度、经济学角度，还是从社会学角度研究，最终都会走向交叉，并导致从综合角度进行研究。正如马克思所言，劳动作为使用价值的创造者，作为有用劳动，是不以一切社会形式为转移的人类生存条件，是人和自然之间的物质变换即人类生活得以实现的永恒的自然必然性。

在一般人看来，对劳动的研究应该属于经济学范畴，毕竟马克思就是从商品开始剖析资本主义的，劳动是马克思主义理论的核心范畴之一，马克思主义劳动学说是人类发展史上的一座丰碑。由商品的二重性引出生产商品的劳动的二重性。马克思创立了劳动二重性学说，使资产阶级古典政治经济学家亚当·斯密和大卫·李嘉图等人提出的劳动价值论成为完全科学的价值理论。

但我们也要看到，劳动也是政治学、政治经济学、社会学等学科的范畴，也是哲学学科的范畴，此外，也是应用经济学，特别是劳动经济学和管理学等学科范畴。劳动经济学探索劳动关系；劳动关系理论是探讨与研究劳动者和用人单位建立的劳动关系的学说；在管理类下，我们还有劳动与社会保障专业；当然，在政治学或者说意识形态研究视域下，我们也探索劳动观和劳动观教育等课题，有社会主义的劳动观和资本主义的劳动观等方面的研究；等等。在社会学意义上，我们也研究劳模精神、工匠精神等内容，这也是关于劳动和劳动者研究的视域。

传统观点常常认为，创新劳动即使算劳动也是一种"锦上添花"的劳动，创新精神似乎是科学家、发明家的精神，因为每种职业、每个劳动者个体的创造力都是有差异的，所以它不宜成为普遍要求。事实上，在劳动形态层出不穷、劳动标准日新月异的今天，创新已经成为每位劳动者的必备素养。任何一个岗位（无论是体力劳动为主，还是脑力劳动为主），都要求从业者在不同程度上具有创造性。进一步来看，这既是客观规定，也是主观诉求——在创造中，人展现自己作为类主体的特性，在创造中，见证劳动美。

4. 创新精神——工匠精神被赋予的新内涵

中国的工匠传统可谓源远流长，我国古代有"士农工商"四民之谓，其中的"工"就是指工匠，即有手艺专长的人。据《礼记·曲礼》记载："天子之六工，曰土工、金工、石工、木工、兽工、草工，典制六材。"就是说，天子的六种工匠是：土工、金工、石工、木工、兽工、草工，分别负责制作陶器、铁器、石器、木器、皮具和草编等六种材质的器物。至周代，手工业工种分工更细，有"百工"之称。古代工匠主要是手工业劳动者，我们今天所能见到的古代做工极为精巧的遗物，大都出自古代工匠之手。五千年的中华文明史中，手工业造就了大批能工巧匠，技艺精湛的鲁班、"游刃有余"的庖丁、衣被天下的黄道婆、铸剑鼻祖欧冶子、雕刻大师王叔远，等等。他们留下了许多传世经典，显示出古代工匠的高超技术水平，推动了历史发展的进程。

与工匠劳动相匹配的则是其背后形成的工匠精神。作为中国的传统手工业者，这些工匠远离浮躁、焦急的心态，心无旁骛、气定神闲，在斗室之中揣摩作品；他们精雕细琢、精益求精，不断对作品进行创新、对技术进行更新；他们耐得住寂寞、守得住节操、经得住诱惑，既敢于探索，也敢于失败，在炉火纯青中呈现出最美的精品，并赋予它们历史传承价值。精湛的雕刻工艺，正是因为不断的打磨与专业的设计，才能日臻完美，别具一格；精美的玉液琼浆，正是因为岁月的积淀与季节的酝酿，才能醇厚甘甜，窖香绵柔。手工业作为非物质文化遗产的重要组成部分，不仅浓缩了民族文化，发扬了人文精神，还代表着时代的创新成果。

何谓工匠精神？一般将其理解为工匠艺人在专业技术上精益求精、在职业素养上脚踏实地的一种理想精神追求。有人提出"工匠精神"包括四种精神，即敬业、精益、专注、创新；也有人提出"工匠精神"包括三种精神，即追求卓越的创造精神、精益求精的品质精神、用户至上的服务精神；还有人提出"工匠精神"是指爱岗敬业、专注严谨、精益求精的意识、思维和理念。工匠精神可以用耐心、缓慢、坚持、少量、精细、极致等词来形容。我们可以将工匠精神进一步概括为六个方面：追求完美的精益精神、追求天人合一精神、专注与坚持精神、敬业精神、创新精神、追求卓越精神。

然而，很长时间以来社会对工匠精神的认识往往流于表浅，对工匠精神的理解也止步于功利性的价值指标，工匠精神似乎渐渐淡出了人们的视野。即使到今天，社会上仍有很大部分人不认可也不愿意去传承工匠精神。我们的成功学，比任何时候都更急功近利！似乎只要能找到通向成功的捷径，就一定不会去走那条积淀成功的道路。在这种环境下，潜心做手艺的人，得不到社会的关注和尊重，传承就更显困难。一些人更喜欢投机取巧，而不愿意脚踏实地。直到近几年，面对将中华优秀传统文化进行现代化转化的呼声，面对供给侧结构性改革等要求，随着大国工匠概念在全国的提出，工匠精神才又重新走进我们的视野，越来越受到了重视。

在当代，不管是载人航天，还是蛟龙入海，每一篇华章都离不开工匠的劳动，都离不开工匠精神。在互联网高速发展的今天，无论科技如何进步,正如央视《大国工匠》所传播的那样,手工业尤其是传统手工业仍是培育工匠的摇篮,是工匠精神得以形成的基石,更是民族文化传承与光大的孵化器。

"执着专注、精益求精、一丝不苟、追求卓越。"2020年11月24日,在全国劳动模范和先进工作者表彰大会上,习近平总书记高度概括了工匠精神的深刻内涵,强调劳模精神、劳动精神、工匠精神是以爱国主义为核心的民族精神和以改革创新为核心的时代精神的生动体现,是鼓舞全党全国各族人民风雨无阻、勇敢前进的强大精神动力。

工匠精神不是一成不变的,它是随着社会实践和社会形态的更替而不断演化的,从古代到现代,我国工匠精神的演变经历了四个阶段,即以注重简约朴素、切磋琢磨为特征的孕育阶段,以崇尚以德为先、德艺兼修为特征的产生阶段,以主张心传体知、师徒相承为特征的发展阶段,以提倡开放包容、勇于创新为特征的传承阶段,这四个阶段相互衔接、层层递进,展现了我国工匠精神产生与发展的脉络。在努力实现中华民族伟大复兴中国梦的今天,我们应充分挖掘和发挥工匠精神的当代价值,进而使这一精神代代相传。

过去的工匠精神中创新精神并没有凸显,今天创新精神越来越成为工匠精神重要的构成要素。因此,契合当今经济和社会发展的现实需要,梳理我国工匠精神的形成及其历史演变过程,有助于更好地把握工匠精神所包括的敬业精神、德艺精神、师道精神、创新精神等精神内涵,进而充分地挖掘和发挥工匠精神的当代价值。而上述研究就需要与创新研究相结合,只有对创新实践有深入的认识,才能够对工匠精神中的创新精神有深刻的认识。

支撑创新驱动的根本是创新型人才,其中包括能工巧匠和高级技师。我国有超过1.7亿技能人才活跃在各行各业。大国工匠凭借丰富的实践经验和不懈的创新进步,实现了一项项工艺革新,完成了一系列技术攻坚。他们是支撑中国制造的重要力量,也是锻造"创新中国"的劳动者大军。

在激烈的市场竞争和转型升级压力下,"工匠精神"被赋予以创新为导向、以技术为生命、以质量为追求的新内涵。

伴随着"天问一号"探测器着陆,特种绳索制造企业——青岛海丽雅集团技术团队走进大众视野。深空探索充满难以预料的危险。探测器从高空进入火星大气,超高速摩擦和巨大冲击力对着陆伞绳与着陆器之间连接处的耐高温性能要求极高。为了解决这一重要课题，该技术团队在一年多的时间里日夜攻关，仅选择材料就返工 40 余次。尽管整个过程经历着无数的煎熬，但最终凭借创新，他们的技术经受住了考验。新闻媒体对其工匠精神的报道用了这样一个题目：一根绳索，让这个团队站上了中国特种绳缆的高峰。

中集集团来福士海洋工程有限公司管路班班长杨德将，参与数十个大型海洋工程项目建造，先后攻克多项被国际厂商垄断的钻井系统技术瓶颈；从我国第一座公路钢箱梁斜拉桥，到第一座采用整体节点焊接结构的钢桁梁桥，中铁宝桥集团有限公司电焊特级技师王汝运不断刷新焊接工艺的极限……一大批产业劳动者勇于创新、追求卓越的干劲，彰显工匠精神的时代气息，也诠释着工匠精神的社会价值，即它是社会文明进步的重要尺度，是中国制造前行的精神源泉，是企业竞争发展的品牌资本，是员工个人成长的道德指引。

5. 从一般劳动教育到创新劳动教育

早在 19 世纪，马克思就充分认识到把劳动融入教育中所能起到的对社会发展产生的革命性、推动性作用，提出劳动结合教育是改造社会手段的思想。马克思在《哥达纲领批判》中是这样说的："生产劳动和教育的早期结合是改造现代社会的最强有力的手段之一。"① 马克思还提出了劳动造就"全面发展的人"的思想。马克思在《资本论》中指出："正如我们在罗伯特·欧文那里可以详细看到的那样，从工厂制度中萌发出了未来教育的幼芽，未来教育对所有已满一定年龄的儿童来说，就是生产劳动同智育和体育相结合，它不仅是提高社会生产的一种方法，而且是造就全面发展的人的唯一方法。"② 这为社会主义社会把劳动融入教育提供了深刻启迪。

教育方针是国家或政党在一定历史阶段提出的有关教育工作的总的方向和指针，是教育基本政策的总概括，是确定教育发展方向、指导教育发展的战略原则和行动纲领。中国共产党历来重视教育工作，并根据不同历史时期的社会发展特点制定教育方针且不断丰富发展。1957 年 2 月，毛泽东在《关于正确处理人民内部矛盾的问题》中提出："我们的教育方针，

---

① 马克思，恩格斯. 马克思恩格斯文集：第 3 卷 [M]. 中共中央马克思恩格斯列宁斯大林著作编译局，编译. 北京：人民出版社，2009：449.

② 马克思，恩格斯. 马克思恩格斯文集：第 5 卷 [M]. 中共中央马克思恩格斯列宁斯大林著作编译局，编译. 北京：人民出版社，2009：553.

应该使受教育者在德育、智育、体育几方面都得到发展，成为有社会主义觉悟的有文化的劳动者。"邓小平在1978年4月召开的全国教育工作会议上重申了这一方针："我们的学校是为社会主义建设培养人才的地方。培养人才有没有质量标准呢？有的。这就是毛泽东同志说的，应该使受教育者在德育、智育、体育几方面都得到发展，成为有社会主义觉悟的有文化的劳动者。"

面对21世纪的挑战和新世纪素质教育新要求，党和国家在坚持教育与包括生产劳动在内的社会实践相结合的同时，把"美育"纳入教育方针。1999年召开的全国教育工作会议提出："坚持教育为社会主义为人民服务，坚持教育与社会实践相结合，以提高国民素质为根本宗旨，以培养学生的创新精神和实践能力为重点，努力造就'有理想、有道德、有文化、有纪律'的，德育、智育、体育、美育等全面发展的社会主义事业建设者和接班人。"以此强调学生健康的重要性，重申了教育要与生产劳动和社会实践相结合的原则。

2018年9月10日，习近平总书记在全国教育大会上提出，"培养德智体美劳全面发展的社会主义建设者和接班人"，首次把劳动教育纳入党的教育方针，将劳动教育纳入新时代"培养什么人"这一"教育首要问题"的总体要求之中，强调要坚持中国特色社会主义教育发展道路，努力建构德智体美劳全面培养的教育体系。把劳动教育的地位和意义提到了前所未有的高度。这是新时代党的教育方针的丰富发展，更是新时代弘扬劳动精神、倡导劳动教育思想的集中体现，体现了对马克思主义教育思想的继承发展。

纵览新中国成立以来党和国家的教育政策，虽然注重教育与生产劳动相结合一直是我国教育的大政方针，但是旗帜鲜明地将劳与德、智、体、美相并列，纳入教育方针，作为对社会主义建设者和接班人的总体要求尚属首次。

中国特色社会主义进入新时代，新时代的劳动状况环境、劳动的社会作用等都发生巨大的变化，社会也对劳动有了新的要求，比如创新劳动的重要性更加凸显，劳动教育与德育、智育、体育、美育之间的整体化关系凸显，等等。因此，新时代劳动观以及新时代劳动观教育已经成为当今社会各界关注的话题，在教育实践中也取得了丰富成果。因此，习近平总书记在全国教育大会上的讲话中强调，要在学生中弘扬劳动精神，教育引导学生崇尚劳动、尊重劳动，懂得劳动最光荣、劳动最崇高、劳动最伟大、劳动最美丽的道理，长大后能够辛勤劳动、诚实劳动、创造性劳动。

全国的大中小学都在探索不同形式和模式的劳动教育，并逐步将创新纳入劳动教育之中，作为劳动教育的重要组成部分，这实际就是创新劳动的教育。以中小学劳动教育为例，成都市的金牛区在2015年被教育部命名为"全国中小学劳动教育实验单位"。经过多年探索，其构建了"一核引领、双向贯通、三轨同步、四轮驱动"的"全劳动教育"工作体系。其中"一核引领"，即指实现行为自觉向价值自觉转变。培养"德智体美劳全面发展的社会主义建设者和接班人"为核心目标，让勤俭、奋斗、创新、奉献融入学生精神谱系，让劳动创造美好生活，劳动不分贵贱成为学生的价值共识，让热爱劳动、尊重普通劳动者成为学生行为准则。"双向贯通"，即实现割裂式的发展向学段一体化发展转变。学校发布了"学校劳动清单"，明确教育目标、劳动主题、实践场景和学生评价四方面指引，形成6个学段中小学、幼儿园全学段贯通的劳动教育格局；开发劳动校本课程近100门，以劳动课程促进五育融合。"三轨同步"，即实现边界错位向多方协同转变。编制"金牛区社区劳动地图"，建立"学生劳动教育中心+社区教育中心+社区党群服务中心"的三中心协同机制，形成职场类、场馆类、小区类、园地类4类社区实践基地共107个，提供中小学生劳动实践岗位近5000个。上线"蚂蚁工坊"APP，开展线上选课。"四轮驱动"，即实现自主推进向机制完备转变。成立"学生劳动教育中心""劳动教育联盟"，形成"中心+联盟+示范"的导向机制；推进劳模、工匠、博士、家长进校园，形成"专职+兼职+特聘"的能力机制；立项劳动教育重大重点课题，确立劳动教育课程开发项目试点，形成"专项课题+试点项目+教研组研讨"的引领机制；创新"劳动护照"过程性评价模式，建立三级考评模式，推行"劳动勋章"荣誉评价，构建"护照+考评+勋章"的动力机制。

再如，成都的武侯区启动"百名劳动教育种子教师"培育行动，创新实施劳动教育"八大行动"，构建劳动教育课程体系，形成基础+融合+活动"三课联动"课程体系，全区78所中小学因校制宜，实现"一校一案、一校一单"。探索以公司+企业方式，建设"水韵园"综合教育基地，建成国家危机档案、科技创想营地、匠心制作工坊、舒心交流空间、时尚运动时分等五大实践功能区，每学年免费向学生提供实践体验。运用智慧平台实施过程评价，实现劳动教育过程性评价和结果性评价全覆盖。

国内某大学在实施劳动教育中，提出如下基本原则。（1）目标导向。促进学生学习必要的劳动知识和技能，帮助学生树立正确的劳动观念，培养学生吃苦耐劳的精神，促使学生形成健全的人格和良好的思想道德品质。（2）实际体验。通过让学生直接参与劳动过程，体验劳动感受，掌握劳动技能，养成良好的劳动习惯，提高动手能力，增强自我教育、自我管理、自我服务的能力。（3）全面发展。充分发挥劳动育人功能，以劳树德、以劳增智、以劳强体、以劳育美、以劳创新，拓展学生综合素质，促进学生德智体美劳全面发展。

同时在本科专业人才培养方案中设置"劳动"课，课程性质为必修课，课程模块为集中性实践环节，计1学分。实行集中劳动实践和分散劳动实践相结合，第1~6学期每学期至少组织2次集中劳动实践，每次不少于4学时。教学形式：（1）组织以劳动教育为主题的班会、劳模报告会、劳动技能展演等，强化学生劳动自觉与责任感；（2）开展与劳动有关的兴趣小组、社团、俱乐部活动，进行手工制作、电器维修、室内装饰、学习帮扶等实践活动；（3）结合专业教育组织学生参加劳动活动，如打扫教学实验场所卫生、教学实验设备管理维护、寝室内务整理等；（4）组织学生参加校内外非营利性公益劳动与志愿服务；（5）组织学生参加与学校建设和管理等有关的执勤活动；（6）组织学生参与校园的绿化、美化、净化、亮化工作；（7）其他与劳动相关的学习、实践活动。

从该大学提出的上述基本原则上，我们看到其劳动教育强调了创新。在具体实施方案中强化了工程训练中的劳动教育的作用。在工程训练中心，理工科专业的学生要进行为期2~5周不等的金工实习，这也被纳入劳动课的范畴，同学们穿上工作服，从传统的车、铣、钳、焊、铸造等加工，到数控技术的数控车、数控铣、加工、快速成型，再到先进的3D打印、机器人制造技术等逐一尝试，并在项目设计上鼓励创新项目，强化创新能力的培养，通过劳动体验加快知识向能力的转化，培养学生的劳动精神、创新精神和工匠精神。

尽管创新劳动教育在劳动教育中越来越受到重视，各级教育机构进行了有效的探索，但劳动教育仍然有很多问题需要解决，特别是教学形式设计、教学内容建设和教材建设等，如何突破瓶颈取得教育效果呢？创造学理论和实践、创新教育无疑是重要的支撑，教育者应该借鉴创新教育，尤其是创新方法的教育,将这些内容引入劳动教育之中,同时引入创新教育已经成熟的教学形式和方法,比如项目学习、问题学习的教学方法等。这些内容都为创新与劳动教育结合开辟了广阔的空间。

## 四、从劳动分类审视创新劳动

### 1. 传统体力劳动与脑力劳动的划分

劳动除具有目的性、计划性和社会性等特征外,还有一个重要特性就是多样性。劳动的多样性是人本质的展开,是人类发展的根据。人作为社会性动物,其需要是多方面的,既有生理的,又有心理的、社会的,其中一部分需要是由自然界满足的,如空气、阳光、温度等,只有在特殊条件下才由人的劳动来提供;大部分的个人物质生活需要都是由劳动采集、种养、制造自然物质来满足;心理的需要或精神的需要,则是在体力劳动提供物质条件的基础上,由智力劳动进行各种精神创作和服务来满足;社会需要包括公共事务和政治统治、军事等各方面的需要,其中大部分是物质需要,少部分是精神需要(社会舆论、教育、宣传)。人需要的满足除自然条件外,主要依靠劳动。劳动不仅满足需要,还创造、引发需要,二者相互促进、制约,在扩展、丰富需要的过程中,劳动也在不断地扩展、精细、分化,呈现系统性和多样性。

劳动的多样性是以劳动者素质技能的提高为根据和内容的,人类社会的发展,它的矛盾、它的丰富多彩,都源自劳动的多样性。劳动的多样性一个重要表现就是生产和社会的分工,中国古话讲"三百六十行",比喻劳动的多样性,而今日之劳动,又何止三万六千行。劳动的多样性不仅生产了多样性的产品和服务,也造成了人与人的差异与个性,进而导致交往的扩大与密切,乃至社会结构的矛盾和演化。

按照传统的劳动分类理论,人的劳动可分为体力劳动和脑力劳动。所谓体力劳动,是劳动者以运动系统为主要运动器官的劳动。体力劳动是身体器官能够运用的力,即体力,用体力来完成的产生价值的运动,比如播种、制造、施工、服务。体力劳动主要体现在农民、工人所生产的生活资料和生产资料上面。脑力劳动是靠大脑器官能够运用的力,即脑力,用脑力来完成的产生价值的运动,即劳动者在生产中运用的是智力、科学文化知识和生产技能,故亦称"智力劳动",是质量较高的复杂劳动。比如分析、设计、决策、运筹，主要体现于劳动者科学文化知识、生产技能和经验的成果。

脑力劳动和体力劳动的区分，实际是人类劳动发展到一定阶段的产物，其标志是出现以支出脑力为主和以支出体力为主的固定的劳动分工形式和劳动方式。劳动创造了人的大脑，大脑支配了人的劳动。在原始社会，生产力水平低下，迫使人们不得不把脑力劳动和体力劳动在原始状态下结合起来。体力劳动也是在脑力劳动参与下进行的，而当时任何类型的脑力劳动都不能离开体力劳动而独立地存在于个别人的身上，也就是说，脑力劳动和体力劳动还没有可能被分配给不同的人。马克思认为，在劳动者被资本支配之前，他的劳动是一种纯粹的个人劳动。在其劳动过程中，这个劳动者是把后来彼此分离的职能，也就是脑力劳动和体力劳动结合在一起的。但是，当劳动者成为资本统治下的被支配者之后，其劳动过程中的脑力劳动和体力劳动互相分离。马克思在《资本论》中说："正如在自然机体中头和手组成一体一样，劳动过程把脑力劳动和体力劳动结合在一起了。后来它们分离开来直到处于敌对的对立状态。"[①]

脑力劳动从体力劳动中第一次分离是同私有制、阶级的出现同步发生的。这次分离在很大程度上或本质上是从事社会公共事务的脑力劳动从从事物质生产的体力劳动中进行分离，这次分离所造成的后果之一就是剥削阶级及其知识分子对劳动人民的剥削和统治。这次分离只在很小的程度上将与物质生产劳动直接有关的脑力劳动（如指挥劳动和科学研究活动等）从体力劳动中分离。在更大的程度上或本质上，则反映的是一种剥削与被剥削及统治与被统治的关系。

这次体力脑力劳动分离的另一个重要标志是大工业时代来临。大工业生产中，机器不断代替人的手工劳动，产业工人日复一日地从事着极其简单、单调和极容易学会的操作。如果说在早期的生产活动中，"工人把工具当作器官，通过自己的技能和活动赋予它以灵魂"，那么在机器大工业生产中，"机器则代替工人而具有技能和力量，它本身就是能工巧匠，它通过在自身中发生作用的力学规律而具有自己的灵魂"。因此，在马克思看来，在自动机器体系大规模被采用之后，与以前相比，工厂中的劳动者越来越沦为简单的体力劳动者，工厂劳动越来越少地要求工人脑力劳动的

---

① 马克思，恩格斯. 马克思恩格斯文集：第5卷［M］. 中共中央马克思恩格斯列宁斯大林著作编译局，编译. 北京：人民出版社，2009：582.

参与。

与此相对的，统治阶级不仅支配着物质生产资料，同时也支配着精神生产资料。这样，在工厂工人的劳动过程中出现了体力劳动与脑力劳动的分离，而且在整个社会人群中，脑力劳动和体力劳动之间也形成了巨大鸿沟，进而社会分裂为剥削阶级、脑力劳动者集团和劳动阶级、体力劳动者集团这样两大对立的阶级和集团。在高度发展的商品经济的推动下，社会生产空前高速度发展的另一个结果是，推动了科学的发展和科学在生产上的应用。恩格斯在谈到欧洲文艺复兴时期自然科学的迅速发展时指出，资产阶级为了发展工业生产，需要科学来查明自然物体的物理特性，弄清自然力的作用方式。

现代大机器生产和现代科学的进一步发展，反过来又推动了整个社会生产力的提高和社会劳动分工的新发展。其中最明显的变化就是从体力劳动者中第二次分离出新的脑力劳动者来。而这次分离出来的脑力劳动者的大多数所从事的脑力劳动，则是和生产劳动有直接的和比较直接的联系了。他们是科学家、技术员、工程师、管理专家，以及为生产和为生产劳动服务的教育、文化、卫生、体育等各方面的专门人才。他们从事的很多劳动实际就是创新劳动，他们中的多数和资本主义社会的体力劳动者一样，也是雇佣劳动者。由于资产阶级对知识（精神）生产资料的垄断，其意识形态在整个社会占据了统治地位，再加上统治阶级在剩余价值再分配上向数量有限的脑力劳动者倾斜，由意识形态国家机器所培养出来的不少脑力劳动者（比如新闻媒体从业人），不仅在社会经济地位上，而且在阶级意识上，与大工业体系下的体力劳动者拉开了距离。

对于这类脑力劳动者，马克思、恩格斯在1848年的《共产党宣言》中有一个著名的表述——"资产阶级抹去了一切向来受人尊崇和令人敬畏的职业的神圣光环。它把医生、律师、教士、诗人和学者变成了它出钱招雇的雇佣劳动者。"从21世纪以前的社会主义和共产主义运动的历史实践来看，马克思、恩格斯当年对于脑力劳动者的这一论断，更像是一种革命的号召，号召脑力劳动者认清其在资本统治结构中实质上的被雇佣地位，从而加入到无产阶级革命队伍中去。对马克思而言，不光是从事物质劳动、体力劳动的人才是无产阶级，从事非物质劳动的人，如教师、医生、签约作家和艺人等，如果被放置到一定的雇佣劳动结构中，同样会变成不占有生产资料，而依靠工资为生的生产工人，成为名副其实的无产阶级。

马克思在《1857—1858年经济学手稿》中指出："自然界没有造出任何机器，没有造出机车、铁路、电报、自动走锭精纺机等等。它们是人的产业劳动的产物，是转化为人的意志驾驭自然界的器官或者说在自然界实现人的意志的器官的自然物质。它们是人的手创造出来的人脑的器官；是对象化的知识力量。固定资本的发展表明，一般社会知识，已经在多么大的程度上变成了直接的生产力，从而社会生活过程的条件本身在多么大的程度上受到一般智力的控制并按照这种智力得到改造。它表明，社会生产力已经在多么大的程度上，不仅以知识的形式，而且作为社会实践的直接器官，作为实际生活过程的直接器官被生产出来。"[①] 马克思由此引出了"一般智力"的概念，说明马克思已经看到了创造力和创新劳动的价值，也预测出它们未来必将成为改变世界的基本动力。

受马克思"一般智力"概念启发，意大利社会学家和哲学家莫西齐奥·拉扎拉托提出了"大众智力"的概念，他认为，自20世纪70年代以来，随着整体人口文化和智力素质的提高，西方进入一种"大众（智力）智能"（mass intellectuality）社会。在他看来，随着社会生产方式的巨变，后工业社会中的体力劳动日益加入了被称为"智力"的工作程序，而任何劳动越来越要求劳动主体具有一定的知识水平和知识结构。因此，他认为坚持所谓"脑力劳动和体力劳动"或"智力劳动和体力劳动"或"物质劳动与非物质劳动"的二分法已经过时，因为这样的二分法难以把握当代生产性活动的新特性。拉扎拉托还提出，在所谓独立自主的自雇工人标签后面，人们实际上可以发现一种智识型无产阶级（intellectual proletarian），但只有在剥削她（或他）的雇主那里，这种智识型无产阶级才能被辨识出来。这就是说，以往从事精神生产和非物质劳动的那些所谓"自由职业者"，在大众智能社会里，实质上也被转化为真正的雇佣劳动者。

2. 从消除"两大劳动"对立审视创新劳动

脑力劳动和体力劳动作为劳动者特定的社会分工形式，是社会发展到一定历史阶段的产物，是生产力有了一定的发展但又不甚发展的现实写照。它最后将随着社会生产力的高度发展而趋于消灭。从马克思主义基本原理上讲，社会主义社会直至共产主义社会建立了生产资料公有制，劳动

---

① 马克思，恩格斯. 马克思恩格斯文集：第8卷［M］. 中共中央马克思恩格斯列宁斯大林著作编译局，编译. 北京：人民出版社，2009：198.

者成为国家的主人，会消除脑力劳动和体力劳动的对立。虽然二者之间的差别仍然存在，但已不再体现阶级关系。社会主义社会的发展为不断缩小这种差别创造了条件，但脑力劳动和体力劳动这"两大劳动"差别的消灭是一个长期的历史过程，消灭这种差别的根本途径是高度发展社会生产力和高度发展与普及科学文化教育。随着共产主义社会的到来，直接生产过程实现自动化，计划和管理过程实现自控化，繁重的体力劳动和重复的脑力劳动由机器来承担，人类就进入了智力和体力全面充分发展的新时期。

2016 年 3 月，谷歌公司开发的下棋机器人 AlphaGo 横空出世，它与韩国著名围棋棋手李世石九段进行了五轮围棋比赛，结果以 4∶1 大胜，震惊了世界围棋界和科技界。既然科学家曾经追求的"像人一样思考的机器智能"研究失败了，那 AlphaGo 是如何做到的呢？这在于 20 世纪 70 年代起，部分科学家找到了机器智能的另一条发展道路，即采用数据驱动和超级计算的方法，变智能问题为数据处理问题。虽然开始遇到了困难，但当数据量足够大之后，计算机开始变得聪明起来。简单地说，AlphaGo 记住了以数据形式存在的所有棋谱和对弈，在此基础上，下棋机器人利用数学模型计算了每一步棋获胜的概率，并作出最优选择。AlphaGo 的胜利并不是其智慧高，而是它的数据量足够大，计算速度足够快。在深蓝、AlphaGo 等智能机器人的背后，是数据中心强大的服务器集群。没有大数据，就没有现在的机器智能。现在的数据量相比过去大了很多，量变带来了质变。这也是机器智能近些年突飞猛进的根本原因。因此，我们与机器智能的较量不是"智力与智力"的博弈，而是"逻辑推理"与"数据计算"的较量。机器智能的革命终将导致计算机在越来越多的领域超过人类，并最终让我们的社会发生翻天覆地的变化。

我们一度认为，社会主义制度一旦建立就要缩小甚至消灭脑力劳动和体力劳动之间的差别，不是消灭脑力劳动和体力劳动之间的本质差别，而是要消灭两者之间的一切差别，即消灭脑力劳动和体力劳动之间的分工，培养既能从事脑力劳动又能从事体力劳动的劳动者。当时在理论上我们并没有真正把脑力劳动和体力劳动的分离和结合的过程，看作一个不以任何人的主观意志为转移的客观历史进程，而是把脑力劳动和体力劳动的分离单纯看作资产阶级和一切剥削阶级的主张和方针，而把脑力劳动和体力劳动的结合看作无产阶级和社会主义的主张和方针。认为脑力劳动和体力劳动的分离是和社会主义不相容的，因而展开了对劳心和劳力分离的批判和斗争。

总之，脑力劳动和体力劳动之间的分工，是由于生产力有了一定程度的发展，社会有了剩余产品而出现的。由于生产资料私有制和阶级对立的产生，长期以来，它表现为从事政治、法律、文化、艺术、科学等活动的脑力劳动为剥削阶级及为其服务的脑力劳动者所垄断，而沉重的体力劳动则由被剥削的体力劳动者所承担，从而造成两者之间利益上的对立。资本主义社会使脑力劳动和体力劳动的对立进一步发展和尖锐化。在当代，一些发达的资本主义国家由于生产力的发展和生产的物质技术条件的变化，对各种脑力劳动者的需要日益增多。在某些国家中，白领工人的数量已接近甚至超过了蓝领工人。这表明资本主义生产方式在现代科学飞速发展与技术迅速进步的条件下，客观上出现了劳动智力化的新趋势。但是资本主义制度不可能消灭体力劳动与脑力劳动的对立，只有随着资本主义和一切剥削制度的被铲除，这种对立才能彻底归于消灭。

随着改革开放，我国开启了中国特色社会主义建设，在社会主义初级阶段的思想理论下，我们对脑力劳动和体力劳动的关系有了新的认识。认识到我国的生产力状况表现为发展不平衡、不充分、多层次，还存在着工人、农民和知识分子之间在科学文化知识水平上的差别。如大多数工人、农民的文化程度和科学技术水平还低于掌握某种专门知识的脑力劳动者。因此，脑力劳动和体力劳动之间的本质差别仍然存在，这种差别归根结底是由于社会生产力发展水平不高所决定的。

当然我们还要承认，在知识经济和大数据与智能化时代，脑力劳动与体力劳动的概念与以往比均已经发生很大的改变，沿用以往的概念和划分存在欠缺，尤其是脑力劳动不再是笼统的概念，其本身也在不断细分，种类也越来越多，尤其以创新劳动为特征的劳动更有其时代性，而将其笼统地归结为脑力劳动，显然是将其特性、重要性和本质掩盖掉了。因此，对劳动类型还应该有其他的分类方式，这样才能充分说明知识经济时代脑力劳动的特殊性和重要性。比如，我们可以将劳动分为：一般劳动和创新劳动、常规劳动与创新劳动、执行劳动与创新劳动、重复劳动与创新劳动，等等。

只有对劳动进行新的分类，我们才能充分认识创新劳动的重要特征、规律和作用，才能把握时代规律，迎接世界新工业革命，进而促进创新劳动实践的开展。近年来，有学者将脑力劳动概念进一步进行了细分，将脑力劳动分为三种形态，即潜在形态、流动形态、物化形态；有学者将其划分为四种基本形态（类型）：创造知识的脑力劳动、传授知识的脑力劳动、管理知识的脑力劳动和实现知识的脑力劳动。另外，在认识上我们也可以打破上述分类方式，而直接赋予创新劳动更多的内涵。因为不论是创造知识的脑力劳动还是传播知识的脑力劳动，其特点和要求都是创新性劳动。以教师为例，无论从劳动手段、劳动对象、劳动过程来看，还是从育人理念、因材施教、教学策略等方面来考量，教书育人都是一项十分复杂的劳动。不论从技艺或艺术层面看，要完成教书育人的崇高目标都离不开教师的创新劳动，离不开教学设计、教学手段的创新和实施中的持续改进。

如果说一般劳动创造了人本身，从而规定了人的本质，那么创新劳动作用越来越凸显的今天，我们可以说创新劳动规定了人的本质。无论是实施创新驱动发展战略，还是让创新成为引领发展第一动力，抑或是加快建设创新型国家，从根本上说就是要依靠个体和群体的创新劳动。因此，我们对创新劳动及其相关范畴的深刻认识，不仅可以全面认识新时代劳动的内涵及其现实作用，更可以提高我们建设创新型国家的自觉性，从而自觉地认识掌握社会发展的规律。

3. 非物质劳动与创新劳动

20世纪90年代，有了对劳动的新分类，西方学者将劳动分为物质劳动和非物质劳动，由此引发了对非物质劳动的探索研究，也引申出一系列对人类未来的思考。2005年，我国图书市场上出现了一部译著，书名为《帝国——全球化的政治秩序》，两位作者是意大利政治理论与政治哲学家安东尼奥·奈格里，以及美国杜克大学教授麦克尔·哈特。《帝国——全球化的政治秩序》率先从政治学层面对当代全球化的资本主义存在方式进行了理论化探索。其中引人注目之处是关于非物质劳动的叙述，该书作者提出，区别于传统劳动，非物质劳动已取代物质劳动成为主导性劳动方式，并将取代工业劳动占据霸权式地位，将引领一个帝国的降临。在他们看来，在网络化的后现代资本主义经济环境中，这种非物质劳动必然导致资本对劳动的支配关系的根本改变，同时也有产生新的共产主义的可能性。该书主要探讨了非物质劳动在后工业资本主义生产中的地位及其新的表现形式和本质特征。

非物质劳动（immaterial labor）的概念实际上最早是由意大利社会学家和哲学家莫西齐奥·拉扎拉托率先提出的。1996年他发表了《非物质劳动》一文，在该论文中，拉扎拉托将非物质劳动定义为"生产商品信息内容和文化内容的劳动"。具体而言，非物质劳动就是生产非物质性产品，比如观念、形象、交流方式、情感或社会关系等的劳动。它强调了劳动产品的非物质性，反映出劳动范式转向，因为现存的涉及劳动的"传统的称谓"，如服务业、脑力劳动及认知劳动等概念，实际都指向非物质劳动的某些方面，用非物质劳动概念更能够概括其本质。

《帝国——全球化的政治秩序》的两位作者沿用了"非物质劳动"这一概念，在《狄俄尼索斯的劳动》一文中初次将其定义为"智能化的情感性劳动，以及技术—科学的劳动、靠机械装置维持生命的人的劳动"。在《帝国——全球化的政治秩序》一书中，又将其界定为"提供特定服务、生产文化产品或知识，发起信息交流等非物质商品的劳动"。他们将非物质劳动划分成三种类型：一是融汇在物质生产过程中的智能化和信息化活动；二是生产具有分析的创造性和象征性功能的符号和文化产品（包括生产思想、规范、语言、形象等）的非物质劳动；三是涉及情感的生产和控制的情感经济或服务活动。在《帝国和后社会主义政治》一文中，他们进一步将其阐释为生产知识、信息、交际、社会关系以及情感反应等非物质性产品的活动。非物质劳动后来在《大众》一书中又被划分为两种类型：一种是生产观念、符号、代码、文本、语言形象、影像及其他产品"智力的或语言的劳动"，另一种是"情感劳动"。

哈特和奈格里强调，生产分工在世界范围内的变革与重组，使非物质劳动在现代发达国家的经济发展中日趋成为经济生产的核心。相应地，传统的物质劳动逐渐被非物质化的劳动所统领，并越来越受制于信息、智能、技术、交往等非物质因素，非物质劳动霸权地位的确立，引发了经济领域的深刻变革。比如，改变了劳动分工状况。一方面，模糊了体力劳动和脑力劳动分工，两者之间不再明确可分。非物质劳动是一种涉及新的信息技术运用的高技术含量的劳动范式，从事此种劳动的劳动者在运用新信息技术的过程中，已不再像传统意义上的体力劳动者那样付出繁重的体力，而是像脑力劳动者那样付出一定的脑力。另一方面，改变了全球范围内的劳动分工。由于非物质劳动在不同区域经济中所占比例并不相同，这就必然导致生产形式在不同地区分布的不均衡。那些具有较高利润和附加值的非物质性生产形式会集中在全球经济强势地区，较低端的生产部门则被转移到经济从属地区。由此他们断言："非物质劳动霸权的出现是与现有的全球性劳动及权力的分工相呼应的。"

哈特和奈格里对非物质劳动概念的阐释,以及非物质劳动霸权及其后果的确认虽有一定理据,但同样存在很大问题。非物质劳动并没有溢出马克思劳动价值论的诠释范围。其关于劳动分工问题的论述也不符合事实。应当承认,非物质劳动因其过程、手段或方式等智能化尤其是计算机的普遍使用,确实在一定程度上导致了劳动的同质化,但并不必然导致体脑分工的模糊与弥合。因为体脑分工主要不是指存在于劳动者不同阶层之间的分工,而是存在于"劳心者"与"劳力者"之间的区别与鸿沟。同时,他们对当前全球劳动分工重组的确认无疑有其深刻之处,但将其归因于所谓非物质劳动霸权似有不妥。不可否认,非物质劳动据以开展并为其所推进的信息网络化确实在一定程度上消解了信息垄断,但其消解的程度毕竟是有限的。在私有化背景下,大资本家控制着信息平台,完全意义上的信息自由是不可想象的。

尤其是作者过分夸大了非物质劳动在经济社会发展过程中的作用,因而未能真正从经济视角着眼、从社会关系变革的层面入手对革命的潜能和动力进行考察,进而未能也不可能正确认识并科学把握推进社会变革与进步的真实动力与确当方式,就此而论,哈特和奈格里的"非物质劳动"论充其量只能算是打着马克思主义旗号的非马克思意义上的劳动理论。[①]他们没有在当前的条件下去依据马克思的分析逻辑,即无产阶级革命的前途就蕴含在资本主义生产方式的内在矛盾之中,而是单纯地诉诸主体的权利,企图发动一场"没有革命的革命",这在本质上又退回到"前马克思主义"的立场之中。

总之,非物质劳动概念以及相关联的理论,对我们研究创新劳动具有重要的启示,尤其是关于传统的物质劳动逐渐被非物质化的劳动所统领,并越来越受制于信息、智能、技术、交往等非物质因素,引发了经济领域的深刻变革等理论成果,无疑对我们进行创新劳动研究提供一定的启示和在批判基础上的借鉴。

---

[①] 陈安雪. 当代资本主义的非物质劳动及其解放潜能论析:基于哈特和奈格里的非物质劳动理论[J]. 学理论, 2021(11): 61-63.

# 第二章　创新劳动内涵的历史认知与时代解析

## 一、对劳动概念的再认识

### 1. 劳动概念的历史理解

"劳动"在日常语言中是最平常、最常用的词。我们可以这样定义劳动，即劳动是人区别于动物的本质特征，是人类形成的根据，是每个个体和社会总体存在的基础，是社会关系和社会矛盾的缘由，是意识的动因和载体。综合起来说，劳动是为了满足人的需要而在意识导引下，在交往中进行的脑力与体力统一的活动。劳动是人类生存和发展的根据，因而也是人的世界的本原，是人本质的核心。在当代，劳动不仅仅被理解为物质生产领域内的活动，而且被理解为一切对象性的活动，且是具有主观能动性的实践活动。

事实上，得出上述认识并不容易，劳动是一个历史概念，在不同历史时期，不同社会形态下，人们对劳动的认识都会不同，即使从语义学角度看，如果不进行深刻的语义学分析和哲学分析，我们对劳动的理解或许都有偏差，甚至是错误的，至少是不准确不全面的，而由此出发，我们想正确认识劳动的本质更是无从谈起。比如，1995 年版的《新华字典》对劳动的解释是："劳动，人类创造物质或精神财富的活动。"并举例：按劳分配，体力劳动，脑力劳动。但是，在 1979 年中国社科院语言研究所编的《现代汉语词典》中，对劳动的解释却是：第一，人类创造物质或精神财富的活动：体力劳动，脑力劳动。第二，专指体力劳动，如劳动锻炼。可见，1995 年版《新华字典》对 16 年前出版的《现代汉语词典》的解释作了改动，即删除专指体力劳动的注解。这个删除正是我们对劳动认识深化的结果。可见，正是由于劳动本身的复杂性和时代性，劳动的内涵是随着人类认识和实践的深入而不断变化的。

从词源学角度看，古代汉语中早就存在"劳动"一词，不过其意义是指一般的劳作、活动。在古汉语语境中，关于"劳"与"动"的表述大多数是独立存在的。"劳"是会意字。金文从"卅"（双手），从"爵"（酒器），用双手举爵以酒对辛劳有功者进行慰问犒劳之意。即"劳"的本义为用语言或实物慰问。如《仪礼·觐礼》："王劳之。再拜稽首。"大意是天子慰劳他，诸侯再拜稽首。有功绩才有犒劳，故引申指功绩。功劳是花力气换来的，故引申泛指人类创造物质财富或精神财富的活动，如"劳而无功""多劳多得"。由费力引申指辛勤、辛苦，如"任劳任怨""劳苦功高"。用于敬辞请托，指麻烦、使劳烦，如"有劳""劳驾"。

"劳"字的小篆体，字的上部是两个类似火字，表示灯火；中部是类似门字，表示房屋；下部是类似力字，表示力气。汉字又从小篆变为隶书，又从隶书演变为楷书，楷书写作"勞"。汉字简化后写作"劳"（见图2.1）。《说文解字·力部》解释："勞，剧也。从力，熒省。""勞"是由"熒"省去下面的火，并换为"力"字构成的，"熒"表示火烧"冖"（mì）（覆盖物，房顶之类）。因此"勞"本义为（用力）剧烈，即"劳"是指勤苦，因为用力救火的人一定是十分辛苦的。该字是会意字，因为用力即表示辛苦。

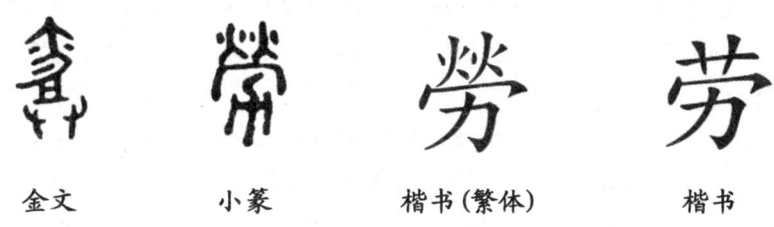

金文　　　　小篆　　　　楷书(繁体)　　　　楷书

图2.1　"劳"字的字形演变

"动"字的小篆体如图2.2所示，可以看出，字的左边是类似重字，表示重量；右边是类似力字，表示力气。在《说文解字》中，将"动"字解释为"动，作也。从力，重声"。按现代话说就是，动，起身做事。字

图2.2　"动"字的小篆体

形采用"力"作边旁,采用"重"作声旁。从词源上看,劳和动的文字结构都有力字,表示耗费气力做某事,因此最初劳动都是指体力劳动。

古代汉语通常是将劳和动放在一起使用。《庄子·让王》中有这样一段话:"舜以天下让善卷,善卷曰:'余立于宇宙之中,冬日衣皮毛,夏日衣葛絺。春耕种,形足以劳动;秋收敛,身足以休食。日出而作,日入而息,逍遥于天地之间,而心意自得。吾何以天下为哉!悲夫!子之不知余也。'遂不受。于是去而入深山,莫知其处。"

这段话翻译成现代汉语,意思是说,舜帝把天下推让给善卷,善卷说:"我生存在宇宙之中,冬天穿上皮毛,夏天穿着麻布。春天播种耕田,身体能够担负起这份辛劳;秋天收获存储,保证了本身的休息和食用。太阳升起时劳作,太阳落山时停手休息,自在地生活在天地之间,心情愉快舒畅,干什么要个天下!可叹啊!你并不了解我啊!"因而不予接受。就此离去进入深山,不知到哪里去了。可见,这里讲的劳动就是指劳作。

晋代学者陈寿在《三国志·魏书·华佗传》中说过这样一句话:"人体欲得劳动,但不当使极尔。"大意是说:人的身体需要得到活动,只是不应当过分劳累罢了。劳动在这里指锻炼身体的活动。这里讲的道理就是,生命在于运动。人必须经常活动锻炼,才能使食物消化,血脉流通,保持健康;然而活动不宜过度,过度就会产生疲倦,神思不振,甚而使部分器官受损,反而有害于健康。

在西方语境中,劳动在英文 labor、希腊文 πόνος、德文 Arbeit、法文 travail 中,多是表达费力、痛苦的意思。按照阿伦特的说法,labor(劳动)与 labare(负重蹒跚而行)有着相同的词根;πόνος 与 Arbeit 都有"贫穷"的词根;同样,法文 travail 一词源于 tripalium,意味着某种痛苦与折磨。总的来说,作为一种运用体力实际地改变外部世界、周围环境的活动,无论是西方语境下的劳动,还是古汉语语境下的劳动,其概念都显得较为沉重。

现代中文"劳动"一词,虽有古汉语的源头,但就其现代意义而言,却是一个外来词,日本人用古代汉语中的这一语词来翻译英文词汇 labour(英式英语拼写)和 labor(美式英语拼写),由此产生"劳动"这个词,即日语词"勞働"。从时间上看,应该在 19 世纪、20 世纪之交。此后,中国人据此而改造成我们现在通用的"劳动"一词。

由此,现代汉语的"劳动"一词,在语用上既保留了古文的某些用法，比如，我们要感谢别人为你做事，可以比较文雅地说：劳动你了。但是与古汉语相比，现代意义的劳动，绝不仅仅是劳作，劳动一词有了很大变化，具有了抽象的一般意义：它是指人类创造自身生存和发展所必需的物质财富和精神财富的、有目的的生产活动和提供非物质的服务活动。事实上，劳动这个概念被很多的学科领域所关注，"劳动"成为社会学、政治学、经济学、政治经济学、管理学等学科里面的重要概念。当然，它最终也成为哲学的重要概念，人们需要从哲学角度赋予其本质。

2. 劳动概念的价值判断

很多概念的背后都蕴含着价值，劳动概念更是如此。在中国传统社会，劳动并不仅仅被理解为沉重、辛劳，同时也被理解为美德。对人类社会劳动的认知和热爱，也在中国古代经典著作中多有论及。在传统民间社会中，勤劳不仅仅是辛劳，是谋生的手段，还是一种美德。自古以来，对劳动的肯定和赞美都是中国传统文化的重要内容。可以说勤劳一直都是华夏子孙的传统美德，是中华民族几千年贯彻始终的道德倡导。

《大戴礼·武王践阼·履屦铭》中有这样一句话："慎之劳，则富。"[1] 强调的是财富和劳动的关系。《尚书·周官》中写道："功崇惟志，业广惟勤。"[2]《古今药石·续自警篇》中写道："民生在勤，勤则不匮，是勤可以免饥寒也。"意思是说，人们的生计在于勤劳，勤劳就不会缺乏衣服与食物，勤劳能够让人避免饥饿与寒冷。在《萍洲可谈》卷三中有这样一句话："但人生恶安逸，喜劳动，惜乎非中庸也。"[3] 说明自古以来，人类对于劳动都给予了很高的赞誉，对好逸恶劳自然也给予唾弃。

在五四新文化运动时期，有一种言论一度产生很大的影响力，即主张

---

[1] 《礼记》是中国古代一部重要的典章制度书籍。该书由西汉礼学家戴德和他的侄子戴圣编定。戴德选编的八十五篇本叫《大戴礼记》，在后来的流传过程中若断若续，到唐代只剩下了三十九篇。戴圣选编的四十九篇本《小戴礼记》，即我们今天见到的《礼记》。这两种书各有侧重和取舍，各有特色。关于《礼记》的作者到底是谁，如今还没有一个非常确切的说法，过去人们认为《礼记》是由先秦的理学家们一起著作的，但是现代一些学者却认为，这有可能是战国末期到汉初儒学家的作品，作者并非只有一人。

[2] 《周官》是《尚书·周书》的篇名。《尚书》是一部追述古代事迹著作的汇编，分为《虞书》《夏书》《商书》《周书》。因是儒家五经之一，又称《书经》。

[3] 《萍洲可谈》是宋代文言琐谈小说集，作者是北宋朱彧，大多是记述作者父亲的所见所闻。书中对宋代的典章制度、各地的风俗民情记载较为详细，书中所记异闻琐事多寓有劝诫世人的用意。

劳工神圣、劳动神圣。"劳动"和"劳工"问题不仅仅是在五四新文化运动时期，也是伴随近代中国百年变迁的重要议题。由这两个概念所引发的工读互助、劳工运动和劳动改造等社会运动，不仅直接影响了"五四"一代的青年学生，还影响了新中国成立后知识分子的思想改造。在俄国十月革命成功的消息传来后，1918年11月5日，李大钊先生在《新青年》的五卷五号上发表了《庶民的胜利》一文，说今后的世界会变成劳工的世界，"我们应该用此潮流为使一切人人变成工人的机会"，同时又说："我们要想在世界上当一个庶民，应该在世界上当一个工人。诸位啊！快去作工呵！"蔡元培1918年11月16日发表了题为《劳工神圣》的讲演，推动了近代"劳动"观念的转变和实践。在演讲中，他是这样说的："不管他用的是体力、是脑力，都是劳工。所以农是种植的工，商是转运的工，学校职员、著述家、发明家，是教育的工，我们都是劳工。"此外，蔡元培还以编写教科书的方式向民众普及劳动的价值。

在五四新文化运动时期，广大知识分子和青年学生广泛传扬劳动与劳工的重要价值，并身体力行去实践。人人都要劳动，不劳动反而是可耻的。提出"没有劳动，就没有人生"的口号。主张知识分子必须与劳动者联合，反对将知识阶级与劳动阶级分开。他们也不称自己为知识分子，而称为工人；如果不能与劳动相结合，便是"伪士大夫"或"伪知识分子"。

当然，先秦儒家对劳动的认识，仅仅是从"礼制"角度出发的，不是"使用价值"层面的劳动致富，也不是"精神价值"层面的劳动快乐，是一种自然分工的"伦理化"安排，为中国古人构建了一种脱离田间生产的劳动价值理论，同时后世儒家又分离了"劳"和"思"两个概念。王阳明提出"知行合一"，认为知是行之始，行是知之成，他认为人应该既要劳心，又要劳力，一个人不但要学习理论，还要用行动来践行自己的理论，只要这样，这个人才能修身齐家治国平天下！但王阳明的知行合一论也有一个弊端，就是他仍然强调了知，而行被放在了其次。即劳心放在了前面，劳力放在了后面。当然，古代比较同情劳苦农民的士大夫也时有存在，时有描写劳作的作品问世。佛道两家则以特定的方式赋予了劳作以某些超越性的意义。

历史上，出自孟子的一句话"劳心者治人，劳力者治于人"，常常被说成是儒家维护封建帝王专制统治的理论依据，就是在宣传"脑力劳动的人统治人，体力劳动的人被人统治"。其实，这句话被"断章取义"地曲解了。这句话是孟子在一次和农家辩论中讲出来的，而后孟子将这次辩论整理成文字，收入到《孟子·滕文公》一文中。①

农家，是春秋战国时期诸子百家中的一家。他们以研究上古时代的炎帝神农氏为己任，强调农业对社会发展的重要性，并身体力行地推动农耕生产。与孟子同时代的农家代表人物叫许行。两千多年前的那场辩论便是由他而引起。根据《孟子·滕文公》记载，有一年，许行带着他的学生从楚国来到滕国，登门求见滕文公，说："我在很远的地方就听说您施行仁政，很愿意得到一个住处而成为您的臣民。"滕文公给了许行一个住处。许行就和他的几十名学生，穿着粗麻编织的衣裳，靠编草鞋、织席子开始在滕国谋生、讲学，传播他的农家观点。

不久，宋国著名儒家学者陈良去世。他的学生陈相带着弟弟陈辛背着农具等各种生活用品，从宋国也来到滕国谋生。陈相见到滕文公说："听说您推行尧、舜、禹一样的圣人仁政，那么，您也算得圣人了。我们很希望成为圣人的臣民。"滕文公接纳了陈相兄弟。陈相很快结识了许行，对许行的农家学说发生极大兴趣。于是抛弃了原来的儒学，开始全身心地向许行学习农学。

有一天，陈相拜访正在滕国游学的孟子，向孟子谈起了许行常对他们说的话："滕国的国君滕文公的确称得上是贤明的君主，虽然如此，但他还是不完全懂得做贤明君主的道理。贤明的君主应该与老百姓一起种地得到粮食，还要自己早晚做饭，同时再兼行治理国家才对。而现在滕国又有粮仓又有钱库，那就是用损害老百姓利益来奉养自己，这怎么能算贤明的君主呢？"

以儒家对治国的深刻理解，孟子一下子就听出许行的话十分偏执，而陈相却十分浅薄地赞赏许行这种说法。孟子当然要和陈相辩论了，以免农家谬论流传。但孟子没有直接批驳许行的偏执，而是顺着陈相转述的话不断提问，以使浅薄的陈相明白许行的偏执。

孟子问："许先生一定要自己种庄稼然后才吃饭吗？"

陈相说："是这样的。"

孟子又问："许先生一定要自己织出布来然后才穿衣服吗？"

---

① 《孟子》有七篇十四卷传世。《梁惠王》上下、《公孙丑》上下、《滕文公》上下、《离娄》上下、《万章》上下、《告子》上下、《尽心》上下。其学说出发点为性善论，提出"仁政""王道"，主张德治。南宋时朱熹将《孟子》与《论语》《大学》《中庸》合在一起称"四书"。

陈相说:"不是的,许先生穿粗麻编织的衣服。"

孟子接着问:"许先生戴帽子吗?"

陈相说:"戴帽子。"

孟子问:"戴什么样的帽子呢?"

陈相说:"戴白色的粗绸帽子。"

孟子追问:"是他自己织出来的白绸子吗?"

陈相说:"不,是用粮食换来的。"

孟子继续追问:"许先生为什么不自己织呢?"

陈相说:"那样就会妨碍耕地种庄稼。"

到这里,孟子已让陈相自己说出来织布和种庄稼是不能兼职的。孟子接着又问:"许先生用陶制的瓦罐煮饭、铁制的农具种地吗?"

陈相说:"是的。"

孟子追问:"这些器具是许先生自己制作的吗?"

陈相说:"不是,是用粮食换来的。"

孟子继续追问:"农民用粮食换取陶器、铁器,并没有损害陶工、铁匠;陶工、铁匠用自己制造的器具来换粮食,难道能说是损害农民了吗?而且许先生为什么不自己烧陶炼铁供自己使用呢?为什么这么忙忙碌碌地跟各种工匠去交换呢?许先生为什么还如此不厌其烦呢?"

孟子一连串的追问,让陈相无言以对,只得说:"各种工匠干的活,本来就不可能在种地的同时又去兼着做。"

这正是孟子要的答案。孟子反问道:"那么,难道治理国家的事情就能在种地的同时兼着做吗?"

紧接着,孟子说出了招致千古冤案的那句结论性的话。

孟子这段结论性的话,是将上面的辩论升华到哲理高度,从本质上告诉陈相:我们辩论的本质是社会分工问题,是全天下必须遵循的普遍法则。

孟子的原话是这样的:"有大人之事,有小人之事,且一人之身,而百工之所为备。如必自为而后用之,是率天下而路也。故曰:或劳心,或劳力;劳心者治人,劳力者治于人;治于人者食人,治人者食于人,天下之通义也。"

译成白话就是:"(天下的事情),有王公、贵族要做的事,也有老百姓要做的事。就一个人的生活而言,各种工匠的制品都不能缺少。如果必须自己制作之后才去使用，这简直是驱使天下的人疲于奔命。因此可以这样概括起来说：全天下有的人劳动心力，有的人劳动体力；劳动心力的人管理人，劳动体力的人被人管理；被人管理的人养活人，管理人的人被别人养活。这是普天下通行的法则。"①

至此，孟子有理有据地批驳了农家许行的偏执观点，提出了儒家的科学观点：人类的社会活动必须有分工。而农家对这样一个天下通行的法则都不懂。同时，孟子在这里从哲理的高度将社会主要分工概括为"或劳心，或劳力"，即社会主要分工是脑力劳动和体力劳动，并且将这两种劳动之间的相互关系阐释得淋漓尽致。

在这场辩论中，孟子为了说服陈相，紧接着又用陈相也认可的圣人——尧、舜、禹的事迹，来说明农家的谬误和社会分工的深层含义。尧、舜、禹都是远古时代为天下百姓操劳的帝王。春秋战国时代的人们无不把他们当作圣人尊崇。孟子告诉陈相：尧帝看到天下洪荒遍野，猛兽横行，忧虑天下百姓生活不定，便精心选拔了舜来治理天下，并最终把帝位禅让给舜。作为管理天下的帝王，能为天下百姓找到贤才，是多么伟大的仁德，难道还要因为尧没有亲自种地而要贬低他的圣德吗？由此可见，孟子借用这个故事，说明了体力劳动与脑力劳动的差别，借以阐述社会分工的内在逻辑。

### 3. 西方近代对劳动的宗教价值观阐述

自16世纪上半叶开始的宗教改革运动席卷了整个欧洲大地，德国的马丁·路德、法国的加尔文成为改教后基督教新教的领袖。在当时的英国，由于英国国教的专横，宗教改革姗姗来迟，但英国教徒们还是受到了来自加尔文教义的影响。1524年，英国人丁道尔把新约圣经翻译成英文，他可以说是英国的第一位清教徒——历史上，将在英国的新教徒，那些信奉加尔文教义，不满英国国教教义的人称为清教徒。清教徒并不是一种派别，而是一种态度，一种倾向，一种价值观，它是对信徒群体的一种统称。清教徒认为"人人皆祭司，人人有召唤"。认为每个个体可以直接与上帝交流，反对神甫集团的专横、腐败和繁文缛节、形式主义。他们主张简单、实在、上帝面前人人平等的信徒生活。

---

① 在春秋战国时代，通常称诸侯王公、大夫、贵族为"大人"，而侍奉他们的随从、佣人称为"小人"，"小人"也泛指下层百姓；与我们今天称那些思想阴暗、卑劣自私的人为"小人"不是一回事。

清教徒时代，人类史上才真正出现了"职业"这个概念。当时的职业一词是 calling。call 是呼唤、呼叫的意思。calling，含有"召唤、神召"的意思，意即上帝在天上呼唤你、命令你该有何种行为。这个词义中无疑含有宗教意义：职业即是天职，是上帝安排的任务。有职业当然也就存在有组织的劳动，这是职业的最初定义。在清教徒的理解中，职业就是一件被冥冥之中的神所召唤、所使唤、所命令、所安排的任务，而完成这个任务，既是每个个体天赋的职责和义务，也是感谢神的恩召的举动。

清教徒肯定现实生活，与出世厌世的观念相反，他们认为："世界就是我们的修道院"（加尔文语）。而尘世中的工作是我们修道的方式，是上帝安排的任务，是神圣的天职。每个人要入世修行，将自己在世间的工作和生活做好，就是在修行和敬拜，就是在尽一个人的本分。"同时，他们也肯定了营利活动，认为人是上帝财富的托管人，作为托管人，有天职将财富增值。清教徒是创业精神的代言人，他们认为人开创产业必须要禁欲和俭省节约。他们限制一切纵欲、享乐甚至消费行为，将消费性投入、支出全部用在生产性投资和扩大再生产上，如此必然导致资本的积累和产业的发展。不是纵欲和贪婪积累了财富，而是克制和禁欲增长了社会财富。

清教徒崇尚商业和工业活动，在商业中诚实守信、珍视信誉、决不坑蒙拐骗，清教徒企业家不仅追求利润最大化，而且具有对社会的回馈意识，担当社会责任、扶持社会公正，为社会公益事业作出了巨大贡献，承担了巨大的公共事业义务。清教徒对一切充满了信心，无论从事商业贸易还是生产耕种，都具有排除万难、获得非凡成功的勇气和信心，他们善于创造和创新，不断地开拓和征服。他们身上值得人们学习的可贵精神非常之多。

18 世纪中叶，美国著名的清教徒布道家约翰·卫斯理的一句名言成为清教徒精神的精辟概括："拼命地挣钱，拼命地省钱，拼命地捐钱。"拼命地挣钱，是因为以赚取财富为天职；拼命地省钱，是因为他们克制禁欲，始终过一种圣洁、理性的生活；拼命地捐钱，是因为他们要观照精神信仰、观照社区和国家等人类共同体，他们捐钱捐物，在对世间的关爱中得到永恒。这样三种拼命精神，无疑是清教徒精神的思想精华。清教徒的工作观、劳动观、财富观、商业观、社会观等对后人有着很大的影响。

在这里列举上述历史现象并不是为了赞美清教徒的精神和行为，而是提示我们应该看到这个精神背后的物质基础，正如马克思在《〈政治经济学批判〉序言》中所说:"物质生活的生产方式制约着整个社会生活、政治生活和精神生活的过程。不是人们的意识决定人们的存在,相反,是人们的社会存在决定人们的意识。"①

在当今的历史学语境中,我们对资本主义价值的理解通常是以马克思主义的唯物史观为基准的。除了《资本论》《国富论》等几部让我们耳熟能详的著作之外,学界另有两本较为公认的对资本主义展开论述的作品。其中第一部是德国社会学家马克斯·韦伯的《新教伦理与资本主义精神》,另一部是英国学者R·H.托尼的《宗教与资本主义的兴起》。

在《新教伦理与资本主义精神》这部著作中,马克斯·韦伯指出了宗教信仰与社会阶层具有一定的关联性,而社会分层又催生了社会分工,从而引发了资本主义雇佣劳动模式的产生。韦伯通过分析人口资料,进而发现了一个令人惊讶的事实:无论是工商业界领导人、资本和企业占有人、高级技术工人,或是受过高等教育的人员,他们中的绝大多数都是新教徒。韦伯从这一特征鲜明的社会学现象入手,从宗教改革后期新教教义固定化的现实中,抽象出了一系列基督新教信仰者的特点,其核心就是:务实肯干。

韦伯首先要确立典型的、标准的资本主义的意义,他认为对财富的贪欲与资本主义并不相干,不是资本主义精神,而且资本主义更多的是对这种非理性欲望的一种抑制或至少是一种理性的缓解。他认为,信奉新教者通常不排斥从苦力和小生意做起,因为新教徒大多较厌恶传统的等级制度,且信奉《圣经》中"人怎么种,就怎么收"的格言。因此,新教徒们不排斥去努力培育自己的产业,并乐于见到自己事业有成。通常有一种表面化的解释,认为天主教专修来世注重禁欲苦行,而新教注重现世的物质享乐。但韦伯否认这种说法,他认为,正是新教促进了艰苦劳动精神和积极进取精神的觉醒,不能把它理解为享受。他说,资本主义精神与传统主义的工作和劳动态度"毫无共同之处"。传统主义的工人不是为了挣更多的钱而劳动,只是为了维持已经习惯的生活,传统的资本家和商人则满足于用挣得的钱进行物质享受。而资本主义精神的人,把挣钱看作人要追求

---

① 马克思,恩格斯.马克思恩格斯文集:第2卷[M].中共中央马克思恩格斯列宁斯大林著作编译局,编译.北京:人民出版社,2009:591.

的目的，看作一项职业。①

韦伯还论述了路德的"职业"概念。德语的 beruf（职业，天职），英语的 calling（职业，神职），至少都含有一个宗教性质的概念，即上帝安排的任务。"职业"一词的现代意义是路德在把《圣经》翻译成德文时加上去的。在路德的"职业"思想中，他反对天主教的传统教义和修行方式，肯定世俗活动，使世俗活动具有了宗教意义。

这引出了所有新教教派的核心教理：上帝应许的唯一生存方式，不是要人们以苦修的禁欲主义超越世俗道德，而是要人完成个人在现世里所处的地位赋予他们的责任和义务，这是人的天职。路德认为，天主教修道士放弃现世的义务是逃避世俗责任的表现，是对上帝的不敬。而世俗的职业劳动则是"胞爱"的表现。路德同时又认为，劳动本是新教徒特有的苦修方法。履行职业劳动是"胞爱"的外在表现，是上帝应许的唯一生存方式，是个人道德活动所能采取的最高形式。

韦伯认为，路德用"职业"把世俗的工作劳动与宗教生活联系了起来。对世俗生活的道德辩护，是宗教改革的重要结果之一。但是，路德的职业观念是传统主义的，不具有资本主义精神。路德鄙视物质利益。路德的职业是指人不得不接受的、必须是自己适应的神所注定的事，有着让人安守现状的意思。这与后来的清教的观点和资本主义精神格格不入。直到加尔文时期，这种传统主义才有了新的突破。

韦伯阐述的新教伦理强调，赚钱是一种责任而不是享受。只有这种精神气质所表现的才是典型的资本主义精神。而且劳动是一种绝对的自身目的，是一项天职，新教徒个人就应该服从于他的"天职"。不论一个人所从事的职业到底是什么，他都将对此有责任和义务。这种信念牢牢地受新教伦理支配，这才导致了企业家精神，主要就是创新的精神。新教徒会不安于现状，他们具有确定不移且高度发展的伦理品质以及洞若观火的远见和行动的能力。最终，宗教禁欲主义的力量给他们提供了有节制的生活，他们态度认真，工作异常勤勉，对待自己的工作如同对待上帝赐予的毕生目标一般。

英国学者托尼则完全反对韦伯把宗教与世俗生活完全联系起来的论断。托尼在《宗教与资本主义的兴起》一书中系统地阐述了基督教新教的

---

① 马克斯·韦伯. 新教伦理与资本主义精神[M]. 阎克文, 译. 上海：上海人民出版社, 2012: 129.

劳动观，其主要观点有以下三个方面。

第一，"劳动者是最像上帝的"。这种观点似曾相识，因为在马克思劳动哲学语境中，劳动者不是最像上帝，从劳动创造世界的层面看劳动者就是上帝。托尼旁征博引，把新教劳动观中的这一思想一览无余地展示给读者，他引用了圣保罗的话："不劳动者不得食"，并提出加尔文也非常赞同这句话，加尔文教激烈地谴责不加区别地布施，坚决主张教会当局应定期探视每个家庭，弄清它的成员是否偷懒、酗酒，或做其他不合道德准则的事。

第二，深信劳动和事业是通往天堂之路。任何劳作都处于三维的时间结构之中。过去为现在提供前提条件；现在为将来做准备。将来是什么样子呢？马克思劳动哲学语境中的将来是劳动制度无愧于和适合于人类的本性。在新教的精神世界中，将来是蒙上帝恩典的召唤，进入天国。如何能得到蒙上帝召唤的恩宠呢？为了回答这一问题，托尼为读者刻画出清教徒的形象："这是严肃的、热情的、信奉上帝的一代人，轻视虚浮，按日劳作，定时祈祷，节俭而又兴旺，对自己和自己的天职充溢着得体的自豪，深信艰苦劳作就是通往天堂之路，深信劳动和事业就是通往上帝之路的职责。"① 在这里，劳动是职责，是手段，职责和手段都为一个将来的目的服务，这个目的便是把劳动的世俗性存在变为步入天国的通行证，最理想的境地是成为神圣性的存在。

第三，"修行是沉思与劳作的结合"。在新教产生以前，基督教中盛行沉思的修行方式。这种方式旨在告诉人们，独自的沉思默想是与上帝沟通和蒙上帝召唤的最好方式。新教的主张正好与此相反。它倡导践履，即不断劳作的修行方式，这种独特的修行方式无意间倡导和确立了一个重大而基本的原则：理论和实践相结合。托尼提出："宗教应该是实践的，不应该仅仅是沉思的。沉思其实是一种自我放纵。贪欲会毒害灵魂，但它的危害比不上懒惰。"②

国学大师余英时先生对韦伯的劳动观有过大量的评述。有学者认为韦伯提出的劳动是西方教会特有的苦修方法，余英时认为这一观点是不全面的，这种以劳动来苦修的方法不是西方特有的，中国古代早已有之，是具有普遍性的。余英时先生指出，新禅宗和新道教都发展出了与新教伦理类

---

① 理查德·H. 托尼. 宗教与资本主义的兴起 [M]. 上海：上海译文出版社，2013：115.
② 同①：122.

似的"以出世的精神做人世的事业"这样一种所谓"入世苦行的宗教伦理",以及引申出的劳动观念。所谓出世,就是超脱尘世之外(超尘脱俗是古代一种对世俗之事不关注的思想)。也可以理解为立于一定高度上来审视世间一切。入世是指步入社会,投身于社会。

最典型的事例就是禅宗的一派——临济宗所践行的"普请之法"。①"普请"是禅宗的特有概念,指集结僧众共同劳动。宋代学者赞宁所撰的人物传记《大宋僧史略》,在其卷上有这样的话:"共作(谓劳作、劳动)者,谓之普请。"后来人们将召集僧众也通称为"普请"。临济宗开宗祖师义玄大师深受其前辈禅宗高僧百丈怀海(即百丈禅师)的影响,怀海大师制定的清规写在《百丈清规》一书中,他将劳动定为大小僧侣都须遵行的制度:"普请之法,盖上下均力也。"清规中规定,寺院中所有人同时集体劳动,"一日不作,一日不食"。而他之前,传统戒律是不允许出家僧侣从事生产农作物的,若违反则视为犯戒。《百丈清规》是怀海对禅宗的重大贡献,使禅宗完成中国化改造,从制度层面推动了佛教禅宗的可持续发展。这个清规后来也影响到道教的全真教,并在丘处机和其他流派那里得到了发扬光大。劳作不单是谋生的手段,而且是"用一种超越而严肃的精神来尽人在世的本分",或者说"担水挑柴无非妙道"。

4. 劳动观念的经济学和政治学探究

劳动是人之所以为人的根本,也是人本质性的活动。劳动从人类形成就存在,也是人类从动物界提升为特殊的类的根据。然而,劳动作为一个范畴,却是进入工业文明和资本主义经济之后才被重视的。在此前的一百多万年的时间内,虽然人类一天也不能脱离劳动,但人们却习以为常地忽视了对它的认识。在原始社会,人们虽然没有用概念思维的理性,不可能规定劳动范畴,但他们肯定有对劳动经验的意识,只不过没有文献记载罢了。而有文献记载的奴隶社会、封建社会,虽然其中劳动者,特别是体力劳动者占绝大多数,但是他们地位低下,由他们承担的劳动并不能引起思想家们的重视,甚至被看成"上帝对人的惩罚",是"下等人"所从事的"苦役"。直到早期资本主义思想家开始反对封建主义的时候,劳动才作为一个范畴被人们提出来。

---

① 临济宗,禅宗南宗五大流派之一,是从洪州宗门下分出来的一宗,始于唐代高僧义玄大师。义玄大师于唐宣宗大中八年(854年)到河北镇州(今河北正定),在城东南滹沱河畔建立临济院。

> 新时代劳动观探索——对创新劳动的哲学思考

随着西方资本主义经济的发展,经济学家开始关注劳动问题。将劳动概念更多地进行了经济学解释,即将劳动作为一个经济学概念来研究。所以,马克思在《〈政治经济学批判〉导言》中说:"劳动似乎是一个十分简单的范畴。它在这种一般性——作为劳动一般——上的表象也是古老的。但是,在经济学上从这种简单性上来把握的'劳动',和产生这个简单抽象的那些关系一样,是现代的范畴。"①

财富的来源问题一直是重商主义和重农主义争相讨论的问题,重商主义认为流通是财富的源泉,重农主义认为农业是唯一的生产部门。古典经济学把财富的视野从流通领域转向到生产领域,认为劳动是财富的唯一源泉,因此马克思说:"有了创造财富的活动的抽象一般性,也就是有了被规定为财富的对象的一般性,这就是……劳动一般。"② 亚当·斯密认为,财富的唯一源泉,体现出劳动的内在规定性,这成为《国富论》的重要理论基础和出发点。而大卫·李嘉图通过对劳动理论的批判性反思,进一步尝试明确劳动的内在规定性,他不仅肯定了劳动是财富的唯一源泉,而且强调生产中消耗的劳动决定商品的价值。正是在经济学领域,劳动的概念开始具有经济属性,此后经济学家对劳动的界定都离不开劳动是财富的唯一源泉这一判断。就政治学意义而言,19世纪英国爆发了工人阶级组织的宪章运动。1848年4月,英国宪章运动中的第三次请愿运动开始,这次运动有近15万人带着约550万个签名的全国请愿书递交给议会。在这次请愿书上,宪章派提出了这样的思想:劳动是一切财富的唯一来源,劳动者对于自己的劳动果实享有优先权。显然,这个劳动的概念已经超出经济学范畴而有了政治学的意义。

马克思是这样评价亚当·斯密的,马克思说:"亚当·斯密大大地前进了一步,他抛开了创造财富的活动的一切规定性,——干脆就是劳动,既不是工业劳动,又不是商业劳动,也不是农业劳动,而既是这种劳动,又是那种劳动。有了创造财富的活动的抽象一般性,也就有了被规定为财富的对象的一般性,这就是产品一般,或者说又是劳动一般,然而是作为过去的、物化的劳动。这一步跨得多么艰难,多么远,只要看看连亚当·斯密本人还时时要回到重农学派的观点上去,就可想见了。这会造成一种

---

① 马克思,恩格斯. 马克思恩格斯文集:第8卷[M]. 中共中央马克思恩格斯列宁斯大林著作编译局,编译. 北京:人民出版社,2009:27.
② 同①:28.

看法，好像由此只是替人——不论在哪种社会形式下——作为生产者在其中出现的那种最简单、最原始的关系找到了一个抽象表现。从一方面看来这是对的。从另一方面看来就不是这样。"① 马克思认为，最一般的抽象总只是产生在最丰富的具体的发展的地方。劳动这个例子确切地表明，哪怕是最抽象的范畴，虽然正是由于它们的抽象而适用于一切时代，但是就这个抽象的规定性本身来说，同样是历史关系的产物，而且只有对于这些关系并在这些关系之内才具有充分的意义。

托尼在《宗教与资本主义的兴起》一书中对资本主义的兴起进行了翔实的论述。与韦伯标榜学术中立、致力于客观评价的态度不同，在托尼的言辞中，我们可以随处发觉他对于资本主义价值观的鞭笞和不屑。他甚至提出："资本主义在本质上是与人的尊严相抵触的，是对财富的顶礼膜拜，是把一部分人看作充当工具的阶级，同时允许另一部分人利用他人为工具来达到致富的目的。"② 托尼认为，人类本身通过劳动而实现自己的价值，然而人类的贪婪导致了人们通过不同的方式去利用别人的劳动，抢夺别人的劳动成果。资本主义的诞生便是这种贪婪的最大化体现。托尼认为，宗教精神和资本主义精神根本上是不合拍的，资本主义生活对宗教精神和社会道德存在着侵蚀。托尼警告人们，在生气勃勃的经济生活的面具之下，资本主义的巧取豪夺、钻营逐利正在毁掉人类生存的根据，人的精神世界如果不随着物质财富的增长而进化的话，人类的命运必然是可悲的。③

关于劳动的政治学意义也是中外学者研究的视野。美国政治哲学家汉娜·阿伦特对劳动所持的基本观点主要来自古代希腊对劳动的理解，同时又吸纳了马克思对劳动的分析。她认为，人的积极活动有三种基本形态：劳动、工作和行动，这三种活动在西方文化传统中具有不同的等级序列。劳动在古代希腊城邦被看作最低等的人类活动；工作为人类生活提供了一个稳固的世界；行动处于最高和最优先的地位，是最自由和最人性化的方式。

阿伦特站在西方政治思想传统这一背景下来考察马克思的思想，在

---

① 马克思，恩格斯. 马克思恩格斯文集：第8卷 [M]. 中共中央马克思恩格斯列宁斯大林著作编译局，编译. 北京：人民出版社，2009：28.
② 理查德·H. 托尼. 宗教与资本主义的兴起 [M]. 上海：上海译文出版社，2013：215.
③ 彭小瑜. 财聚则民散，财散则民聚：由《大学》谈到托尼的《平等》[N]. 中华读书报，2011
　－07－13（15）.

《人的境况》一书中，她一方面承认马克思对劳动的基本观点，即劳动本身确实拥有一种它自己的"生产力"，但另一方面阿伦特对马克思的劳动观仍持批评的态度。马克思与阿伦特在区分工作和劳动、劳动的地位、劳动与人的本质关系、劳动的哲学出发点上存在着不同的理解，同时，他们之间又存在着某种共性，即他们对劳动所造成的现代世界的异化都持批判的态度，积极倡导政治自由，实现了由反思到实践的哲学转向。我国研究劳动的学者上海师范大学何云峰教授认为，马克思的劳动观是一种以扬弃劳动为原则的、自然主义的政治学。它确立了作为一门科学的政治学，指出了人类政治生活的一般规律，揭示了共产主义到来的必然性。它的研究对象是作为一种政治生活的劳动，目的是推动现实的政治革命。阿伦特的批评错在把它当成了一种政治哲学，这种错位导致其不理解马克思劳动观的研究对象和宗旨，也遮蔽了它的科学性，无疑是一种误读。①

## 二、马克思主义经典作家对劳动本质的探究

对劳动的理解，不能仅仅停留在现象层面，现象是事物的外部联系，是本质在各方面的外部表现。而本质是事物的内部联系，是决定事物性质和发展趋向的东西。劳动的概念不仅仅要通过外部特征表现，还需要哲学思考来揭示其本质。马克思第一次科学地阐释了劳动的丰富内涵，表达了对人的生存和发展的价值关切。马克思将劳动看作实践的基本形式，作为实践基本形式的劳动，在马克思哲学文本中占有基石性地位，承载着历史唯物主义、政治经济学批判和科学社会主义的基本要义。

在马克思主义经典作家那里，"劳动"是一个兼具哲学和历史科学意义的概念，蕴含着三个不同的维度。第一是作为人的本质规定的一般劳动，第二是资本逻辑操控下的雇佣劳动，第三是共产主义条件下的自由劳动。只有从三重维度把握劳动，我们才能真正全面理解马克思主义劳动的内涵，才能真正理解他对资本逻辑主导下的雇佣劳动的深度批判，以及对共产主义劳动解放基础上人的自由全面发展的终极追求。

1. 作为人的本质规定的劳动概念

近代以来，随着近代工商业的崛起和资本主义的不断发展，劳动在社

---

① 魏冰娥，何云峰. 政治学和政治哲学分野下的马克思的劳动观：兼论阿伦特的误读[J]. 内蒙古社会科学，2021（1）：67-73.

会中的地位越来越突出，劳动才被正式纳入关于人的本质理论的视域内进行考察，从劳动的视角考察人的本质问题首先反映在英国哲学家洛克那里，洛克基于自然状态假设，对人的自由权利进行了规范性论证，他提出了财产权劳动学说。洛克认为，每个人都对自身拥有所有权，劳动就是他的所有物，洛克想要说明的是，劳动是人的本质性力量，是人的财产、自由和权利的现实根据。真正凸显劳动之于人的本质的核心地位的，是亚当·斯密的劳动价值论。斯密把劳动界定为财富的源泉，确认了劳动在社会中的基础性地位。但斯密的劳动观也存在很大的缺陷。例如，他把异化劳动当作国民经济的自然前提，结果造成了这样的二律背反：劳动创造了财富，劳动者却陷入贫困。这也就导致斯密的劳动价值论充满了悖谬性。德国哲学家黑格尔阐释了劳动在市民社会分工和需要体系中的中介地位，揭示了劳动对于满足人的需要和维系人与人之间关系的纽带作用，由此展现了劳动作为主体的人的活动而具有的积极意义。这些观点自然启发了后来的马克思。

马克思对黑格尔的观点给予了肯定评价。他指出，黑格尔"抓住了劳动的本质，把对象性的人、现实的因而是真正的人理解为人自己的劳动的结果"①，但马克思同时也批评了黑格尔的思想，他认为黑格尔只看到了劳动的积极方面，却忽视了劳动的消极方面；只把劳动看作抽象的精神劳动，将劳动界定为绝对精神运动的中间环节；最终把人通过劳动创造人本身的现实历史抽象为思辨的绝对精神展开自身、异化及扬弃异化而又复归自身的观念史。马克思不像黑格尔那样在思辨的观念世界里把劳动界定为绝对精神运动过程中的异化及其扬弃的中间环节，而是在现实的社会历史过程中考察劳动对人的创造性作用。

马克思在创立历史唯物主义的基础上，阐述了科学的劳动观和人的劳动本质。历史唯物主义的基本原则就是人类物质生活资料的生产和再生产是整个人类社会存在和发展的基础。马克思提出，劳动创造了人。人们通过劳动生产出物质生活资料和物质生活本身，把自己与动物区别开来；即劳动既把人同动物区别开，把人从自然界中提升出来，又把人与人类社会同自然界紧密地联系起来。劳动是人类的本质活动，它使人类获得了自己的本质，把自己与其他动物从根本上区别开来。人通过劳动改变自然，创

---

① 马克思,恩格斯. 马克思恩格斯文集：第 1 卷 [M]. 中共中央马克思恩格斯列宁斯大林著作编译局, 编译. 北京：人民出版社, 2009：205.

造属于人自己的物质生活条件。马克思说过,任何一个民族,如果停止劳动,不用说一年,就是几个星期也要灭亡。马克思和恩格斯在《德意志意识形态》中指出:"人们为了能够'创造历史',必须能够生活。但是为了生活,首先就需要吃喝住穿以及其他一些东西。因此人的第一个历史活动就是生产满足这些需要的资料,即生产物质生活本身。"马克思说的"生产物质生活本身"就是物质生产,就是劳动。

对劳动的本质,马克思还指出,劳动是一种物质性的、生产性的对象性活动,这种对象性活动体现在人与自然、人与人的关系中。人通过劳动获得满足其生存需要的物质生活资料,彰显其不同于动物的本能的、创造性的本质力量。正如马克思在《政治经济学批判(1857—1858年手稿)》中所说,"劳动是积极的、创造性的活动"[1]。人类劳动在本质上就是创造性的,没有丝毫创造性就不成其为人类劳动。正是通过劳动这一创造性力量,人"将对象性的存在纳入人的主体性之中,使人的存在与对象性存在得以有机融合",进而实现人与自然、人与人、自然与社会之间的辩证统一。需要强调的是,马克思在这里所说的劳动,既不是资本主义生产关系中的雇佣劳动,也不是共产主义条件下的自由劳动,而是一般劳动,因为这样才能摆脱各种现实因素的影响,彻底地解析劳动(一般劳动)对人的本质的存在论规定。因为在资本主义社会,人的劳动的创造性是否有效地发挥都是一个问题。

恩格斯也从自然辩证法角度阐述了这样的观点。恩格斯在1876年所写的《劳动在从猿到人转变过程中的作用》一文中指出:劳动"是整个人类生活的第一个基本条件,而且达到这样的程度,以致我们在某种意义上不得不说:劳动创造了人本身"[2]。早在19世纪中叶,达尔文的进化论就从生物学方面解答了人类起源的问题,他得出"人是由古猿进化而来的"的科学结论。但是,从猿向人的转化不仅仅是一个纯粹生物进化的过程。古猿在体质形态和群体结构上的变化,只是为人和人类社会的产生提供了自然前提,而人和人类社会产生的内在机制和现实基础,则是社会的生产劳动。恩格斯在该文中阐述了从猿到人的转变过程,指出劳动抑或技术创造

---

[1] 马克思,恩格斯. 马克思恩格斯文集:第8卷 [M]. 中共中央马克思恩格斯列宁斯大林著作编译局,编译. 北京:人民出版社,2009:177.

[2] 马克思,恩格斯. 马克思恩格斯文集:第9卷 [M]. 中共中央马克思恩格斯列宁斯大林著作编译局,编译. 北京:人民出版社,2009:550.

产生的首要环节是直立行走，而猿能直立行走的前提是手足的分工：随着生存环境的变化，那些成群生活在树上的猿的生活方式也发生了变化，在攀援时手和脚开始从事不同的活动。就猿手的功能而言，主要是用来摘取和拿住食物、在树林中筑巢、拿着木棒抵御敌人、以果实和石块向敌人投掷等。经过漫长的进化，猿手变为了人手。恩格斯指出，手不仅是劳动的器官，它还是劳动的产物。为适应新的动作，人手的肌肉、韧带、骨骼等都有了新的进化，而这些新进化带来的灵巧性又以新的方式运用于更多新的复杂的动作来完成劳动。这样，人手才实现了高度的完善。

劳动是揭开人类历史之谜的钥匙。所谓人类历史之谜，就是指对人类社会是如何产生、变化、发展问题的解答。唯物史观揭示了劳动是人类社会产生的基础和前提。历史过程中决定性的东西归根到底是物质资料的生产和再生产，人类的历史首先是生产发展的历史。劳动是人与自然之间的物质变换过程，是人以自身活动来引起、调整和控制人与自然之间的物质变换过程。人在改变外部自然的同时，也使人自身的自然得以改变和完善。劳动决定着社会的产生、变化和发展。因此说，劳动是揭开人类历史之谜的钥匙。

2. 由异化现象引申的异化劳动

马克思从哲学存在论出发，揭示出了一般劳动是人的生存根据和内在规定，但马克思并没有停留在哲学存在论视域内分析劳动，因为抽象地解读劳动，就类似于费尔巴哈那样用思辨的方式考察人的本质，根本无法观照现实的人的生存境遇。马克思的名言是："哲学家们只是用不同的方式解释世界，问题在于改变世界"。马克思创立的哲学是以改变世界为旨归的，这就决定了他必然会从哲学领域走入现实生活，从对一般劳动的存在论解读到对现实雇佣劳动的批判性分析。

于是，我们就有了对劳动内涵的第二个维度的剖析。马克思批判了前人非科学形态的异化理论，并揭示了资本主义社会最典型的异化本质。异化概念可以理解为一种超越现实的理念或存在物与人之间的对立关系。这个概念既有费尔巴哈的唯物主义的渊源，也有德国古典哲学中费希特和黑格尔的唯心主义渊源。

异化理论是在文艺复兴以来近代西方哲学里逐渐形成起来的。社会契约论是首先对异化实质进行表达的理论形态。在社会契约论中，异化是指权利的放弃或转让，被明确规定为一种损害个人权利的否定行为。荷兰法学家格劳修斯首次用拉丁文 alienatio 这个概念来说明这种权利转让。英国哲学家霍布斯和洛克虽然没有使用这个概念，但是他们用其他概念表达了与格劳修斯相同的思想。霍布斯用"权利的转让"表达了异化的含义。他指出原始社会人类处在人人平等、自由自在的自然状态，但是最终人类却为了争夺生存资源，能够继续活下去而发生战争。因此，人们为了调节利益关系不得不彼此签订契约，将自己的一部分权利转让给其他人。然而，人们最初转让出去的本来属于自己的权利，最终却反过来成为统治自己的力量。霍布斯认为，所谓异化，是指人亲手创造出来的利维坦怪兽（国家权力）独立于人，并转过来支配人。法国思想家卢梭也揭露了人的社会活动及其产品变成异己东西的事实。他在人与自然和人与社会两重关系上深化了异化概念的内涵。在卢梭那里，异化概念引申为"反对""否定"等对抗性含义，这正是异化概念的实质内涵。

"异化"在德国古典哲学中被提到哲学的高度，进一步扩展和加深了其内涵。宗教改革先驱马丁·路德最先把希腊文《圣经》中阐释的异化概念翻译为"自身丧失"。此后，从哲学家费希特到黑格尔所使用的"外化"这个概念都是从马丁·路德的翻译演化而来的。黑格尔在继费希特提出人与自然、人与社会的异化关系之后，揭示了人与人的异化关系。在黑格尔的体系里，异化就是绝对精神的外化，也就是理念客观化其自身于自然界中。因此，异化本身就包含了对自身的扬弃。黑格尔认为，异化是说明自然、社会、历史等辩证发展的核心概念，但他对于异化的分析完全是站在唯心主义立场上的。在黑格尔之后，费尔巴哈力图从唯物主义基本前提出发阐述异化。费尔巴哈对黑格尔哲学的宗教本质及其异化进行了批判，在费尔巴哈那里，异化主要指宗教异化和人本质的异化。理性、意志、感情是人的本质，上帝是人的本质的异化，是理性迷误的产物。但是，费尔巴哈只是揭露了宗教的一个本质方面，提出宗教中全知全能的神是人创造的，这个偶像是人按照自己的样子与主观愿望而造的。

马克思从批判宗教异化和政治异化开始对资本主义社会中的异化现象进行批判。马克思在批判了前人非科学的异化理论之后，揭示了资本主义社会异化的本质。马克思指出，决定异化外部现象的本质异化是异化劳动或劳动异化，即宗教异化本质是现实经济生活中的政治异化，而政治异化也是派生的，需要在经济生活中进行揭露。因此，异化的产生根源是经济领域。于是，马克思在《1844年经济学哲学手稿》中明确提出了异化劳动才是资本主义社会中异化现象的真正根源，并从此开始了对异化理论的研究。

马克思批判地分析了异化劳动及其私有制根源。第一，马克思认为，之所以存在劳动创造了财富，劳动者却陷入贫困这样的"二律背反"，是因为古典政治经济学把异化劳动当作确定不疑的客观事实，视为资本主义生产必然具备的前提要件，而没有进一步考察异化劳动产生的深层原因。第二，马克思对异化劳动的表现总结出四个方面，即人与劳动产品相异化、人与劳动相异化、人与类本质相异化、人与人相异化。第三，在此基础上，马克思痛斥了资本及其人格化的资本家对工人的支配和奴役，批判了异化劳动对人的类本质即自由自觉活动的吞噬。第四，马克思揭示了异化劳动的私有制根源，指出异化劳动是私有制造成的。第五，在批判的基础上，马克思提出消除劳动异化的途径，他认为，"共产主义是对私有财产即人的自我异化的积极的扬弃"，只有复归人的自由自觉活动的类本质，才能使人彻底摆脱异化状态，获得真正的自由。

3. 资本主义制度下的劳动概念——异化劳动

马克思提出的异化劳动理论是对资本主义制度下工人劳动的现实分析而得出的，其核心概念是异化劳动。所谓异化劳动，就是指人在劳动过程中由于自身的活动而产生出了与自己相对立的东西。马克思指出，劳动是人的本质，但是，在资本主义社会条件下，人的劳动却是异化的劳动，而异化产生的原因是资本主义私有制和私有制下劳动和资本的分离。正如人创造了上帝而受上帝支配一样，在阶级社会中，工人创造了大量的物质财富，而这些财富却被资本家占有并使工人受其支配。因此，这种财富的占有导致劳动本身异化成为统治工人的、与工人敌对的、异己的力量。只有消灭了异化产生的根源才能从根本上消除资本主义社会的异化现象。

具体而言，马克思提出存在四个方面的异化劳动——异化劳动的四个方面有不同的提法，有称四个层次，也有称四个规定等——主要包括如下几方面。

第一，劳动产品与人相异化。作为劳动，作为人的本质的劳动，按理说，人由于劳动所生产的产品应该属于人自己，而现在由于劳动产品与人发生了异化，工人所生产的产品却不属于他自己。而且，工人生产的产品越多，他能够占有的产品就越少。例如，在某资本主义企业工作的工人们，每天生产的产品越多，他为资本创造的对象就越多，他所失去的也就越多。工人生产的产品并不属于工人自己,这样,工人通过自己的劳动生产出来的对象成了与自己相对立的东西,形成了产品与人相异化。

第二,劳动本身与工人相异化。劳动作为人的本质,应该是受人自主控制的。换句话说,应该是我想劳动我就劳动,我不想劳动我就可以不劳动。可是,在私有制条件下,劳动者并不能自由支配自己的劳动,劳动变成了一种强制性和被迫性的活动。对工人来说,劳动已经成为一种外在性的东西,劳动不再属于工人自己。

第三,人和人的类本质相异化。我们都听说过"人类"这个词语,可从来没有听过狗类、猫类。人之所以能够被称作人类,是因为一切人具有共同的本质——劳动。这就是类本质的含义,其他物种诸如狗、猫,它们都没有劳动这样共同的本质。人和人的类本质相异化,实际上也就是人与人的劳动相异化。在资本主义社会,异化劳动不仅从人那里剥夺了他所生产的产品,而且还把劳动变成了对人来说是外在的、强制性的东西。从而也就把人的类本质即劳动变成了人维持个人生活的手段。这样看来,我们的劳动似乎就成了我们生存下去的一个手段而已,就成了我们赚钱的一个工具而已。

第四,人与人相异化。人与人异化是由劳动产品与人相异化、劳动本身与工人相异化,以及人和人的类本质异化所导致的必然结果。在资本主义条件下,工人阶级与资产阶级之间被压迫和压迫、被剥削和剥削、被统治和统治的对立关系,就是人与人异化的集中体现。

马克思讲的劳动异化是雇佣劳动的异化。马克思的雇佣劳动概念同样也是异化劳动理论重要的概念,它具有深厚的哲学根基,是马克思将哲学和经济学结合研究的体现。马克思通过对资本主义社会初期雇佣劳动制度的分析和批判,实现对资本主义社会的科学批判,以及对共产主义社会的理论说明。

马克思雇佣劳动理论研究了雇佣劳动的产生、存在条件、劳动过程和实质,揭示了雇佣劳动的异化本质,并在这一研究基础上对雇佣劳动的终结做了理论预测,即雇佣劳动产生和消亡的条件在资本主义内部,只有资本主义生产资料私有制度消亡,资本主义社会被自由人联合体所代替,雇佣劳动才会消失,而在未来社会中的劳动将是自由的联合劳动。

马克思的异化劳动理论是以资本主义异化劳动为批判对象的,因而表达出对现实的人类生存困境的人道关怀。马克思借助斯密关于生产劳动的定义指出，在资本主义生产条件下，生产劳动是一种雇佣劳动，它同可变资本进行交换，既要生产出相当于可变资本的价值，又要为资本家创造剩余价值。资本与雇佣劳动之间互为存在的前提，一方制约着另一方。具体来说，资本并非天然存在的，资本家之所以能将手中的货币转化为资本，是因为有雇佣劳动的存在，资本家可以雇佣工人从事商品生产和交换，进而获得利润；反过来，雇佣劳动得以存在的前提是在市场上存在着雇佣的一方——资本和资本家。雇佣劳动是资本主义生产的组织方式，是资本主义社会的经济前提。资本家为了获取利润，就要到市场上购买一种特殊的商品，这种商品的特殊性在于它能够创造大于自身价值的价值，这种商品就是劳动力。

马克思对经济学所作出的独特贡献，并不是劳动价值论，甚至也不是把劳动价值论应用于劳动力这种商品，马克思经济学的独特贡献在于第一次明确揭示出剩余价值的劳动力来源以及阶级剥削本质。在资本主义生产过程中，工人的劳动过程分为必要劳动和剩余劳动，其中必要劳动创造了劳动力价值，剩余劳动创造了剩余价值，剩余价值就是超过劳动力价值并被资本家无偿占有的价值。可以说，剩余劳动和剩余价值都来源于雇佣劳动，如果没有雇佣劳动，资本家就不会获得任何利润。在获得剩余价值和利润后，资本家不会全部用于个人消费，而是将大部分转化为资本，即资本积累，进一步扩大再生产，以期获得更多的剩余价值和利润。从根本上讲，资本积累和扩大再生产所需要的资金，都来自工人无偿创造的剩余价值，都来自雇佣劳动。

马克思主义对资本主义生产关系下劳动的认识极其深邃透彻，雇佣劳动和异化劳动的概念以及由此而展开的理论构建，使我们对劳动概念的认识有了一种飞跃。然后，马克思对消灭雇佣劳动和异化劳动提出的解决方案，以及对未来社会劳动的新见解，更是对人类劳动观产生革命性的影响。

4. 共产主义视域下的劳动概念

在阐明资本主义生产的客观规律和历史属性基础上，马克思指明了劳动解放的路径，即工人阶级必须打破雇佣劳动关系，瓦解拜物教的心理整合，把劳动从资本逻辑的操控下彻底解放出来，从而消灭雇佣劳动，实现自由劳动。马克思提出的这些见解是一种科学的具有历史必然性的革命方案，因而表现出对人的真实的、终极的生存关怀。展现着对整个人类发展前景的希冀,即对人类解放问题的解决方案。

人类的解放就是无产阶级的解放,而无产阶级的解放从根本上看,则表现为劳动的解放。所谓劳动的解放,就是劳动的普遍化,即全体有劳动能力的社会成员都成为劳动者,从而消灭了劳动者与剥削者的阶级对立。现代资本主义社会的现实却是,劳动的主体即劳动者处于被压迫、被剥削、被奴役的社会状态之中。因而,现代无产阶级的解放必须以劳动的解放为中心。马克思从异化劳动和雇佣劳动这两种与资本主义社会关系密切相关的劳动模式出发,对无产阶级解放乃至个性解放的生存境况进行了详细分析与论证。

马克思所主张的这条道路就是共产主义。在马克思、恩格斯那里,社会主义、共产主义这两个概念是作为同义词使用的,只有在评述早期社会主义、共产主义思想时他们才加以区别。马克思、恩格斯在最初表达和阐释自己的社会主义主张时,没有用社会主义概念,而是选用了共产主义这个概念。如在《德意志意识形态》《共产党宣言》等著作中,他们都是使用共产主义这个概念来表达和阐释社会主义主张。对于为什么没有选用社会主义这个概念,恩格斯在1890年为《共产党宣言》写的德文版序言中作过这样的解释:"当《宣言》出版时,我们不能把它叫做社会主义宣言。在1847年,所谓社会主义者是指两种人。一方面是指各种空想社会主义体系的信徒,……另一方面是指形形色色的社会庸医,……相反。当时确信单纯政治变革还不够而要求根本改造社会的那一部分工人,则把自己叫做共产主义者。……社会主义意味着资产阶级的运动,共产主义则意味着工人的运动。""既然我们当时已经十分坚决地认定'工人的解放应当是工人阶级自己的事情',所以我们一刻也不怀疑究竟应该在这两个名称中间选定哪一个名称。而且后来我们也根本没有想到要把这个名称抛弃。"因此,马克思、恩格斯当时把自己的社会主义主张称为"共产主义学说",把无产阶级革命称为"共产主义革命",把无产阶级政党称为"共产主义政党",把代替资本主义的未来社会称为"共产主义社会"。马克思很少用社会主义这个概念,他在使用社会主义这个概念的时候往往会加上限定。

共产主义革命以人类解放为理想追求,而人类解放的关键是劳动解放,也就是整个社会从雇佣劳动中解放出来,因为雇佣劳动不是合理的生存活动方式,更不是所谓永恒的自然规律,它是特定社会历史阶段的劳动组织形式,在创造出巨大生产力的同时,也导致工人阶级陷入全面异化的生活状态。随着生产力发展到更高阶段，资本主义基本矛盾必然会激化到需要通过对抗的方式来解决的程度，雇佣劳动终将被新的劳动方式即自由劳动所取代。当整个社会采用自由劳动的方式组织生产时，每个人都将获得解放和自由发展的条件。

马克思所说的自由劳动是什么呢？所谓自由劳动，是共产主义理论的核心概念，指的是共产主义的劳动组织形式，具体来说，即作为劳动主体的劳动者，在共同占有生产资料的基础上，通过自愿联合和协作的方式，组织管理全部生产活动，开展有个性有创造的劳动活动，为每个人自由全面的发展创造充分条件。我们可以用如下三个特征来表征其内涵。

第一，自主性劳动。在共产主义社会，劳动将成为人们生活的第一需要，这表明劳动已成为高度自觉、自由、自主的活动。从劳动性质看，自由劳动是具有更高程度自主性的劳动，劳动成为人的第一需要，异化劳动得到根本的克服，劳动是幸福和快乐的活动，成为彰显人的本质性以及创造力的实践形式，从根本上区别于作为人的生存手段的雇佣劳动。自由劳动是"自由的生命表现，因此是生活的乐趣"，它不同于资本家那种以获取剩余价值为目的的雇佣劳动，而以人的自由全面发展为价值追求。

马克思把未来社会看作人的全面、自由发展的社会，而劳动分工则与此相对立。他认为，从一定意义上说，分工和私有制是两个同义语，讲的是同一件事情，随着分工的发展就产生了个人利益或单个家庭的利益与所有互相交往的人们的共同利益之间的矛盾，只要人还受利益驱使去服从分工，即只要分工还不是出于自愿，不是自发的，那么人本身的活动对人来说就成为一种异己的、与他对立的力量，这种力量驱使着人，而不是人驾驭着这种力量。"个人本身完全屈从于分工，因此他们完全被置于相互依赖的关系之中。"导致"人在精神发展和体力发展方面的对立"，"限制了人的活动空间"，"剥夺了人的自由时间"，"出现了城乡、工农以及脑力劳动与体力劳动的对立"。

这里，马克思批判的是资产阶级社会的旧式分工，用马克思的话说："当分工一出现之后，任何人就有自己一定的特殊的活动范围，这个范围是强加于他的，他不能超出这个范围：他是一个猎人、渔夫或牧人，或者是一个批判的批判者，只要他不想失去生活资料，他就始终应该是这样的人。"①

马克思反对的是让无产阶级奴役般地服从分工,共产主义分工依然会存在,但和今天的分工意义完全不同,共产主义时期无产阶级掌握的知识程度和技术水平足以使得他们胜任任何工作,他们可以根据自己的兴趣爱好和性格心情自由地选择自己的职业。马克思、恩格斯又在《德意志意识形态》一书中接着上述议题说道:"而在共产主义社会里,任何人都没有特殊的活动范围,而是都可以在任何部门内发展,社会调节着整个生产,因而使我有可能随自己的兴趣今天干这事,明天干那事,上午打猎,下午捕鱼,傍晚从事畜牧,晚饭后从事批判,这样就不会使我老是一个猎人、渔夫、牧人或批判者。"②

第二,全员性劳动。从劳动主体看,全体社会成员都成为劳动者,共同参与社会劳动,为创造社会财富贡献劳动力量。那些不劳动的、靠剥削他人劳动成果为生的食利阶级和食利阶层将不复存在。在资本主义雇佣劳动关系中,资本及其人格化的资本家拥有着支配工人劳动的权力,监督和管理着生产、交换、分配和消费的总过程,全面控制着整个社会的秩序运转。在破除资本主义私有制和雇佣劳动形式之后,无产阶级将会获得劳动权力。拥有劳动权力的无产阶级将会把生产资料集中在国家手中,不断增加生产力的总量,为实现自由劳动创造物质基础;同时,在共产主义初级阶段实行按劳分配的原则,等发展到高级阶段后实行"各尽其能,按需分配"的原则。

1875年马克思在《哥达纲领批判》中指出:"在共产主义社会高级阶段上,在迫使人们奴隶般地服从分工的情形已经消失,从而脑力劳动和体力劳动的对立也随之消失之后;在劳动已经不仅仅是谋生的手段,而且本身成了生活的第一需要之后;在随着个人的全面发展生产力也增长起来,而集体财富的一切源泉都充分涌流之后,——只有在那个时候,才能完全超出资产阶级法权的狭隘眼界,社会才能在自己的旗帜上写上:各尽所能,按需分配!"③

---

① 马克思,恩格斯.马克思恩格斯文集:第1卷[M].中共中央马克思恩格斯列宁斯大林著作编译局,编译.北京:人民出版社,2009:537.

② 同①。

③ 马克思,恩格斯.马克思恩格斯文集:第3卷[M].中共中央马克思恩格斯列宁斯大林著作编译局,编译.北京:人民出版社,2009:436.

"各尽所能，按需分配"的实现具有重大意义，在消灭了"不劳而获"，劳动具有全员性基础上，它将最终实现人类在分配上的真正平等。社会主义社会实现了"各尽所能，按劳分配"的原则，第一次以人的劳动而不是特权或资本作为分配的标准，这是一个巨大的历史进步，但它仍有其历史的局限性。就其用"劳动"代替资本作为分配标准而言是平等的，但就其把"劳动"这同一个标准运用在不同情况的人身上而言又是不平等的。一方面，它默认"劳动者的不同等的个人天赋，从而不同等的工作能力，是天然特权"，因而导致劳动能力不同的人之间在收入分配上的差距；另一方面，它撇开了人的社会生活的丰富性，只把人当作"劳动者"看待，而没有把劳动者的家庭负担等方面的需要考虑进去。因此，"按劳分配"原则在某种意义上还是商品等价交换的原则。它所体现的平等权利"还是被限制在一个资产阶级的框框里"。只有到了共产主义社会，人类社会的分配方式才能突破这个局限，根据人们的需要进行生活资料的分配，从而实现分配的真正平等。这样一来，从劳动结果上，全体社会成员才真正共同享有劳动成果，从而收获劳动的愉悦感。这样才能实现全面的发展。

马克思还提出了劳动造就"全面发展的人"的思想。马克思在《资本论》第一卷第四篇第十三章《相对剩余价值的生产》中指出："正如我们在罗伯特·欧文那里可以详细看到的那样，从工厂制度中萌发出了未来教育的幼芽，未来教育对所有已满一定年龄的儿童来说，就是生产劳动同智育和体育相结合，它不仅是提高社会生产的一种方法，而且是造就全面发展的人的唯一方法。"[1]

第三，创造性劳动与幸福劳动。从劳动分工看，自由劳动是一种有个性的、具有创造性的活动，每个人都能自由选择职业，跨越不同分工领域，实现全面的发展，原来雇佣劳动中的奴役性、压迫性和不自由状态将被彻底消解，即消除个人服从分工的现象，就取决于以创造性劳动为核心的生产力的发展。社会工作日中用于物质生产的部分越小，个人从事自由活动、脑力活动和社会活动的时间就越多。例如，社会在6小时内将生产出必要的丰富产品，这6小时生产的将比现在12小时生产的还多，那么就有大量的自由支配时间，为自由活动和发展开辟广阔天地。

---

[1] 马克思，恩格斯. 马克思恩格斯文集：第5卷［M］. 中共中央马克思恩格斯列宁斯大林著作编译局，编译. 北京：人民出版社，2009：557.

在共产主义社会，劳动不仅仅是创造性的，还是吸引人的。马克思说："劳动会成为吸引人的劳动，成为个人的自我实现，但这决不是说，劳动不过是一种娱乐，一种消遣，就像傅立叶完全以一个浪漫女郎的方式极其天真地理解的那样。真正自由的劳动，例如作曲，同时也是非常严肃，极其紧张的事情。"① 到目前为止的人类社会历史中，特别是资本主义生产方式下产生了劳动的异化，使得劳动更多的是与痛苦联系在一起，造成了劳动者不幸的现实。即在整个私有制的社会进程中，特别是资本主义私人占有制条件下，劳动给予劳动者的并非都是生活的富足与精神的愉悦，劳动者感受到的更多的是痛苦，而不是幸福。劳动创造幸福并没有在资本主义条件下得以充分体现。马克思站在人类历史发展的道义制高点，揭示和批判劳动痛苦的历史与现实境遇，指出劳动与幸福之间并非只有对立的一面，马克思说："生产劳动给每一个人提供全面发展和表现自己的全部能力即体能和智能的机会，这样，生产劳动就不再是奴役人的手段，而成了解放人的手段，因此，生产劳动就从一种负担变成一种快乐。"②

劳动幸福是人类幸福的根本要义，也是人类美好生活的核心尺度，更是人类历史的根本价值目标。自俄国十月革命开始，世界上相继诞生了大批社会主义国家，人民成为社会的主人，人们体会到了劳动的幸福。但应该看到，这些社会主义国家无不是建立在落后的生产力发展水平之上的，真正实现劳动幸福还有漫长的路要走。在社会主义实践中，如何使劳动者越来越多、越来越深刻地感受到劳动幸福，这既是理论也是实践的重大课题。劳动何以幸福是一个极具人类解放意蕴，触及人之为人的根本问题。近年来，学界围绕"劳动幸福"从不同方面进行大量的探索和研讨，并进一步以马克思劳动幸福理论为指导，深刻剖析劳动幸福的内在规定，运用辩证思维深化劳动幸福研究。主要基于哲学本体论、价值论、心理学、社会学和政治经济学等视角研究劳动幸福理论，取得了丰硕的研究成果。

对于如何实现自由劳动。马克思指出的道路是无产阶级革命，无产阶级革命才是实现自由劳动的必由之路，离开了无产阶级革命，人类是无法实现自由劳动和彻底解放的。马克思把无产阶级的经济革命集中概括为这

---

① 马克思，恩格斯. 马克思恩格斯文集：第8卷［M］. 中共中央马克思恩格斯列宁斯大林著作编译局，编译. 北京：人民出版社，2009：174.
② 马克思，恩格斯. 马克思恩格斯选集：第3卷［M］. 中共中央马克思恩格斯列宁斯大林著作编译局，编译. 北京：人民出版社，2012：681.

样一点，即消灭私有制。在《德意志意识形态》中，他在历史科学的基础上论证了共产主义的历史必然性，力主建构真正的共同体，实现个人的自由和全面发展；在《共产党宣言》中，他和恩格斯明确提出了无产阶级的革命任务：推翻资产阶级专政，建立无产阶级政权，利用自己的政治统治发展生产力，为建立自由人联合体提供政治前提。

5. 社会主义劳动观的早期实践探索

近年来"996工作制"一直成为社会争论的话题。《人民日报》评论部也发表了文章《崇尚奋斗，不等于强制996》。"996工作制"本身就是一种不正常的制度，与"勤劳""奋斗"等正能量根本就联系不上，本质上还是压榨员工的制度。与此相对照的是，国内劳动法规对工作时间有明确要求。比如说，每天不超过8小时，每周不超过40小时；同时对加班后的补偿也很具体。

但与之对比的是，在100多年以前，却有这么一群人，在星期六下午义务加班，不要任何报酬。在今天的年轻人看来可能不可思议，这就是苏联社会主义建设时期出现的"义务劳动"活动。

苏联作为第一个社会主义国家，其缔造者列宁在社会主义建设中，对社会主义的劳动概念及劳动观进行了深入探索。首先，列宁将劳动与劳动生产率联系在一起，将提高劳动生产率与深入整个共产主义运动和发展前途联系起来，他认为，只有将提高劳动生产率作为根本的任务才能实现向共产主义的过渡。其次，列宁非常重视劳动与教育相结合，提出劳动与生产教育相结合是培养社会主义接班人和改造社会的重要手段。他在《民粹主义空想计划的典型》一文中指出："没有青年一代的教育与生产劳动的结合，未来社会的理想是不能想象的。无论是脱离生产劳动的教学和教育，或是没有同时进行教学和教育的生产劳动，都不能达到现代技术水平和科学知识现状所要求的高度。"1919年6月，列宁的著作《伟大的创举》首次出版，其全名为《伟大的创举（论后方工人的英雄主义。论"共产主义星期六义务劳动"）》。在这篇光辉著作中，列宁高度评价了当时的"共产主义星期六义务劳动"这一新生事物，并深刻地指出："共产主义星期六义务劳动所以具有巨大的历史意义，是因为它向我们表明了工人自觉自愿提高劳动生产率、过渡到新的劳动纪律、创造社会主义经济条件和生活条件的首创精神。……支持和发展社会主义的新生事物，是无产阶级专政的重要任务。"① 列宁将劳动竞赛作为社会主义劳动组织的一种形式，提出通过劳动竞赛培养和选拔社会主义劳动者。

1918年，刚刚诞生的第一个社会主义国家——苏维埃共和国面临着严重的困难。帝国主义及其附庸白匪军联合起来，向年轻的苏维埃国家发动猖狂的进攻，妄图把它"扼杀在摇篮里"。1919年春天，英、美、法、日等帝国主义集中全力对付苏维埃共和国，他们掩护高尔察克、尤登尼奇、邓尼金等白匪军进攻苏维埃共和国。为响应党和列宁的号召，莫斯科和彼得格勒派了五分之一的共产党员和十分之一的职工会会员到前线去。共青团派了几千名最优秀的青年到东线去。不能到前线去的工人在后方劳动战线上表现了忘我劳动的革命英雄主义气概。

1919年4月12日，星期六，莫斯科—喀山铁路分局一个机车库里，一个机车库的党支部成员和积极分子在进行义务劳动，抢修两台坏损的机车。这件事情很快在喀山铁路分局传开了。分局党委敏感地意识到，这是工人们为了支援前线而作出的又一个重大牺牲，也是人民群众积极性和主动性的一次体现。他们决定在全分局推广这一做法，每星期六下班后继续进行六小时义务劳动，后被称为"星期六义务劳动"。于是，1919年5月10日，莫斯科—喀山铁路莫斯科调车站的共产党员和工人正式发起了共产主义星期六义务劳动，抢修机车。这一次，205名工人以1014个工时，修好了4个机车和16个车厢，装卸了数百吨材料。这一由几个名不见经传的"小人物"首创发起的、带有真正共产主义精神的"星期六义务劳动"立刻引起了全社会广泛的注意。《真理报》《消息报》等各大报刊进行了大量报道。

年轻苏维埃共和国的缔造者，苏维埃的最高领导人列宁从报上看到了这一消息，立刻肯定了这一做法，并称之为"伟大的创举"。他号召全体青年团员都向喀山铁路分局的工人们学习，广泛开展"星期六义务劳动"。并于1920年五一国际劳动节这一天，亲自参加了清理克里姆林宫广场的义务劳动。于是，一个由人民群众首创发起、由共和国领袖倡导和号召的带有共产主义奉献精神的"星期六义务劳动"活动在苏维埃共和国的广袤大地上开展起来了。列宁说："普通工人起来克服极大的困难，奋不顾身地设法提高劳动生产率，设法保护每一普特粮食、煤、铁及其他产品，这些

---

① 列宁. 列宁专题文集：论社会主义卷［M］. 中共中央马克思恩格斯列宁斯大林著作编译局，编译. 北京：人民出版社，2009：148.

产品不归劳动者本人及其'近亲'所有,而归他们的'远亲'即归全社会所有,归起初联合为一个社会主义国家然后联合为苏维埃共和国联盟的千百万人所有,——这也就是共产主义的开始。"①

"二战"后至20世纪90年代苏联解体前,"星期六义务劳动"这一传统一直被保持着。有时,人们就在自己的工作地点进行义务劳动,利用这一机会多做一些工作,加快相关工作进程。举行"星期六义务劳动"的时间并不固定,有时此活动每周都搞,有时一年只组织几次。但全国性质的"星期六义务劳动"被确定在4月22日(列宁的生日),政府每年4月22日都利用这一机会在各大城市搞大扫除活动,以迎接春天的到来,并为庆祝五一国际劳动节做准备。苏联解体已逾30年,苏联时期的一些好传统却并未随着苏联的消失而烟消云散。比如,每年春季的"星期六义务劳动"的传统至今在俄罗斯各地甚至独联体地区仍保持着。

"社会主义劳动竞赛"是外延更广的概念。苏联各个历史时期的劳动竞赛表现出不同的形式和特点。苏维埃国家建立初期,劳动竞赛的形式为共产主义星期六义务劳动。20世纪30年代初期,劳动竞赛的形式为突击手和突击队运动,特点是充分利用工作日,提高产品质量。同时在很大程度上也是通过增加劳动强度提高劳动生产率。1935年产生的斯达汉诺夫运动,是影响最深远的劳动竞赛形式。1935年8月30日,顿巴斯"中央-伊尔明诺"煤矿采煤工斯达汉诺夫在一个工作班的时间内采煤120吨,超过定额13倍,创造了当时世界上采煤的新纪录。斯达汉诺夫运动的特点是在工人文化技术水平提高的基础上,采用新技术,改善劳动组织,革新工作方法,以保证劳动生产率的大幅度提高。

苏联第一个五年计划于1928年10月开始实施。第一个五年计划的宏伟蓝图,激励起苏联人民建设社会主义的巨大热情和劳动积极性,成为推动经济建设的强大动力。1929年3月,列宁格勒"红色维堡工厂"的工人们在《真理报》上下战书,向全国工厂倡议开展社会主义劳动竞赛,迅速得到全国各地广大工人的响应,掀起了工厂之间、车间之间声势浩大、持续深入的劳动竞赛热潮。1929年4月在联共(布)中央号召下,社会主义劳动竞赛全面展开。1931年,斯大林提出了"技术决定一切"的口号,号召干部、群众努力学习,精通技术。经过苏联人民艰苦奋斗,1933年1

---

① 列宁. 列宁专题文集:论社会主义卷[M]. 中共中央马克思恩格斯列宁斯大林著作编译局,编译. 北京:人民出版社,2009:151.

月,苏联政府宣布第一个五年计划提前9个月完成。

6. 我国社会主义建设初期确立的劳动观

新中国成立之初,对劳动的高度认同包含着对人民共和国的归化与认同,这成为当时社会主义道德的重要内涵之一。当时的《人民日报》在一篇报道中提到:"热爱劳动还是轻视劳动,这是社会主义和资本主义的两个思想体系不相同的根本问题。"于是"劳动"也被赋予政治性意义,成为社会主义与资本主义两大体系区分的重要标准,在观念上将努力劳动视作为国家作贡献,而将消极劳动解读为剥削阶级思想。

1946年,毛泽东的儿子毛岸英从苏联学习回国,毛泽东对爱子说:"你在苏联的大学毕业了,但是中国的劳动大学你还没有上过,你应该去学习学习。"新中国成立后,毛泽东又将在农村经过几年土地改革工作锻炼的毛岸英下派到北京第一机器总厂去工作,让他去体验工人的生活。毛泽东所说的到"劳动大学"学习,实际是一种社会主义教育观,这种教育观的核心是通过劳动进行思想觉悟和本领的再教育。具体做法就是让在校园里读书的学生多到基层去,多到农村去,多与群众同吃同住同劳动,拜人民为师,学习群众吃苦耐劳、踏实务实的精神,学习群众默默无闻、朴实无华的品质,更加自觉地把奉献于党和人民的事业作为人生追求,这才是劳动大学能够给予的最好培养。

在新中国成立初期,劳动被赋予政治学意蕴,还反映在由劳动派生出的许多词汇上,如社会主义劳动者、劳动人民、劳动资料、劳动模范、劳动锻炼、劳动教养、体力劳动和脑力劳动,等等。1957年2月,毛泽东首次提出社会主义劳动者的概念,这个劳动者的标准是在德智体几方面的全面发展且有社会主义觉悟的有文化的。今天,社会主义劳动者已经成为一个专有名称,指我国新时期爱国统一战线内部结构中以劳动人民作为一个范围的层次,它包括工人、农民、知识分子以及其他一切从事社会主义建设事业的自食其力的劳动者。

## 三、创新劳动的内涵分析

1. 创新劳动概念确立的意义

创新是一个内涵丰富、外延宽广的概念,与这个概念一起使用的还有诸如创造、发明、创意、原创等,且不说它们之间区分的复杂和困难,仅仅就每一个概念而言，实际都有动词兼名词特性。作为动词，都指首先做出来或想出来的这种行为和过程。当然，具体表述这个行为或过程，还有大量的词组，诸如创新行为、创新实践、创新思考、创新探索、创新劳动等。用这样的词组表述自然要比单独用创造、创新这类词来表述更清楚一些，但却容易使概念内涵变窄。而用更笼统更抽象的概念，在没有特定语境帮助下又难以准确把握该概念的确切含义。比如我们提到"创新"，到底是指什么呢？是指创新思考还是创新劳动？这又使人很难有明确的认知，以至于说起创新，很多人想当然地理解成"创新成果"，即作为名词理解。这类词确实也指产出的新思想、新事物或研究出的新方法，即指成果，至于如何表述这类成果，还有很多具体词组，比如发明设想、创意产品、写成的专利文件、获准专利审批的发明、已经实施且有了产品的发明，等等。

我们以往笼统地使用的"创新"这个概念，在很大程度上并不存在理解的障碍和用词的准确性问题，因为词有语境、有约定俗成的理解等。但是由于人们通常很少用"创新劳动"这个概念，以至于我们尽管用创新思维、创新行为、创新成果等概念，但可能忽视了创新本质上就是一种劳动，既指劳动过程，也指劳动结果，用创新劳动这个概念来理解创新或许在很多方面更能够准确地表达创新。因为创新劳动既是结果概念也是过程概念，作为结果可以衡量创新的价值，作为过程可以分析创新劳动的不同阶段。同时创新劳动也是集体概念，更能够解释当代创新的群体性特征。

更为重要的是，我们将创新与劳动的概念联系起来，能更好地肃清知识价值论的错误影响。随着信息技术的发展，有一种思潮一度在学术界盛行，就是用知识价值论取代劳动价值论。持有这种观点的学者认为，在信息社会里，价值的增长不是通过劳动，而是通过知识实现的，其主要观点是：第一，知识本身能将自身价值转化为现实价值；第二，知识的使用，能够在生产中创造新价值、创造大于生产或购买它所花费的价值；第三，在知识经济时代，经济发展的依据是知识价值论，因此，要用知识价值论来取代劳动价值论。

这一思潮的代表人物是美国未来学家约翰·奈斯比特。1982年，奈斯比特在他所著的《大趋势》一书中，从十个方面分析了美国社会发展的新趋势，其中就涉及知识价值论的有关观点。他提出，在信息社会，价值的增长不再通过劳动，而是通过知识。"劳动价值论诞生于工业经济的初期，必将被新的知识价值论所取代。"20世纪90年代，随着知识、技术和信息对经济发展的贡献越来越大，人们对于知识创造价值的看法更为认可，因而，知识价值论对劳动价值论的冲击也日益明显。

针对知识价值论的主要观点，我们可以从很多方面进行批驳，而树立创新劳动或者知识创新劳动的概念才能彻底驳斥这种认识。

首先，从来源讲，知识也是劳动产品，很大部分是创新劳动产品，也是有价值的。但是，很多人并不认为知识也是一种劳动产品，或者是因为对这种知识的认识的时间还不足够长，但是随着知识价值与可以量化的价格结合面越来越广，应该会说明这个问题。那么知识是怎么产生的呢？知识首先是在人类的物质生产实践中同物质产品一道产生的，物质生产实践既能生产出物质产品，也能生产出知识产品。从发展角度讲，进行知识加工的劳动者也需要维持生命存在，势必会把自己加工出来的产品拿到市场上去交换，从而换回维持自己生命需要的物质产品。知识值不值钱，是否受社会和市场欢迎，这决定了知识劳动者收入的多少。维持知识劳动者的生命健康就是知识的生产成本和知识的交换价值。

其次，知识价值论主张者可能会说，我们也承认知识本身包含价值，因此能够自动转化为现实价值。这种观点也是错误的。需要指出的是，马克思在《资本论》中分析的价值是特指交换价值的，因此，一种物品要具有价值，它必须要先进入交换领域或市场，更确切地说，它要首先成为商品才有价值。而知识本身并不一定都具有价值。如果这里的知识指的是应用知识的话，那么这种知识可以直接进入市场转化为商品，从而具有价值，即它本身的价值是通过生产者的具体劳动转移到新产品中去，成为商品价值的一个构成部分。但是如果指的是基础知识的话，那么则值得商讨，因为基础知识虽然是人类劳动的产物，但它属于公共产品，不能直接进入市场转化为商品，因而不具有价值（商品概念的价值）。

最后，针对知识价值论的另一个观点，即知识的使用，能够在生产中创造价值并且还能创造出新价值，这里的错误在于，任何知识独立于劳动者之外是不能自发地创造价值的，知识只有被劳动者掌握，并在劳动者生产商品的劳动过程中作为其脑力和体力支出的一个有机组成部分才可以形成价值，但是这绝不意味着可以把知识和劳动者的劳动对立起来，不能把独立于劳动者与劳动者的活劳动之外的知识看作价值的源泉。知识在推动经济增长方面，确实起到了重要的作用，但是这一作用的实现仍然要通过活劳动。所谓活劳动,是指物质资料的生产过程中劳动者的脑力和体力的消耗过程。活劳动是处于流动状态的人类劳动。在物质生产过程中,只有投入活劳动,才能将生产资料改变成符合人们需要的另一形态的使用价值,成为新的产品。因此,知识价值论的内容本身就不成立,那就更谈不上用知识价值论取代劳动价值论了。

价值是由劳动创造的,劳动是价值的实体。这是劳动价值论第一个方面的要义,它强调劳动价值论中"劳动"二字的含义及其理论价值。它强调和认可了劳动在创造社会财富方面的巨大的、不可替代的作用,揭示和确认了劳动是人类存在、发展的动力和条件。它来源于马克思的历史唯物主义世界观,来源于马克思对劳动大众的关切和重视,与他一贯地以人民大众的根本利益作为经济学研究的起点和终点的阶级立场和思想方法一脉相承。这是劳动价值论的精华部分。

知识转化为生产力,能提高劳动生产率,给人类的生产带来极大的方便。在这一时代,知识和技术甚至成为首要的生产力。但价值的增长源泉仍是劳动,而不是知识。知识不创造价值,它本身的价值也必须通过生产者的具体劳动才能转移到新产品中去,成为商品价值的一个构成部分。因此,用知识价值论来取代劳动价值论的观点是错误的。尽管如此,我们应该看到,当前经济发展过程中,知识、技术和信息等因素对劳动的影响也越来越大。对于这些新的情况,既需要我们在劳动价值论中予以合理的解释,也为丰富和发展劳动价值论提供了新的平台和素材。因此,我们提出的创新劳动正是在这个意义上所进行的探索。

2. 把握创新劳动的内涵

2011年5月1日,《人民日报》发表了题为《勤奋劳动、诚实劳动、创新劳动》的社论。社论指出:"光荣属于伟大的劳动者……在我国内外环境、增长机制发生重大变化的条件下,以创新劳动加快转变经济发展方式、建设创新型国家。这是时代赋予中国工人阶级的崇高使命,具有光荣传统的中国工人阶级一定能够与时俱进、锐意进取,更好地发挥改革主力、发展动力、稳定基石的作用。"由此,"创新劳动"引起社会的广泛重视。2011年4月28日,社会学家艾君在《时代需要创新劳动》(刊发于《工会博览》杂志)一文中提出一个定义,即创新劳动就是创造性地劳动,是通过人的脑力劳动萌发出技术、知识、思维的革新,从而高效提升劳动效率、产生出超值社会财富或成果的劳动。

创新劳动还可以依据不同的分类而进一步细化，例如，按照创新样式和程度，分为创业型劳动、创新型劳动和改进型劳动。按照科技实践不同，创新劳动可分为四类：第一类是科学创新劳动，指为进一步认识客观事物而获得新知识的创造性劳动；第二类是技术创新劳动，指为节约时间和空间，节约体力和精力，节约资源和能源而探索更简便的思想、方法和手段的创造性劳动；第三类是产品创新劳动，指为满足社会与个人的新需要而设计与创造新的使用价值的创造性劳动；第四类是人力创新劳动，指发展人自身的劳动，包括学习劳动和部分教育劳动。

1912年，美籍奥地利经济学家熊彼特提出了创新理论，阐述了创新如何推动经济发展，以及企业家在经济发展过程中扮演的关键角色。熊彼特还对创新的特征进行了概括：首先，创新是生产要素和生产条件的新组合，创新即创造一些偏离常规的新组合；其次，创新需要有企业家精神；再次，创新带来经济增长，创新是经济转型的核心力量；最后，创新是一种创造性毁灭，导致旧企业倒闭、新企业产生。具体而言，创新具有如下特性：创新具有挑战性；创新具有高风险性；创新具有高回报率；创新具有创造性；创新具有综合性；创新具有时效性；创新具有种类的多样性，等等。

创新劳动同样具有上述描述的创新具有的特性，同时也具有创新与劳动的综合而形成的特性等。比如，技术创新也具有风险性，技术创新劳动涉及许多相关环节和众多影响因素（特别是经济的投入和技术的放大），因此有很大的不确定性和风险性。创新劳动同样如此，据美国的统计，每10项专利中只有1项变成创新。创新的风险主要表现为：政治风险（政局、法律、政策、宏观调控）；社会风险（地域文化、宗教、心理）；市场风险（需求变化、模仿、相关产品、营销方式）；技术风险（不成熟、竞争、制造能力、技术效果）；管理决策风险（配套的人财物等资源及使用）等。因此，创新劳动者需要增强风险意识，加强风险论证，分析外部经营环境，建立有效调控机制，慎重选择。再如，技术创新具有综合性，创新劳动同样如此，创新劳动是许多人共同努力的结果，需要企业家、科技人员、生产、资金、设备、市场多方面的合作、综合管理。创新劳动同样是具有风险性、综合性的劳动。当然创新也是具有高回报率的劳动。这是将创新与劳动的特点综合而形成的特性。

关于创新劳动的内涵，还需要探讨以下概念之间的关系。

第一，产生创新设想的创造活动是不是创新劳动？我们可以从发明与创新的关系进行类比，创新的概念与发明不同，即创新不同于一般的发明创造，广义讲有新设想产生的都是发明和创造，严格讲发明还有更窄的理解，就是专利法所界定的发明，即满足条件取得专利权的发明才称为发明。然而发明创造如果仅仅停留在设想阶段或者仅仅停留在专利层面，而不能产生和实现商业价值，则不属于创新范畴。创新的一个较为规范的定义就是：创新是一项发明的首次商业应用成功。按这个理解，发明创造首先是一种脑力劳动，通过头脑产生创意的过程而进行的活动自然也是劳动，但这个劳动可能还没有经济后果，不能产生价值，这个劳动就不是创新劳动。将有专利权的设想转让或者通过生产将设想变为产品，并通过市场销售实现使用价值与价值的转换，才能成为创新劳动。这个劳动不仅仅有发明家的劳动、企业家的劳动，还有现场工人的劳动、市场营销的劳动，这些劳动共同换来的是创新实现。

也就是说，按照政治经济学原理，商品（无论其内容的创新多少）是用来交换、能满足人的某种需要的劳动产品。具有使用价值和价值两个因素，是使用价值和价值的矛盾统一体。商品的使用价值不是用来满足生产者自身需要的，而是通过交换用来满足别人的、社会的需要的。价值是凝结在商品中的无差别的一般人类劳动，即人的脑力和体力的耗费。商品生产者只有将商品的使用价值让渡给商品购买者，才能取得价值。也就是说，劳动是价值的必要条件，但不是充分条件。还有一个条件，即劳动创造的是商品（用于交换）。比如，按照脑力劳动的4项分类法，创造知识的脑力劳动的职能是对自然科学和社会科学进行创造性的研究、探讨，劳动成果表现为精神产品，即应用自然科学、理论自然科学和理论社会科学。创造知识的脑力劳动是潜在的生产力，一般不直接形成价值。在专利法中，科学发现，即对自然界中已经客观存在的未知物质、现象、变化过程及其特性和规律的发现和认识，是不授予专利权的。

当然，上述提到的价值是政治经济学从商品的二重性角度所言的价值，不是从哲学意义上的有益与无益角度讲的价值，即广义的价值。从广义价值讲，任何人类创造的知识、科学成果当然是具有价值的，同理，从这个广义的价值出发，任何科学研究当然都是创新劳动。再如，我们常说某某创新是无效创新，也说某某创新劳动是无价值的，也是广义上而言的创新劳动。有人举例说，我们造就了诸多"伪创新"，诸如"喝水时拿一个茶杯托接着，这叫茶杯托，专利局批准了专利；喝水时没有茶杯托，而是用一个杯子托住，专利局也批准了专利，叫'杯托杯'专利。这种情况确实难以判断，如果仅仅是为了专利而专利或者是钻专利的空子，这样的做法也应该是属于无价值的创新劳动。如果是这些都被列入逐年增长的专利数量，并展开成就宣传，我们就该反省一下——这离我们想要的创新会不会越走越远？"

第二，常规劳动中是不是存在创新劳动？创新已经成为今天各行各业劳动者必备的素质，传统行业中，劳动者大部分时间进行的都是常规劳动。但毕竟"处处是创造之地，时时是创造之时，人人是创造之人"，常规劳动每天都有新的内容，工作中每天都会遇到新的问题，需要创造性地解决，有创新意识的人每天对常规活动都有自己的新想法、新建议。今天的社会不确定性已经是常态，劳动的标准具有相当程度的弹性，劳动是在风险社会和不确定社会中进行的，因此，常规劳动中处处时时存在着创新劳动。

从某种意义上说，创新就是对不确定性的积极探索。2007年，诺基亚遭遇到的不确定性结果是，功能机转向了智能机。2007年，诺基亚市值1500亿美元，净利润97亿美元，出货量4亿部，全球市场占有率达40%，处于整个手机历史的顶峰期。但想不到的是，2007年iPhone出来了，安卓系统也出来了。2007年，Intel遭遇到不确定性的结果是，Intel在PC芯片领域处于绝对垄断地位，但在手机芯片领域占有率几乎为0。2007年，微软遭遇到的不确定性结果是，微软在PC操作系统领域为王，但在手机操作系统的份额也几乎为0。2007年，Yahoo遭遇到的不确定性结果是，Yahoo是PC互联网的代名词，但在移动互联网领域则完全没有机会了。

从这个意义上审视创新劳动的话，广义的创新劳动就是创造性地劳动。只要在劳动中发挥人的创造性的劳动都属于创新劳动。当然，常规劳动的普通劳动者凭借自己的努力也可能会产生重大发明创造，这更属于创新劳动的范畴。如今的中国，已经进入了追求技能劳动、脑力劳动、知识劳动等创造性劳动而带来进步与发展的时代，创新劳动的价值得到了充分的尊重和弘扬。比如教师的教学活动，其劳动的职能是传授知识和技术，其劳动成果表现为知识转移，使更多的人掌握更多的文化、科学技术知识。一般而言，这种劳动也不直接创造价值，而是通过培养人，提高劳动者的质量，而间接创造价值。因此教书育人也应该属于创新劳动。

第三，从结果看，创新设想导致了现有劳动状况的改变，包括劳动强度、效率、规模的改变等，那么这些产生创新设想的活动是不是属于创新劳动呢？这当然属于创新劳动。历史上几次大的技术革命直接导致了工业革命，因为这些技术创新改变了劳动方式，这种创新设想首次对劳动的改变就是创新劳动。正如发明的首次商业化成功被确定为创新一样，由创新引发的劳动状况的首次改变就是创新劳动。

最典型的例子是流水线创新而导致的工人生产劳动方式的变革。亨利·福特以批量生产的T型汽车（Model T）革新了汽车工业。而在1908年之前，生产一辆新车是很费劳动力的：每一辆都是工人精心地将不同零件安装在不同位置上定制而成的。而福特的创新在于，改变了汽车制造的方式，将整个生产过程变成了流水线，汽车的制造和组装都可以在同一个标准下完成：铁矿石、木材和煤炭在工厂的一端装载，T型汽车就从工厂的另一端产出。福特曾说："流水线使得待加工的产品开始移动，工人在原地进行作业，而不是让工人围着固定不动的产品进行作业。"由于这项革新，汽车以前所未有的速度被生产出来。就此，一个庞大的新产业诞生了。福特曾感慨地说："我没有发明任何新东西，仅是把其他人经过几个世纪努力形成的东西，进行改造再运用到了汽车上而已。"

任何希望引领创新的企业、组织或个人都会面临三个问题。一是如何源源不断地产生好创意；二是如何让创意被大众接受，成为流行；三是如何将创意变为产品或服务生产出来销售出去，且生产要快速即有效率，有质量保证和安全，扩大投入产出效益等，完成这一过程的每一个链条的劳动都存在创造性劳动，因此新产品开发与生产活动也属于创新劳动。

相对而言，常规劳动是指只能创造满足人们常规需求的常规使用价值的劳动。由于劳动只能产生出满足人们常规需求的常规使用价值，所以，在人们消费不变的情况下，这种劳动只能保障财富不致减少，却不能达到转变经济发展方式使财富增长的目的。但是从事常规劳动的劳动者满足了自身和社会对常规使用价值的需要，这就为有风险性的创新劳动得以进行提供了基础和条件。因此，我们应该公正地承认，常规劳动也是创造财富的（尽管这种财富不是新型的）劳动，从事常规劳动的劳动者也可以为转变经济发展方式作贡献。

第四，创新劳动者是谁？创新劳动者并不是一种固定的职业，人人是创新之人，创新劳动者不仅仅是传统意义上的设计者、工程师、管理者，即各类脑力劳动者。社会各个阶层都有人从事常规劳动，富人和穷人中也都有安于现状的劳动者。在现代社会，确实有些人在贫穷的时候富有创新精神，一旦富裕了则有了小富即安心态，只愿意做些常规的工作，不愿意创新发展。对于这些劳动者的行为，我们也没有必要过多地指责，但这毕竟不是我们新时代劳动观和人生观所倡导的，我们需要通过舆论和教育，在全社会树立追求创新劳动，形成创新劳动光荣的社会风尚。随着创新驱动发展战略、供给侧结构性改革和转变经济发展方式的不断推进，我国劳动者从事创新劳动的机会越来越多，也会有越来越多的从事常规劳动的劳动者转向从事创新劳动，在有更多的从事创新劳动的机会面前，各个阶层从事常规劳动的人中将有越来越多的人会提升能力、增强意识，从事创新劳动，也会有越来越多劳动者在常规劳动中时时刻刻进行着创新探索。

有人将从事创新劳动能力，看成少数人力资本或人才先天具有的才能，大多数劳动者都不可能具有。其实对于一般人来说，先天的资质远没有后天的努力重要。应当承认，劳动者创新能力的差别不仅存在，潜力也是差异较大，劳动者创新劳动能力的大小，直接影响到他们创新的程度。创新劳动能力同人才一样并不只是少数人的专利，创新时代必然会出现从学历社会到能力社会的转变。在转型的时代，社会能否适应新形势、实现新跨越，取决于人力资源的支撑。近年来全球存在严重的"技能鸿沟"现象，某城市调查发现，在不远的将来，只有三分之一的人需要四年制大学教育，而对于余下的三分之二的人，职业教育是最合适的选择，未来一定是能力比学历更重要。

作为国际化大都市的上海，在2015年上海市委市政府提出建设具有全球影响力的科技创新中心，当年正式颁布了《关于加快建设具有全球影响力的科技创新中心的意见》。2021年颁布了《上海市建设具有全球影响力的科技创新中心"十四五"规划》，提出到2030年上海成为具有全球影响力的科技创新中心城市。上海不仅需要高端人才，更需要有创新精神的高技能人才，而劳动者创新劳动能力的提升更多还是靠劳动者后天努力。马克思在《哲学的贫困》中指出："搬运夫和哲学家之间的原始差别要比家犬和猎犬之间的差别小很多，他们之间的鸿沟是由分工掘成的。"在这句话之前，马克思还引用了亚当·斯密的一段话："个人之间天赋才能的差异，远没有我们所设想的那么大；这些十分不同的、看来是使从事各种职业的成年人彼此有所区别的才赋，与其说是分工的原因，不如说是分工的结果。"①

3. 群众创新劳动的早期践行

在新中国成立初期的社会主义建设时期，在当时的思想观念和宣传叙述中，劳动不再是单纯的艰辛的身体劳累，它还带有强烈的自觉性、精神愉悦与自我认同。思想意识中传递出强烈的国家导向，希望劳动者向劳模靠齐，把自己塑造成为一个合格的社会主义劳动者。《中华人民共和国宪法》第四十二条提出，劳动是一切有劳动能力的公民的光荣职责。国有企业和城乡集体经济组织的劳动者都应当以国家主人翁的态度对待自己的劳动。国家提倡社会主义劳动竞赛，奖励劳动模范和先进工作者。国家提倡公民从事义务劳动。

20世纪五六十年代，我国也曾学习苏联的做法，开展了轰轰烈烈的社会主义劳动竞赛运动，并提出这是社会主义制度下充分发挥劳动者的积极性、主动性和首创精神的体现，进行经济建设的一个重要方式。是社会主义劳动者之间为完成和超额完成国民经济任务，推动社会经济的进步而开展的竞赛活动。是社会主义生产资料公有制的产物，也是社会主义生产关系的表现。当时劳动竞赛的内容是：通过比先进、学先进、赶先进、帮后进、超先进活动，使先进者和后进者相互学习，相互帮助，以求得共同提高；使先进生产水平变成社会生产水平。竞赛的表现形式也极其多样化，主要有：同工种或不同工种之间的竞赛、同一地区或者不同地区的厂际竞赛，以及个人之间、班组之间、车间之间、科室之间开展的竞赛等，内容也涉及劳动生产的各个方面。开展社会主义劳动竞赛，增强了广大劳动者的集体主义精神，对当时创造和推广新的生产技术和操作方法，改善劳动组织，发挥劳动者的积极性和创造性有巨大的推动作用。

1953年我国实施了第一个五年计划，"一五"计划反映了全国人民迫切要求改变我国贫穷落后的面貌，建设繁荣昌盛的社会主义新中国的共同愿望。在中国共产党的领导下，在"一五"计划的鼓舞下，全国人民迅速形成参加和支持国家工业化建设的高潮。作为工业化建设主力军的工人阶级，以劳动竞赛和技术革新为引导，投身于国家建设之中。1953年8月，中共中央发出《关于增加生产、增加收入、厉行节约、紧缩开支、平衡国

---

① 马克思，恩格斯. 马克思恩格斯文集：第1卷［M］. 中共中央马克思恩格斯列宁斯大林著作编译局，编译. 北京：人民出版社，2009：619.

家预算的紧急通知》。一个群众性的增产节约运动高潮迅速在全国掀起。在增产节约运动中，出现了很多工人发明家和一些重大发明创造。

鞍钢机械总厂青年工人王崇伦，改进了机加工车床8种工、卡具，提高工效5~10倍，其中新型工具胎即"万能工具胎"，提高工效6~7倍。按1953年定额计算，他一年完成了4年多的工作量，产品全都是一级品，被誉为"走在时间前面的人"。1954年4月，王崇伦、张明山等7名全国工业劳动模范向全国总工会提出在全国范围内开展技术革新运动的建议书，全国总工会报请中央同意作出《中华全国总工会关于在全国范围内开展技术革新运动的决定》。此后，劳动竞赛运动迅速发展成为全国范围的技术革新运动。5月6日，政务院第二百一十五次会议通过了《有关生产的发明、技术改进及合理化建议的奖励暂行条例》，极大地激发了人民群众的技术革新热情。6月23日，《人民日报》介绍北京市各厂矿学习鞍钢技术革新运动的先进经验。9月18日，《人民日报》发表了题为《正确地开展技术革新运动》的社论。12月12日，《人民日报》发表《必须把技术革新运动继续开展下去》的社论。技术革新运动促进了合理化建议运动的开展。1954年，全国提出合理化建议的职工人数有58万多人，提出合理化建议848万多件。其中鞍山钢铁厂有1.7万多名职工提出合理化建议3.86万多件，被采纳的有2.2047万件，其中运用到生产中的有1.3105万件。

在1956年"一五"时期，我国的社会主义劳动竞赛运动也达到高潮。这年2月，在中共中央和国务院倡导下，全国总工会通过了《关于开展先进生产者运动的决议》，于是在中国有了"先进生产者"这个概念。1956年4月30日，全国先进生产者代表会议在北京开幕。毛泽东、刘少奇、周恩来、朱德等党和国家领导人出席了开幕式。此次授予全国先进集体称号853个，授予全国先进生产者称号4703人。现在，国家每年都要表彰劳动模范和先进工作者。其中，劳动模范是指在社会主义建设事业中成绩卓著的劳动者，经职工民主评选，有关部门审核和政府审批后被授予的荣誉称号。先进工作者是指中共中央、国务院授予在社会主义建设中作出重大贡献的劳动者的荣誉称号。劳动模范分为全国劳动模范与省、部委级劳动模范，有些市、县和大企业也评选劳动模范。中共中央、国务院授予的劳动模范为"全国劳动模范"，是中国最高的荣誉称号。与此同级的还有"全国先进生产者""全国先进工作者"等。

社会主义劳动不仅仅体现在主人翁精神带领下的劳动，也体现在了全员劳动、集中力量办大事上。2013年3月4日，习近平总书记在参加全国政协十二届一次会议科协、科技界委员联组讨论时指出，坚定不移走中国特色自主创新道路。这条道路是有优势的，最大的优势就是我国社会主义制度能够集中力量办大事，这是我们成就事业的重要法宝，过去我们搞"两弹一星"等靠的是这一法宝，今后我们推进创新跨越也要靠这一法宝。要结合社会主义市场经济新条件，发挥好我们的优势，加强统筹协调，促进协同创新，优化创新环境，形成推进创新的强大合力。对一些方向明确、影响全局、看得比较准的，要尽快下决心，实施重大专项和重大工程，组织全社会力量来推动。

中国特色社会主义进入新时代，劳动精神的作用更加凸显，劳动精神也融入到中国共产党的精神谱系之中。党在不同历史时期形成了一系列伟大精神，特别是在社会主义革命和建设时期，党率领人民继承革命精神，发扬优良传统，为改变中国贫穷落后面貌进行了艰辛探索和艰苦奋斗，在这个过程中，一批又一批先进集体和英雄模范冲锋在前，牺牲奉献，体现了共产党人重整山河、改天换地的精神，这其中大庆精神、铁人精神、雷锋精神、王杰精神、焦裕禄精神、"两弹一星"精神、红旗渠精神，等等，它们背后所蕴含的共同的精神就是劳动精神。在改革开放和社会主义现代化建设新时期，我们党领导全国各族人民解放思想、实事求是、开拓进取，不仅创造了举世瞩目的经济奇迹，也创造培育了饱满丰硕的精神果实。这其中的青藏铁路精神、特区精神、载人航天精神、改革开放精神，等等，不仅仅是劳动精神，更是创新劳动精神的体现。创新是一个民族进步的灵魂，是一个国家兴旺发达的不竭动力，是一个政党永葆生机活力的源泉。中国人民是勤劳勇敢、聪明智慧的，也是富于创新创造精神的。创新创造已经成为中国共产党的内在品格。实际上，中国共产党的精神谱系形成发展过程本身，就已蕴含了党在自我革命基础上不断强化主观世界改造的创新创造意志。2021年10月，中共中央批准了中央宣传部梳理的第一批纳入中国共产党人精神谱系的伟大精神，在中华人民共和国成立72周年之际予以发布。第一批纳入中国共产党人精神谱系的伟大精神有46个。

## 四、新时代中国特色社会主义劳动观

党的十八大以来,习近平总书记对劳动提出许多新思想新观点,并形成了系统化的新时代中国特色社会主义劳动观。要把新时代坚持和发展中国特色社会主义这场伟大社会革命进行好,根本上靠劳动、靠劳动者创造。这也是新时代劳动观的要义所在。新时代劳动观是对马克思主义劳动观的继承、创新和发展,在新时代历史条件下,对劳动这一马克思主义理论的核心范畴进行了系统阐释和创新研究,展现出鲜明的理论特质、时代特征、实践特色,特别是对新时代弘扬劳模精神、劳动精神、工匠精神,倡导创新型劳动具有重要的理论和实践意义。新时代中国特色社会主义劳动观有如下基本要点。

1. 劳动光荣的价值认同与价值追求

劳动价值论的科学论断告诉我们,劳动作为创造一切物质财富和精神财富的源泉,在人类生存和发展中具有根本性作用。新时代劳动是实现人民对美好生活向往的价值追求,美好生活不是靠敲锣打鼓就能得来的,是"撸起袖子"加油干出来的。2013年4月28日,习近平总书记同全国劳动模范代表座谈并发表重要讲话,指出,人民创造历史,劳动开创未来。劳动是推动人类社会进步的根本力量。实现我们的奋斗目标,开创我们的美好未来,必须紧紧依靠人民、始终为了人民,必须依靠辛勤劳动、诚实劳动、创造性劳动。劳动是财富的源泉,也是幸福的源泉。人世间的美好梦想,只有通过诚实劳动才能实现;发展中的各种难题,只有通过诚实劳动才能破解;生命里的一切辉煌,只有通过诚实劳动才能铸就。必须牢固树立劳动最光荣、劳动最崇高、劳动最伟大、劳动最美丽的观念,让全体人民进一步焕发劳动热情、释放创造潜能,通过劳动创造更加美好的生活。

2014年4月30日,习近平总书记在乌鲁木齐接见劳动模范和先进工作者、先进人物代表时指出,劳动是一切成功的必经之路。当前,全国各族人民正满怀信心为实现"两个一百年"奋斗目标而努力。实现我们确立的奋斗目标,归根到底要靠辛勤劳动、诚实劳动、科学劳动。……劳动是共产党人保持政治本色的重要途径,是共产党人保持政治肌体健康的重要手段,也是共产党人发扬优良作风、自觉抵御"四风"的重要保障。

2015年4月28日,习近平总书记在庆祝"五一"国际劳动节暨表彰全国劳动模范和先进工作者大会上发表讲话,他提出,全面建成小康社会,进而建成富强民主文明和谐的社会主义现代化国家,根本上靠劳动、靠劳动者创造。……劳动是人类的本质活动,劳动光荣、创造伟大是对人类文明进步规律的重要诠释。……中华民族是勤于劳动、善于创造的民族。正是因为劳动创造,我们拥有了历史的辉煌;也正是因为劳动创造,我们拥有了今天的成就。

2016年4月26日,在知识分子、劳动模范、青年代表座谈会上,习近平总书记强调,人生在勤,勤则不匮。幸福不会从天降,美好生活靠劳动创造。"人类是劳动创造的,社会是劳动创造的。""梦想属于每一个人,广大劳动群众要敢想敢干、敢于追梦。说到底,实现中华民族伟大复兴的中国梦,要靠各行各业人们的辛勤劳动。"

2020年11月24日,在全国劳动模范和先进工作者表彰大会上,习近平总书记提出,社会主义是干出来的,新时代是奋斗出来的。这次受到表彰的全国劳动模范和先进工作者,是千千万万奋斗在各行各业劳动群众中的杰出代表。他们在平凡的岗位上创造了不平凡的业绩,以实际行动诠释了中国人民具有的伟大创造精神、伟大奋斗精神、伟大团结精神、伟大梦想精神。希望大家珍惜荣誉、保持本色,谦虚谨慎、戒骄戒躁,继续发挥示范带头作用。

2. 弘扬劳模精神、劳动精神、工匠精神

劳动本身就有价值引领和行为示范作用。回首中国共产党的成长壮大历程,无论是革命战争年代,还是社会主义建设和改革开放时期,中国共产党人始终与劳动紧密联系在一起。2020年,习近平总书记在全国劳动模范和先进工作者表彰大会上,第一次正式概括了劳动精神的主要内涵,即崇尚劳动、热爱劳动、辛勤劳动、诚实劳动。伟大的劳动精神,从此汇入中国共产党人的精神谱系,劳动精神由此必将更加被人们发扬光大。劳模精神、劳动精神、工匠精神与中华民族优秀传统精神一脉相承,是在中国共产党领导下,中国人民建设现代化强国的新时代精神。这些精神是同宗同源的有机体,具有重大的政治号召意义、理论指引意义、实践导向意义。

党的十八大以来,习近平总书记多次礼赞劳动创造,讴歌劳模精神、劳动精神、工匠精神,并将这三个精神联系在一起。2013年4月28日,习近平总书记亲临全国总工会机关同全国劳动模范代表座谈,他在会上指出:"榜样的力量是无穷的。劳动模范是民族的精英、人民的楷模。长期以来,广大劳模以平凡的劳动创造了不平凡的业绩,铸就了'爱岗敬业、争创一流,艰苦奋斗、勇于创新,淡泊名利、甘于奉献'的劳模精神,丰富了民族精神和时代精神的内涵,是我们极为宝贵的精神财富。"这一讲话,进一步明确了新时代劳模精神的24字内涵。

我们从劳模精神的内涵可以看出,它具有明显的与时俱进特征,尤其是突出了勇于创新这一重要的精神品质,说明新时代的劳模不仅仅具有优秀的传统精神,如爱岗敬业,艰苦奋斗等,更体现出时代要求、时代特征和时代精神,那就是强调敢于创新的精神。

2015年1月8日,中共中央印发《关于加强和改进党的群团工作的意见》,习近平总书记明确指出:"引导广大职工弘扬劳模精神、劳动精神、工人阶级伟大品格,增强主人翁意识,打造健康文明、昂扬向上的职工文化。"这是在中共中央文件中,首次将弘扬劳模精神、劳动精神、工人阶级伟大品格并列在一起,显示了强烈的价值导向。

2015年4月28日,习近平总书记在庆祝"五一"国际劳动节暨表彰全国劳动模范和先进工作者大会上的讲话中强调:"我们在这里隆重集会,纪念全世界工人阶级和劳动群众的盛大节日——'五一'国际劳动节,表彰全国劳动模范和先进工作者,目的是弘扬劳模精神,弘扬劳动精神,弘扬我国工人阶级和广大劳动群众的伟大品格。""在前进道路上,我们要始终弘扬劳模精神、劳动精神,为中国经济社会发展汇聚强大正能量。""'爱岗敬业、争创一流,艰苦奋斗、勇于创新,淡泊名利、甘于奉献'的劳模精神,生动诠释了社会主义核心价值观,是我们宝贵精神财富和强大精神力量。"习近平总书记这些重要论述重申了劳模精神的内涵,并将"劳动精神"与"劳模精神"并列。从"劳模精神"到"劳动精神",从提倡向劳模先进群体看齐到倡导全社会都要热爱劳动、投身劳动,体现了习近平总书记对劳动的高度尊崇、对劳动者的高度尊重。

2017年10月18日,习近平总书记在党的十九大报告中明确指出,"建设知识型、技能型、创新型劳动者大军,弘扬劳模精神和工匠精神,营造劳动光荣的社会风尚和精益求精的敬业风气",把劳模精神、工匠精神写入党的全国代表大会报告,充分体现了党和国家对弘扬劳模精神、劳动精神、工匠精神的高度重视。

2018年4月30日,习近平总书记给中国劳动关系学院劳模本科班学员回信，指出"劳动最光荣、劳动最崇高、劳动最伟大、劳动最美丽。全社会都应该尊敬劳动模范、弘扬劳模精神，让诚实劳动、勤勉工作蔚然成风"。同年9月10日，在全国教育大会上，习近平总书记指出，要在学生中弘扬劳动精神，教育引导学生崇尚劳动、尊重劳动，懂得劳动最光荣、劳动最崇高、劳动最伟大、劳动最美丽的道理，长大后能够辛勤劳动、诚实劳动、创造性劳动。要采取适应当前环境和条件的有效措施，加强劳动教育，组织好形式多样的劳动实践，让学生在实践中养成劳动习惯，学会劳动、学会勤俭。

2018年10月29日，习近平总书记同全国总工会新一届领导班子成员集体谈话，指出，"劳动模范是民族的精英、人民的楷模。大国工匠是职工队伍中的高技能人才。体现在他们身上的劳模精神、劳动精神、工匠精神，是伟大民族精神的重要内容"，这是习近平总书记在讲话中首次将劳模精神、劳动精神、工匠精神并列在一起进行阐述，是我们党重要的理论创新成果。

2020年11月24日，习近平总书记在表彰全国劳动模范和先进工作者大会上的重要讲话，再次对弘扬劳模精神、劳动精神、工匠精神进行了系统深入阐释。习近平总书记强调，要大力弘扬劳模精神、劳动精神、工匠精神。劳模精神、劳动精神、工匠精神是以爱国主义为核心的民族精神和以改革创新为核心的时代精神的生动体现，是鼓舞全党全国各族人民风雨无阻、勇敢前进的强大精神动力。

习近平总书记精辟阐释了这三种精神的科学内涵，即"爱岗敬业、争创一流，艰苦奋斗、勇于创新，淡泊名利、甘于奉献的劳模精神"，"崇尚劳动、热爱劳动、辛勤劳动、诚实劳动的劳动精神"，"执着专注、精益求精、一丝不苟、追求卓越的工匠精神"。并强调它们的本质是"以爱国主义为核心的民族精神和以改革创新为核心的时代精神的生动体现，是鼓舞全党全国各族人民风雨无阻、勇敢前进的强大精神动力"。

2021年4月30日，习近平总书记在致全国广大劳动群众的节日祝贺信中说，劳动创造幸福，实干成就伟业。希望广大劳动群众大力弘扬劳模精神、劳动精神、工匠精神，勤于创造、勇于奋斗，更好发挥主力军作用，满怀信心投身全面建设社会主义现代化国家、实现中华民族伟大复兴中国梦的伟大事业。

3. 尊重创新性劳动

党的十八大以来，习近平总书记高度重视高素质劳动者、创造性人才的作用。在多个场合强调,要始终高度重视提高劳动者素质,培养宏大的高素质劳动者大军,要尊重劳动、尊重人才。引导广大人民群众树立辛勤劳动、诚实劳动、创造性劳动的理念。在习近平总书记的"劳动观"中,"实干"与"创造"是相辅相成的。

2015年4月28日,习近平总书记在庆祝"五一"国际劳动节暨表彰全国劳动模范和先进工作者大会上的讲话中提出,我们的根扎在劳动人民之中。在我们社会主义国家,一切劳动,无论是体力劳动还是脑力劳动,都值得尊重和鼓励;一切创造,无论是个人创造还是集体创造,也都值得尊重和鼓励。全社会都要贯彻尊重劳动、尊重知识、尊重人才、尊重创造的重大方针,全社会都要以辛勤劳动为荣、以好逸恶劳为耻,任何时候任何人都不能看不起普通劳动者,都不能贪图不劳而获的生活。

同时,习近平总书记在讲话中还指出,"劳动者素质对一个国家、一个民族发展至关重要。劳动者的知识和才能积累越多,创造能力就越大。面对日趋激烈的国际竞争,一个国家发展能否抢占先机、赢得主动,越来越取决于国民素质特别是广大劳动者素质。要实施职工素质建设工程,推动建设宏大的知识型、技术型、创新型劳动者大军。"

2016年4月26日,习近平总书记在知识分子、劳动模范、青年代表座谈会上发表讲话,提出,人类是劳动创造的,社会是劳动创造的。劳动没有高低贵贱之分,任何一份职业都很光荣。同时还提出支持劳动群众大胆创业的要求。他说,各级党委和政府要关心和爱护广大劳动群众,切实把党和国家相关政策措施落实到位,不断推进相关领域改革创新,坚决扫除制约广大劳动群众就业创业的体制机制和政策障碍,不断完善就业创业扶持政策、降低就业创业成本,支持广大劳动群众积极就业、大胆创业。要切实维护广大劳动群众合法权益,帮助广大劳动群众排忧解难,积极构建和谐劳动关系。

同时在这次座谈会上,习近平总书记还强调,勇立潮头、引领创新,是广大知识分子应有的品格。面对日益激烈的国际竞争,我们必须把创新摆在国家发展全局的核心位置,不断推进理论创新、制度创新、科技创新、文化创新等各方面创新。广大知识分子要增强创新意识,敢于走前人没有走过的路,敢于抢占国内国际创新制高点。要把握创新特点,遵循创新规律,既奇思妙想、"无中生有",努力追求原始创新,又兼收并蓄、博采众长,善于进行集成创新和引进消化吸收再创新;既甘于"十年磨一剑",开展战略性创新攻关,又对接现实需求,及时开展应急性创新攻关;既尊重个人创造,发挥尖兵作用,又注重集体攻关,发挥合作优势。要坚持面向经济社会发展主战场、面向人民群众新需求,让创新成果更多更快造福社会、造福人民。

"建设知识型、技能型、创新型劳动者大军"已经写在2017年召开的党的十九大的报告中。在国家责任伦理与劳动职业伦理共同倡导"劳动光荣"的同时,"创新型劳动者大军"同样成为我们现代化建设高度重视的议题。正如习近平总书记所指出的,"一个国家发展能否抢占先机、赢得主动,越来越取决于国民素质特别是广大劳动者素质。要实施职工素质建设工程,推动建设宏大的知识型、技术型、创新型劳动者大军。"党的十九大报告还提出,倡导创新文化,强化知识产权创造、保护、运用。培养造就一大批具有国际水平的战略科技人才、科技领军人才、青年科技人才和高水平创新团队。

2018年5月28日,在中国科学院第十九次院士大会、中国工程院第十四次院士大会上,习近平总书记发表重要讲话,指出,广大工程科技工作者既要有工匠精神,又要有团结精神,围绕国家重大战略需求,瞄准经济建设和事关国家安全的重大工程科技问题,紧贴新时代社会民生现实需求和军民融合需求,加快自主创新成果转化应用,在前瞻性、战略性领域打好主动仗。

2020年11月24日,习近平总书记在全国劳动模范和先进工作者表彰大会上的讲话中提出,社会主义是干出来的,新时代是奋斗出来的。这次受到表彰的全国劳动模范和先进工作者,是千千万万奋斗在各行各业劳动群众中的杰出代表。他们在平凡的岗位上创造了不平凡的业绩,以实际行动诠释了中国人民具有的伟大创造精神、伟大奋斗精神、伟大团结精神、伟大梦想精神。希望大家珍惜荣誉、保持本色,谦虚谨慎、戒骄戒躁,继续发挥示范带头作用。

2022年10月16日,在中国共产党第二十次全国代表大会报告中,习近平总书记指出,在全社会弘扬劳动精神、奋斗精神、奉献精神、创造精神、勤俭节约精神,培育时代新风新貌。

新时代劳动观表明,在迈向全面建设社会主义现代化国家新征程中,不管社会风云变幻,劳动始终是推动社会发展的主导力量。必须确立劳动者在社会生活中的主体地位,在社会发展中更加鼓励创新劳动,在社会分配中更加重视劳动要素的分配，在社会关系中更加尊重劳动者，特别是创新劳动者，构建和谐的劳动关系，尽情赞美劳动、积极参与劳动、公平回报劳动，让劳动的活力竞相迸发，让创新的源泉充分涌流。大力倡导辛勤劳动、诚实劳动，创新劳动、幸福劳动。让劳动支撑起实现中华民族伟大复兴的中国梦。

4. 依靠科技创新，破解"卡脖子"难题

对于一个国家而言，创新的重要作用主要表现在突破核心技术，抢占技术制高点，获得话语权。只有把关键核心技术掌握在自己手中，才能从根本上保障安全，才能实现持续稳定发展。习近平总书记多次强调，关键核心技术是要不来、买不来、讨不来的。关键技术、核心技术、高新技术，要靠自己。习近平总书记曾打过一个生动的比喻，供应链的"命门"掌握在别人手里，"那就好比在别人的墙基上砌房子，再大再漂亮也可能经不起风雨，甚至会不堪一击"。而解决这些"命门"和"卡脖子"问题，关键就要靠科技创新。

早在2013年3月4日，习近平总书记在参加全国政协十二届一次会议科协、科技界委员联组讨论时的讲话中指出，在引进高新技术上不能抱任何幻想，核心技术尤其是国防科学技术是花钱买不来的。人家把核心技术当"定海神针""不二法器"，怎么可能提供给你呢？只有把核心技术掌握在自己手中，才能真正掌握竞争和发展的主动权，才能从根本上保障国家经济安全、国防安全和其他安全。

2013年7月，习近平总书记来到武汉东湖国家自主创新示范区，了解示范区建设和企业发展情况。在光谷展示中心，习近平详细观看了光纤通信、3D打印、生物质能源等创新成果展示。他指出："一个国家只是经济体量大，还不能代表强。我们是一个大国，在科技创新上要有自己的东西。一定要坚定不移走中国特色自主创新道路，培养和吸引人才，推动科技和经济紧密结合，真正把创新驱动发展战略落到实处。"在十八届中央政治局第九次集体学习时，习近平就"有人认为，科技创新对经济社会发展是远水解不了近渴"的问题指出："要采取'非对称'战略，更好发挥自己的优势，在关键领域、'卡脖子'的地方下大功夫。"

2014年6月9日，习近平总书记在中国科学院第十七次院士大会、中国工程院第十二次院士大会上的讲话中指出，不能总是用别人的昨天来装扮自己的明天。不能总是指望依赖他人的科技成果来提高自己的科技水平，更不能做其他国家的技术附庸，永远跟在别人的后面亦步亦趋。我们没有别的选择，非走自主创新道路不可。2015年3月5日，习近平总书记在参加十二届全国人大三次会议上海代表团审议时讲话强调，我国发展到现在这个阶段，不仅从别人那里拿到关键核心技术不可能，就是想拿到一般的高技术也是很难的，西方发达国家有一种教会了徒弟、饿死了师傅的心理，因此立足点要放在自主创新上。

2016年2月3日，习近平总书记来到南昌大学国家硅基LED工程技术研究中心，走进实验室，观看产品展示，听取南昌光谷建设汇报。江风益团队19年磨一剑，开辟了LED第三条技术路线，实现了产业化，LED产业前景广阔，总书记看了十分高兴。他强调："我国发展必须依靠创新。掌握核心技术的过程很艰难，但这条道路必须走。这个新兴产业大有可为，我对你们寄予厚望。"

2016年4月19日，习近平总书记在网络安全和信息化工作座谈会上，对什么是核心技术，提出了极有深度的见解，他说，什么是核心技术？我看，可以从三个方面把握。一是基础技术、通用技术。二是非对称技术、"杀手锏"技术。三是前沿技术、颠覆性技术。在这些领域，我们同国外处在同一条起跑线上，如果能够超前部署、集中攻关，很有可能实现从跟跑并跑到领跑的转变。同时，在这次会上，习近平总书记还指出，互联网核心技术是我们最大的"命门"，核心技术受制于人是我们最大的隐患。一个互联网企业即便规模再大、市值再高，如果核心元器件严重依赖外国，供应链的"命门"掌握在别人手里，那就好比在别人的墙基上砌房子，再大再漂亮也可能经不起风雨，甚至会不堪一击。我们要掌握我国互联网发展主动权，保障互联网安全、国家安全，就必须突破核心技术这个难题，争取在某些领域、某些方面实现"弯道超车"。

2018年4月24日至28日，习近平总书记在湖北考察时强调，真正的大国重器，一定要掌握在自己手里。核心技术、关键技术，化缘是化不来的，要靠自己拼搏。13亿多中国人民要齐心合力、砥砺奋斗，共圆中国梦！具有自主知识产权的核心技术，是企业的"命门"所在。企业必须在核心技术上不断实现突破，掌握更多具有自主知识产权的关键技术，掌控产业发展主导权。国家需要你们在这方面加快步伐。

2018年5月2日，习近平总书记在北京大学考察时说："重大科技创新成果是国之重器、国之利器，必须牢牢掌握在自己手上，必须依靠自力更生、自主创新。"同年5月28日，习近平总书记在中国科学院第十九次院士大会、中国工程院第十四次院士大会上的讲话中指出，当前，我国科技领域仍然存在一些亟待解决的突出问题，特别是同党的十九大提出的新任务新要求相比，我国科技在视野格局、创新能力、资源配置、体制政策等方面存在诸多不适应的地方。我国基础科学研究短板依然突出，企业对基础研究重视不够，重大原创性成果缺乏，底层基础技术、基础工艺能力不足，工业母机、高端芯片、基础软硬件、开发平台、基本算法、基础元器件、基础材料等瓶颈仍然突出，关键核心技术受制于人的局面没有得到根本性改变。

这次讲话中，习近平总书记反复强调了创新主动权的问题。他说，实践反复告诉我们，关键核心技术是要不来、买不来、讨不来的。只有把关键核心技术掌握在自己手中，才能从根本上保障国家经济安全、国防安全和其他安全。要增强"四个自信"，以关键共性技术、前沿引领技术、现代工程技术、颠覆性技术创新为突破口，敢于走前人没走过的路，努力实现关键核心技术自主可控，把创新主动权、发展主动权牢牢掌握在自己手中。接着，他又指出了强化科技创新体系能力的问题，习近平总书记说，加快构筑支撑高端引领的先发优势，加强对关系根本和全局的科学问题的研究部署，在关键领域、卡脖子的地方下大功夫，集合精锐力量，作出战略性安排，尽早取得突破，力争实现我国整体科技水平从跟跑向并行、领跑的战略性转变，在重要科技领域成为领跑者，在新兴前沿交叉领域成为开拓者，创造更多竞争优势。

2018年7月13日，习近平总书记在中央财经委员会第二次会议上的讲话中指出，关键核心技术是国之重器，对推动我国经济高质量发展、保障国家安全都具有十分重要的意义，必须切实提高我国关键核心技术创新能力，把科技发展主动权牢牢掌握在自己手里，为我国发展提供有力科技保障。

2021年10月18日，在十九届中央政治局第三十四次集体学习时，习近平总书记发表重要讲话指出，加强关键核心技术攻关，要牵住数字关键核心技术自主创新这个"牛鼻子"，发挥我国社会主义制度优势、新型举国体制优势、超大规模市场优势，提高数字技术基础研发能力，打好关键核心技术攻坚战，尽快实现高水平自立自强，把发展数字经济自主权牢牢掌握在自己手中。

# 第三章 创新劳动的特征及作用

## 一、创新劳动的特征

1. 创新劳动的"拉力—张力"特征

两个人各持一端拉一根绳子,绳子就有拉长的倾向,在绳子断面上也会相应产生一种反抗拉力的应力,也叫抗拉张力。因为抗拉张力的存在,使得拉伸和反拉伸(或断裂)之间保持了一种平衡,使得拉伸力与反拉伸力构成了矛盾统一体。如果没有这个抗拉张力存在,则平衡就被打破了。因此从张力存在的重要性上,我们常说,在对立的两极中保持必要的张力,就是这个道理。再形象一些说,一个弹簧,在受压力被压缩的时候,它自己会有张开的趋势,也是张力的表现,张力与压力之间此消彼长可以达到不同的动态平衡。

由物理学术语,"张力"的概念被不断地加以发挥和引申,现在已成为我们分析社会现象的一个重要概念。比如,在文学评论中,常常会有这样的评价:文章写得张弛有度。张是紧张、绷紧的意思,弛是放松、松懈的意思。就是说写文章应该有紧有松有疏有密跌宕起伏。《礼记·杂记下》中有句话:"张而不弛,文武弗能也;弛而不张,文武弗为也。一张一弛,文武之道也。"其原意是指治理国家要宽严相济。我们有时也说某某表演很有张力,这里的张力就是感染力、爆发力。

我们用这个术语表达创新劳动,能够恰当地说明创新劳动所具有的一个特性,那就是拉力与抗拉张力(张力)的矛盾体特征,即创新劳动表现出明显的"拉力—张力"特征,即张力与拉力的此消彼长,平衡的打破与建立,伴随着创新劳动的全过程。

这里,张力与拉力可以理解为创新的与保守的、新的与旧的,支持的和反对的、已知的和未知的、推动的和阻碍的。正是这个特征使得创新劳动表现为明显的艰辛性、艰巨性、曲折性,也表现为多样性和复杂性。创新劳动，其核心就体现在一个新字上，其关键就在一个创字。创新，是对传统与历史的颠覆，是过去我们不曾有过不曾见过甚至不曾想过的事情，常常是不被人们所接受的事物，是打破常规，与众不同，是对现实的挑战乃至否定。这是由人们的创新思维引发的，而人将这些创新思维付诸实施，实现设想，那么他就在进行着创新劳动。新与旧的矛盾不可避免地在创新劳动中就会充分表现出来。比如，创新设想与实现之间有冲突，创新产品与原有产品之间有冲突，创新者的创新欲望和社会保守观念之间会产生冲突，等等。冲突与矛盾的解决都预示着创新劳动的曲折和艰辛。

谢耘在《创新的真相——技术逻辑与市场局限的冲突与融合》一书中提出，创新大都伤痕累累。在他看来，创新在今天无疑是一个广受追捧的观念，但是这却并不意味着一个具体的创新来到这个世界上后，迎合它的就必定是一路鲜花与掌声。真实情况恰恰相反，而且越是颠覆性的原始创新，越会受挫折与打击。如果我们揭开创新，特别是原始创新成功后被披上的华丽外衣，看到的大都是伤痕累累。他还在书中提到了日本首条新干线建设的曲折经历。①

创新劳动者，都是些不愿意"安分守己"的人，总是想打破旧的、搞出点新东西。他们也不都是高高在上、威风八面，可以呼风唤雨的。常常都是些小人物，不守常规，有时候甚至胡思乱想异想天开，被认为是一些不正常之人，甚至被认为是"神经病"。哈佛大学"经济发展创新计划"主席卡莱斯·朱马在其著作《创新进化史》中提出这样一个观点：一方面，如果没有任何在适应能力方面形成多样化机制，社会就不能进化并对变化作出反应，但另一方面，如果没有一定程度的制度连续性和稳定性，社会就不能发挥其作用。……新技术引发创新与现状之间的紧张关系，其持续时间往往长达几十年，乃至几个世纪。②

2016年4月19日，习近平总书记在网络安全和信息化工作座谈会上提出，核心技术要取得突破，就要有决心、恒心、重心。有决心，就是要树立顽强拼搏、刻苦攻关的志气，坚定不移实施创新驱动发展战略，把更多人力物力财力投向核心技术研发，集合精锐力量，作出战略性安排。有恒心，就是要制定信息领域核心技术设备发展战略纲要，制定路线图、时

---

① 谢耘. 创新的真相：技术逻辑与市场局限的冲突与融合［M］. 北京：机械工业出版社，2014：3.

② 奥勒·哈格斯特姆，卡莱斯·朱马. 创新进化史［M］. 广州：广东人民出版社，2021：10.

间表、任务书，明确近期、中期、远期目标，遵循技术规律，分梯次、分门类、分阶段推进，咬定青山不放松。有重心，就是要立足我国国情，面向世界科技前沿，面向国家重大需求，面向国民经济主战场，紧紧围绕攀登战略制高点，强化重要领域和关键环节任务部署，把方向搞清楚，把重点搞清楚。

2018年5月28日，习近平总书记在中国科学院第十九次院士大会、中国工程院第十四次院士大会上的讲话中指出，自力更生是中华民族自立于世界民族之林的奋斗基点，自主创新是我们攀登世界科技高峰的必由之路。"吾心信其可行，则移山填海之难，终有成功之日；吾心信其不可行，则反掌折枝之易，亦无收效之期也。"创新从来都是九死一生，但我们必须有"亦余心之所善兮，虽九死其犹未悔"的豪情。我国广大科技工作者要有强烈的创新信心和决心，既不妄自菲薄，也不妄自尊大，勇于攻坚克难、追求卓越、赢得胜利，积极抢占科技竞争和未来发展制高点。

创新劳动，说起来容易、轻松，但真要做起来那是千难万险，甚至要付出毕生的奋斗，也未必就能有所收获，常常是"出师未捷身先死，长使英雄泪满襟"，唯有创新劳动之人才明白创新最大的困难与艰辛。因为创新常常是设想难以变为现实，需要不断去调整人的智力和体力，创新劳动果实最初可能不被人们所接受，常常不遭人待见，甚至会被误解，遭遇种种不公。创新劳动者总要面对磨难，面对不被理解，面对种种打压，甚至有时可能会付出生命的代价。

"天才是1%的灵感，加99%的汗水。"这句话常出现在课本中，也被很多人奉为座右铭。一百多年后，突然有一天，这段名言的"后半句"开始在中国疯传，即认为，爱迪生还说了后半句，这后半句是："但那1%的灵感是最重要的，甚至比99%的汗水都重要。"这后半句加上，很颠覆我们的认知，我们之前的奋斗价值观都要被撼动了。

带着疑问，某位较真的网友想把爱迪生那"后半句"的原文找出来，但是他在各类文献中均找不到。那到底是相信英文网页或原始资料呢，还是相信来源不明的网络传言呢？其实要搞清楚爱迪生到底说了什么，一点都不费事。维基语录网站"托玛斯·爱迪生"中文页面关于这句名言的版本、来源、发表时间都说得非常清楚。这句名言不但没有"神转折"的后半句，反而有强化原意的前半句。

通用版本："天才是1%的灵感，和99%的汗水。"其英文原文：Genius is one percent inspiration, ninety-nine percent perspiration. 维基语录的注释：这是爱迪生大约在 1903 年所说的一句话，发表在 1932 年 9 月美国的《哈泼月刊》（*Harper's Monthly*）上。

另一个版本："我的发明没有一个是偶然的。每当看到了一个值得去实现的社会需求时，我就会不断去尝试，直到将需求化为现实。归根结底是 1% 的灵感加上 99% 的汗水。"其英文原文：None of my inventions came by accident. I see a worthwhile need to be met and I make trial after trial until it comes. What it boils down to is one percent inspiration and ninety-nine percent perspiration. 此版本的来源是 1929 年的一次新闻发布会。同样，这段话也是在说勤奋的作用，根本没有后半句。

这句话还有另一个版本，即 Genius is one percent inspiration and ninety-nine percent perspiration. Accordingly, a "genius" is often merely a talented person who has done all of his or her homework. 译为："天才是 1% 的灵感加上 99% 的汗水。因此，'天才'通常只是一个能完成自己工作的聪明人而已。"这句话倒是有后半句，但也并没有说"灵感更重要"。我们从这些材料可以看出，爱迪生想表达的就是勤奋努力的重要性。

获知真相是如此简单，但遗憾的是，即便是国内一些知名的网站，其微博编辑这样的职业者都懒得去核实。因为这个广为流传的"后半句"，似乎与我们中国人以往宣传的价值观不那么一致，很容易吸引眼球，起到标新立异的效果。给人的印象是爱迪生似乎更在意的是灵感，但事实并非如此。

那么，爱迪生真的认为 99% 的汗水更重要吗？了解爱迪生的人都会给予肯定的回答，因为这跟他的工作有关，爱迪生一生经历的大大小小的发明给他更多的感悟就是艰辛，就是痛苦的探索。另一个版本中"我就一次又一次地做实验"很能说明问题，为了能让"灵光一闪"成为有价值的发明，一系列枯燥无味的常规性工作也随之而来了。这样才符合我们对待创新劳动的理解。今天在爱迪生国家历史公园的爱迪生博物馆里，还保留着约 40 万件工件文物和 500 多万份的档案文件。在美国，爱迪生名下拥有 1093 项专利，而他在英国、法国、德国等地的专利数累计超过 1500 项。[①]

爱迪生同时也是一位伟大的企业家，1879 年爱迪生创办了"爱迪生电

---

① 里昂纳多·迪格拉夫. 爱迪生：创新之源与商业成就的秘密［M］. 周海燕，译. 长沙：湖南科学技术出版社，2019：4.

力照明公司",1880年他发明的白炽灯上市销售,1890年爱迪生已经将其各种业务组建成为爱迪生通用电气公司,1891年爱迪生的细灯丝、高真空白炽灯泡获得专利。1892年,汤姆·休斯顿公司与爱迪生电力照明公司合并成立了通用电气公司,开始了通用电气在电气领域长达一个世纪的统治地位。爱迪生可能是人类历史上最伟大的发明家之一,同时,他还是通用电气的创始人之一。发明家和商人这两个身份是相关的,一个发明具有商业价值,并被市场广泛接受和认可时,这项发明才可能被称为伟大的发明,发明者的劳动才能成为创新劳动。

伟大是熬出来的,只是绝大多数人没有那么多的坚持和耐心而已。同样我们可以说,创新劳动成果是熬出来的,在创新劳动过程中也是需要熬的精神的。著名作家格拉德威尔在2009年出版的《异类》一书中说:"人们眼中的天才之所以卓越非凡,并非天资超人一等,而是付出了持续不断的努力,10000小时的锤炼是任何人从平凡变成超凡的必要条件。"他将此称为"10000小时定律",他说,要成为某个领域的专家,需要10000小时,按比例计算,如果每天工作八个小时,一周工作五天,那么成为一个领域的专家至少需要五年。

此书最早的理论依据源自早年间对于小提琴演奏者的一项调查。作者也将甲壳虫乐队和比尔·盖茨作为其重要论据。从1960年到1964年,甲壳虫乐队在德国汉堡进行了超过1200次的现场表演,累积了10000多小时的演奏时间。格拉德威尔断言,甲壳虫乐队10000多小时的表演一直在塑造着他们的才华,这是他们成功的关键。而比尔·盖茨在13岁起便使用一台计算机,花费了上万个小时在编程上,因此也符合10000小时定律。

其实,与之类似的观点最初的来源,是1973年诺贝尔经济学奖得主赫伯特·西蒙与威廉·蔡斯合作发表了一篇对比国际象棋大师与新手的论文,首次提出专业技能习得的"10年定律"。他们发现,国际象棋大师的长时记忆中有5万~10万个棋局组块(模式),并推测这需要花10年才能获得。1976年,埃里克森基于西蒙的研究成果,进一步拓展了针对国际象棋大师的研究,并且和西蒙合作发表论文。2016年,上述论文第一作者埃里克森发现自己的理念被误读,于是出了一本书《刻意练习》。埃里克森在书中强调,并无一个确定的时间门槛让人成为大师,比如不少互联网公司创始人专业技能的习得不是花了10000小时。在该书中,埃里克森使用的数据也非"10000小时定律"。格拉德威尔读了埃里克森1993年发表的论文,没有提"刻意练习"这个主概念,只是抓取出来一个"10000小时定律",写成一本非常著名的书《异类》,一时风靡全球。

接着,出于各种动机,充满个人经验的情绪化表达被无数公众号、人生导师、培训师和励志作者,基于自己的经验来解读,告诉你任何人只要努力都能成为一个领域的大师,然后推销自己的方式——成长之旅、10000小时的诀窍、10000小时的工具和方法,以及感人的故事,等等。其实10000小时只是一个形象的说法而非严谨的数学证明,只是对近些年来又出现的"一夜暴富""致富捷径"等观念的善意提示,成功需要艰辛努力,伟大是熬出来的论点今天仍没有过时。

2020年5月15日,美国商务部将华为公司及其附属公司列入"实体名单",名单上的企业或个人获得美国技术需先获得有关许可。随后,美国媒体报道,美国谷歌公司暂停与华为的部分业务合作,其他一些美国公司也开始停止对华为的零部件供应。美国政府发布针对华为等公司的限制交易令,引发全球舆论一片哗然。很多人在问:华为能挺得住吗?同年5月21日,一篇2万字的任正非采访实录在网络上迅速传播,任正非对这个疑问给出了回答。他说:"如果真出现美国芯片完全不能供应的情况,华为没有困难,因为所有的高端芯片华为都可以自己制造。"任正非的自信与底气深深地感染了中国网民。在新闻评论区,很多网友不约而同写下这样一句话:"伟大都是熬出来的。"

让美国意想不到的是,华为迅速启用了备用方案。5月17日开始,一封华为手机事业部的总裁致员工的信在网上热传。信中写道:"今天,是历史的选择,所有我们曾经打造的备胎,一夜之间全部'转正'!"信中还说道:"华为多年前已经作出过极限生存的假设,预计有一天,所有美国的先进芯片和技术将不可获得,而华为仍将持续为客户服务。"在华为推出的一系列产品中,麒麟芯片最为外界所知,广泛应用在华为智能手机产品上。《人民日报》公众号一篇名为《华为这一招,关键时刻顶大用》的文章称,"为了这个以为永远不会发生的假设,数千华为儿女,走上了科技史上最为悲壮的长征,为公司的生存打造'备胎'。"当这一天真的到来时,这些研究成果获见天日,让华为不被"卡脖子",能够"在极限施压下挺直脊梁,奋力前行",令人感佩,更令人思考。

央视新闻客户端一篇评论指出,面对美国的极限绞杀,华为凭借长期以来居安思危、未雨绸缪的战略远见和奋斗创新精神,打了一个漂亮的绝地反击战！中国科技网的一篇文章还原了发布会现场的情形：现场展示了一张遍布弹孔的"烂飞机"照片，一架伊尔2飞机被打得像筛子却依然坚持飞行，任正非表示这很像此时的华为，"边缘部分像是翅膀，可能有洞，但在核心部分我们完全以自己为中心，而且是真的领先世界"。

华为用了熬的精神在默默地积累着自己的实力。世界知识产权组织发布的数据显示，2021年，华为专利申请量达到6952件，成为全球专利申请量最多的企业。算上2021年，这已经是华为连续5年"霸榜"全球第一。作为对比，2021年，高通的专利申请量是3931件，三星是3041件，这足以证明华为在科技创新方面的实力。那么，华为靠什么连续5年专利登榜全球第一呢？事实上，对于任何一家公司而言，想要产出大量的专利技术必须要具备两大要素，分别是充足的研发资金和大量的高科技人才，显而易见，华为完全满足条件。目前，华为有700名数学家、800名物理学家、120名化学家、六七千名基础研究的专家、6万多名各种高级工程师和工程师。从研发资金来看，无论华为每年的营收表现如何，都会拿出总营业收入的10%以上来进行技术方面的研究。数据显示，2021年，华为研发资金投入达到1427亿元人民币，占销售收入的22.4%。这样的资金投入，即便放在全球科技领域，也是名列前茅的。

2. 创新劳动的"简单—复杂"特征

创新劳动是一个动态的过程，反映着螺旋上升式的进步。创新劳动的过程性具有两方面的含义：一是从创新角度看，创新本身就是一个过程概念，创新就是从设想产生到产品制造再到商业化的一系列过程，这个过程可以简单归结为三个阶段，即R&D—开发—产业化、商业化①。只有在过程中才能概括创新的内涵，同样伴随创新的创新劳动也体现在这一系列创新的过程和环节之中。创新劳动过程的另一个含义是指创新劳动经历一个从创新劳动到常规劳动再到新水平创新劳动的动态过程，表现为创新产品的迭代性特征。创新的由浅入深、由简单到复杂、由粗浅到成熟的过程，这也就是创新劳动的"简单—复杂"特征。

创新劳动是推动人类文明不断进步的力量，在人们的心中有着崇高的地位，因此，在大部分人心中，那些著名的创新，其诞生过程绝不是悄然低调甚至卑微寒酸的，而应该是高大上的闪亮震撼的登场亮相。而事实

---

① 王滨. 技术创新过程论：对中间试验的哲学探索 [M]. 上海：同济大学出版社，2002：56.

是，随着商业对社会的全面渗透，商业包装宣传炒作在不断强化我们的这种认知，导致我们对创新劳动的理解已经严重地"好莱坞化"了。其实岂止是对创新劳动的理解，我们对世界的许多认识都在被商业左右。

让我们看看个人计算机（PC）的诞生，这款影响着人类发展进程的创新产品，有着曲折的经历。计算机在20世纪40年代诞生后，一直是高端产品，只有富人阶层才有资格与本钱使用它。随着集成电路技术的发展，在20世纪70年代，计算机开始了其平民化进程。1973年美国施乐公司设计并制造出世界第一台个人计算机——Xerox Alto（奥托）。公司没有将它作任何商业化推广，而是提供给自己公司内部及大学使用。这是一款极具创意的产品，它首次采用了显像技术和图形用户交互界面，甚至有可以指示和点击的鼠标。然而，1977年，在考虑是否将奥托作为办公室第一代文字处理器推向市场数月之后，施乐公司最终选择放弃，而是热衷于"老本行"，推出一款"精美电动打字机"——施乐850，由于这种打字机推出之日就已经过时，结果，不仅施乐850彻底失败了，个人电脑这个创新产品也没有取得市场成功。

个人计算机大规模走向社会则始于IBM公司，IBM公司在1981年推出IBM-PC，这是IBM用于定义一个全开放框架的低端廉价产品。其CPU使用的是英特尔公司的8088，操作系统则是来自微软公司的DOS，它还是比尔·盖茨从西雅图电脑产品公司那里买过来的。IBM-PC刚诞生的时候，不仅土得掉渣，而且相比于当时计算机主流产品，即大型机、小型机和工作站，其性能也极为有限；相比于8年前施乐的奥托个人计算机，它的"颜值"与性能都要差很多。IBM公司显然还没有看上这个产品，因此懒得自己劳神，而是将CPU与操作系统分别交给了当时尚属中小企业的英特尔和微软公司。当时计算机行业的巨头如富士通、DEC等，都没有意识到这款产品在未来将给整个产业带来颠覆，因此它们把自己的精力都放在"主流"的"高端产品"上了，任由这两家中小企业在那里折腾如儿童玩具般的、比电子打字机强不了多少的PC。

果然，好景不长，到1986年，IBM的个人电脑业务已经变成了一个失败品。直到2005年，中国电脑制造商联想集团收购了IBM的个人电脑业务。从1981年到2005年，IBM从个人电脑的行业龙头到黯然离场。20多年后，英特尔和微软依靠这款产品成为信息技术产业的巨无霸。IBM自己创造的PC在送给别人领养长大后，这些相关公司几乎成了它自己的"掘墓人"。

再以传统的蒸汽机发明为例。用蒸汽机拖动一串矿车，从想法到付诸实施都是创新劳动的过程。1769年，瓦特发明了一种往复式发动机，能够为车轮提供动力。但瓦特发动机是一个大型固定式发动机，只是用以驱动棉纺厂的各种机械。限于当时的锅炉技术，机器必须使用低压蒸汽作用于汽缸内的真空，这需要一个单独的冷凝器和一个气泵。然而，随着锅炉结构的改进，瓦特探索了直接作用在活塞上的高压蒸汽的方式。这就提高了使用更小的发动机来为车辆提供动力的可能性。1784年，瓦特为这种新的蒸汽机车设计申请了专利。

1804年，英国人理查德·特里维希克（Richard Trevithick）实现了用第一台蒸汽机车牵引火车沿着轨道行驶。特里维希克尝试用现代金属加工的方式来制造处理高压蒸汽的装置，从而可以提供更多的动力，这使得蒸汽机越来越轻便并且摆脱了对冷凝器的依赖。但火车锅炉经常爆炸，车轮经常出轨，损害木制轨道或铁板轨道，也无法牵引较大的负荷或者在轮子不打滑的情况下爬坡，结果特里维希克并没有赚到钱，他对此失去了兴趣，去海外旅行了，并且在去世时一文不名。他这个试验终结了。同样，他的效仿者也渐渐放弃了研究。那时，蒸汽机车是不可靠的、危险的，并且无比昂贵。

到1812年，一个具有独创性的工程师，马修·默里在英国利兹为约翰·布兰金索普制造了一台有两个汽缸的蒸汽机，该蒸汽机在车轮和轨道上使用了齿轮、齿条和小齿轮装置，即使用小齿轮使铁轨轨道与齿轮啮合，这是第一条成功工作的蒸汽机车铁路。然而这个系统太复杂、太昂贵，无法广泛使用。后来发明家海德利废除了这种装置，最终解决了光滑的轮子在光滑的轨道上打滑的问题。足够重的机车至少可以在最光滑轨道上拖着很重的负荷沿着浅斜坡运行了。但是海德利和其他人很快又遭遇到了一个新的难题：货车道的铁板无法负担机车的重量，并且不断地被压碎。

这时候，轮到后来被誉为"火车之父"的斯蒂芬森出场了，斯蒂芬森比任何人都提前看到了蒸汽机和轨道对创新的需求。1814年，他在基林沃斯建造了一台双汽缸的机车，他听说一个钢铁厂利用新的搅炼法来生产可锻铸（低碳）铁，于是产生了利用模具来铺设纯铁锻造轨道的想法。他放弃了铸铁，转而采用了伯肯肖的纯铁锻造的轨道。1822年，他用这种轨道铺设了从斯托克顿（Stockton）到达林顿（Darlington）的轨道，但在接下来的一些年里,达林顿和斯托克顿之间的铁路严重地依赖于马力,机车只是偶尔的、不可靠而又危险的闯入者。但是斯蒂芬森父子并未就此打住,而是继续探索。

他们最终推出了著名的机车设计"火箭号"(Rocket),这台机车在1829年参加了雨丘(Rainhill)选拔赛,这是为利物浦到曼彻斯特之间的铁路选择蒸汽机车的一项赛事,有参赛资格的蒸汽机车的重量不能超过4.5吨,只能有四个轮子,要支撑良好,并且要牵引着一列小型列车往返运行45英里,同时中途不能停下来。在雨丘的比赛中,"火箭号"有9个竞争者,其中有5个在一开始就无法启动,另外4个也出了各种问题,用马提供动力的"独眼巨人号"(Cycloped)解体了,"毅力号"(Perseverance)失败了,"无可匹敌号"(Sans Pareil)的一个汽缸裂了,人们最看好的"新奇号"(Novelty)一开始以迅猛的速度向前飞奔,紧接着炉管就爆裂了。在跟"新奇号"进行龟兔赛跑的过程中,"火箭号"冒着蒸汽,平稳地牵引着13吨的载荷,时速达到30英里每小时,斯蒂芬森又一次完成了壮举。"火箭号"的成功是创新劳动最主要的阶段性成就,接下来的几年,火车技术和产业并没有发生什么特别的创新,只是修建了一些短程铁路,相关的技术也在慢慢地磨炼中。

火车在美国的引入与推广也有类似的经历,1830年一家钢铁厂老板库柏发明并制造出水柜蒸汽机"大拇指汤姆号",同年8月28日,这辆车拉着36位乘客从巴尔的摩去埃里克特米尔斯。返程的时候,这辆车偶遇了一辆有轨马车,于是一场比赛开始了。马车启动快,最开始优势明显,但"大拇指汤姆号"启动后不久就追上了马车。可不巧的是才超出去一小段路,机车的鼓风机皮带就出了故障,失去了动力。马车因此将机车反超了。这就是很多颠覆式原始创新在诞生伊始面临的窘境。它们的有效性与实用性常常还比不上传统手段。

这说明创新劳动是一个复杂的过程,常常是由初步创新劳动到重复劳动或从颠覆性创新劳动到局部改进性创新劳动,再到重复性劳动……呈现出反复循环螺旋上升推进的过程。创新劳动引导接下来的重复劳动,然后进一步的创新再去引导持续在这个创新水平下的重复劳动,直至完成创新全过程。因此这才表现为创新在开始时通常都不成熟而且显得寒酸,与大众已有的认知相左,难以引人注目。某产品若一出生就自带光环,其实基本都属于改进性创新,那是在已有的良好基础上再进一步的改进,是在已有认知体系中的完善。

上述分析说明创新劳动的一种规律，那就是创新劳动和重复劳动是整个人类劳动中两种不可缺少的类型，也是人类具体劳动过程中两个必经的发展阶段。无论从石制工具的首次打造到石器的普遍运用，从青铜制品、铁制品的创造到青铜器和铁制品的普遍生产，还是从发电机和电动机的发明到其批量生产，从电子技术的发明到其批量生产等，都清晰地呈现出创新劳动和重复劳动两种劳动循环递进的过程。

人类创造精神文明成果的劳动，虽然不同于创造物质文明成果的劳动，但同样经历着创新劳动阶段向重复劳动阶段再走向创新劳动这样一个循环往复的发展过程。《孙子兵法》中有这样一段论述："凡战者，以正合，以奇胜。故善出奇者，无穷如天地，不竭如江河。终而复始，日月是也；死而复生，四时是也。……味不过五，五味之变，不可胜尝也。战势不过奇正，奇正之变，不可胜穷也。奇正相生，如循环之无端，孰能穷之？"这段话意思是说，一般的作战，总能以正兵合战，用奇兵取胜（正奇，古兵法术语，指常规作战和特殊作战）。因此，善于出奇制胜的人，其战法的变化如天地运行那样变化无穷，像江河那样奔流不息。终而复始，就像日月的运行；去而复来，如同四季的更替。……滋味不过五样，然而五味的变化，却是不可尝尽的。作战的方式方法不过奇正两种，可是奇正的变化，却永远未可穷尽。奇正之间的相互转化，就像顺着圆环旋绕似的，无始无终，又有谁能穷尽它呢？奇正是循环变化的，正变为奇，奇变为正；奇正相生相变，正中有奇，奇中有正。我们以此为类比，广义的"取得胜利"背后的原因是什么？一定是创新劳动和重复劳动结合的结果，这正如坚持"守正"，"创新"才有正确方向；不断"创新"，"守正"才能固本强基。以文学艺术创新为例，我们常说文学艺术的生命力在于创新，但所有的创新都应立足于民族文化这个根基，这就是守正，守正也是创新劳动的一部分，可以类比于常规劳动，这是创新劳动的基础。深入生活、扎根人民，才是创新创造的不二法门。只有从民族文化的沃土中开出的花朵才是接地气的灿烂之花。那种为了创新而进行的创新实际脱离了文学艺术的本来和初心。文学艺术的创新可以从方方面面进行，文学艺术的风格、旨趣、题材、体裁、主题等也是多种多样的，但文学艺术最根本的特质还是为人的、为人生的。脱离世道人心的文学艺术，还不能说是理想的文学艺术。

### 3. 创新劳动的"维持—颠覆"特征

人类的劳动不仅可以概括为创新劳动和重复劳动两大类，从创新程度上，还可以分为颠覆性或破坏性创新和维持性或延续性创新，也可以表达为原始性或原生性创新和集成性或维持性（继发性）创新。这就是创新劳动的"维持—颠覆"特征。所谓原始性（原生性）创新劳动，就是发现、发明和创造人类在质上完全尚未有的新使用价值的劳动。所谓维持性（延续性或继发性）创新，是指在已有创新劳动成果基础上的继续发现、发明和创造，其成果往往不是一种质上全新的使用价值，而只是一种质上部分新的使用价值或在原有使用价值中增加了质的内容。而在原始创新中，大部分创新是具有颠覆性的，也可以表述为颠覆性创新，因为有颠覆性创新存在，所以相应的创新劳动就具有颠覆性的特点。即创新劳动的结果具有技术上、市场上，甚至是行业上的颠覆性。

严格意义上的颠覆性创新概念，1995 年才被正式提出，颠覆性创新概念最早出现在 1995 年管理杂志《哈佛商业评论》（*Harvard Business Review*）上，哈佛大学的约瑟夫·鲍尔和克莱顿·克里斯滕森在该杂志上发表了《颠覆性技术的机遇浪潮》一文。在我国，英文颠覆性创新（disruptive innovation）也被译为破坏性创新。在这篇文章中，作者对颠覆性创新下的定义是：颠覆性创新，是指那些重新定义了产品性能的技术创新。即指立足于低端或非主流市场，不是遵循原有技术创新路径和产品的市场竞争基础以及现有商业模式，而是通过不断完善低端或非主流市场所看重的产品特性和服务功能，对主流市场现有的竞争基础、游戏规则、商业模式和现有企业的市场主导地位逐渐侵蚀，最终打破原有的市场格局并征服现有企业的一种创新。

1997 年，作者之一的克里斯滕森单独出版了名为《创新者的窘境》（*The Innovator's Dilemma*）的著作，对颠覆性创新进行了系统阐述。2003 年，克里斯滕森在续作《创新者的解答》（*The Innovator's Solution*）中，又提出颠覆性技术创新带来的颠覆性效应其实不是新技术本身，而是技术的全新应用。在《创新者的窘境》一书中，克里斯滕森提出，正是存在着颠覆性创新，导致了领先企业的没落。他的观点非常有创建性，他首先提问道：领先的企业为什么会没落呢？他们难道没有创新吗？他接着回答说，这些领先企业是有创新的，但是这个创新存在着两难性或窘境。因为创新总是围绕自己的行业进行的，这本来很正常，也无可非议，但是来自其他行业的创新侵入进来,而将领先企业的创新打败了,这种其他行业侵入来的创新就是颠覆性创新,因为对创新者而言,这种创新颠覆了另外的行业,对这个行业的创新者而言,自己的行业被外来行业的创新者颠覆了。

例如,西尔斯公司曾经是美国零售业巨头,在其经营的鼎盛时期,公司的销售额占全美零售总额的2%。它也在自己的行业持续推进着创新,但仅仅是围绕着自己行业流程范围进行的创新。它创新性地推进了供应链管理、店铺品牌、目录零售和信用卡销售等领先的管理模式,取得了巨大的成功。但从20世纪60年代开始,折扣零售和家居中心等新的营销模式崛起,这些成本更低的营销模式最终使西尔斯公司丧失了其核心的能力——发放特许经营权。

同样的案例也发生在很多领域,比如施乐公司错失了小型复印机市场发展的机遇;缆索挖掘机制造商被液压挖掘机迅速取代;雅虎的成功是对传统媒体业的颠覆;eBay的成功是对传统零售业的颠覆;亚马逊的成功是对传统出版业的颠覆。对外来创新者而言,取得了颠覆性创新的成功,对传统行业而言,则因被颠覆而失败,而这一系列成功与失败的原因在于"颠覆性创新原则",即外来的创新颠覆了原有的盈利模式,创造了新的市场,而传统企业出于路径依赖往往难以做到。克里斯滕森指出,良好的管理是导致这些企业衰败的原因之一。这些企业被主流客户的意志所左右,且绝大数利润来源于主流客户。在这种情形驱动下,积极投资于颠覆性创新不是这些企业的理智的财务决策,因此绩优企业反而难以应对颠覆性创新。

颠覆性创新并不是指对没有创新的企业或产品的颠覆,实际是指对维持性创新模式的否定,因而就引起了颠覆性的作用。因此它是与延续性或维持性创新对应的。所谓维持性创新,指那些延续了行业对产品性能改善幅度的技术创新,即指针对主流市场的高端客户的需求,在不根本改变原有技术创新路径和产品的市场竞争基础以及现有商业模式的条件下,通过采取渐进式改进和完善产品的功能、质量、服务水平或提高其性价比等措施,来巩固和提高现有的市场地位的一种创新。维持性创新的一个基本共同点是:它们的盈利点都在于遵循主流市场中高端客户重视的已定型的技术路线的产品或服务方面,而不断发展与完善产品的性能进行持续的创新。

颠覆性创新常常是使一大群缺少技术，不甚富有的人能够在更方便、更低成本的条件下从事那些本来只能由专业人员在不便利的条件下从事的工作。比如IBM，它曾经主导了大型计算机市场，也针对小型计算机进行持续创新，但却忽视了微型计算机的崛起，微型计算机的出现就是颠覆性技术创新。

颠覆性创新并非简单意义上的技术创新，它实质上还是一种商业模式上的创新、客户价值实现方式上的创新，它给市场带来了不同的价值主张。基于破坏性技术的产品通常价格更低、性能更简单、体积更小，并且便于客户使用。比如晶体管相对于真空管是一种破坏性技术，互联网工具也常常作为一种破坏性技术出现。颠覆性技术通常会推动新市场的产生，最早进入这些新兴市场的企业具有显著的"先行"优势。许多大企业都采取了一种等待战略，也就是等到新市场规模足够大再进入，但事实证明，这通常不是一个成功的策略。

以硬盘行业为例，有人将硬盘行业比作"果蝇"，其产品迭代速度之快，堪比果蝇短暂的一生。在1980年之前，硬盘的改进还是维持性或延续性的，其性能常以总容量和磁录密度来衡量，按这些指标看，主流企业总是处于领先地位。但到了1978—1980年，微型计算机崛起，新兴企业通过便捷的8英寸的硬盘切入市场，并以每年40%的速度增加其产品容量。而传统生产14英寸硬盘的企业，有大部分从未推出过8英寸硬盘。在它们的指标模型中，14英寸硬盘一直保持线性增长，但很明显，这是一个致命的错误，因为有外来的颠覆者进入。此后，硬盘小型化步伐持续加快，5.25英寸、3.5英寸、1.8英寸硬盘（1.8英寸硬盘在一开始用于便携式心脏监护设备）不断推出。而随着智能手机的普及，以半导体芯片为主要材料的固态硬盘诞生了，固态硬盘是更具有颠覆性的创新，其逐步替代了磁性材料的机械硬盘，硬盘领域又经历了一轮颠覆式变革。传统企业由于资源分配，总是推动资源流向更高利润率和更大规模市场的高端产品。以硬盘企业希捷公司为例，公司一直在追求容量更大、价格更高的产品，从而留出大量的价格低端、成本低廉的低端市场。而颠覆性创新，往往从低端市场入手，逐步蚕食传统企业的市场份额。

创新劳动的这个特征向我们传达这样一个信念，即创新并不总是企业核心能力，更不是提高竞争力的关键。大部分企业即便看到颠覆性创新，也不敢轻易舍弃尚处于盈利阶段的主营业务产品，久而久之，企业与颠覆性创新就渐行渐远了。成熟的企业并不是仅仅受到客户需求的制约，还受到它们所固有的财务结构和企业文化的制约，这个制约因素能够湮没任何及时投资下一轮颠覆性技术浪潮的理性声音。因此，企业经过创新大潮后，本来想着维持这个创新而持续发展，但问题是创新者又将面临新的困境。

怎样走出"创新者的窘境"呢？如何才能让企业在发展变化中不断与时俱进立于不败之地呢？那就要学会自己进行颠覆性创新和去应对颠覆性创新，即要在促进创新文化和建造一种持久维持原有业务的文化之间达到平衡。

1973年4月3日，位于纽约曼哈顿的摩托罗拉实验室里爆发出一阵阵热烈的掌声。实验室里的研究人员欢呼雀跃，研究团队的领导者马丁·库帕举着他们的研究成果——世界上第一部手机，它的诞生意味着一个新时代的开始——无线通信的诞生。马丁·库帕发明手机的初衷并不是因为工作需要，他的灵感来自当时非常火爆的电视剧《星际迷航》，剧中考克船长的那部无线电话让他印象深刻，后来成为他的团队发明手机的原型。第一部手机模型的诞生让人们看到了无线通信的希望，可是手机真正投入市场，却是在10年以后。

从1973年到1983年，库帕带领着他的团队对第一部手机进行了5次技术革新，每一次都成功地让手机变得更小更轻。到1983年，库帕团队设计的手机已经只有450克了。正是这一年，摩托罗拉第一部手机——摩托罗拉8000X面向市场出售，当时的手机价格相当昂贵，达到4500美元。从此开启了由摩托罗拉引领的模拟手机时代。

然而当摩托罗拉模拟手机业务高速发展时，数字手机业务已经开始起步，摩托罗拉公司担心影响自己模拟手机的业务，竟然打压数字手机技术。同时其核心发明人库帕也离开了摩托罗拉，自己创业去了。他和另外两名合伙人一起，开办了一个为手机工业提供软件和手机计费系统的公司，该公司很快便取得了成功。而后来的结果是，数字手机技术最终被来自芬兰的诺基亚公司所得，并于1998年推出世界上第一款数字手机——诺基亚6150。自此以后，摩托罗拉手机逐渐退出历史舞台。

时间来到2007年，这一年，诺基亚市值高达1500亿美元，手机全球市场占有率更是达到惊人的40%。这个数据不仅是诺基亚公司的巅峰，更是站在了整个手机历史的顶峰，可以说是"前无古人"，甚至"后无来者"。诺基亚本质上是一家工业制造公司,其成功最终归功于它严谨、专注地把一件产品做得完美合用——质量稳定、操作便捷。把一件功能完备、质量可靠的完美的产品交给用户,是诺基亚的哲学。凭借这种令人尊敬的产品哲学,诺基亚从一家区域性公司成长为世界级企业。但是令诺基亚想不到的是,互联网时代来临,这个最初看似与移动通信没有太大关联的技术最终产生了颠覆性的效果。

对诺基亚而言,伴随移动互联网时代的到来,最为可怕的是用户希望通过软件应用来实现对于手机的再造,而提供个性化定制产品则并非诺基亚这类制造公司的强项,由于支撑非智能机的是通信网而不是互联网,以几何级数增加的应用软件不可能出现在通信网络上,生产极端个性化应用的供需双方无法在长尾理论的作用下实现交易。按照诺基亚的逻辑来看,以大规模制造的方式为顾客提供具有个性化的产品是遥不可及的梦想。个性化、非标准化必然导致小批量,小批量必然牺牲由大规模带来的成本优势。产品个性化的竞争力与产品价格的竞争力势同水火,难以调和。而这个时候,来自计算机行业的"搅局"者——苹果公司进入了手机行业,由此上演了颠覆性创新最经典的一幕活话剧。

苹果是以 touch 这么一个移动娱乐终端加上通话功能来定义手机,而诺基亚是以一个功能手机附加上网功能来定义手机,于是诺基亚的产品哲学被颠覆了。从苹果在 2007 年推出第一代 iPhone 开始,手机制造的内涵就悄然发生了变化,从那一刻开始,手机从功能机向智能机转变,智能手机改变移动互联网生态系统的速度,远远超过了诺基亚的想象。诺基亚在 2G 时代稳固的地位,使其在智能手机开发上犹豫不决,在诺基亚看来,手机的主要用途就是通话,却没有意识到,用户已开始逐渐利用手机查看电子邮件、寻找餐馆并更新 Twitter 信息等。

以大规模制造的方式为顾客提供具有个性化的产品是不可能的,诺基亚的这个难题是如何被解决的呢?苹果 iOS 和谷歌 Android 打造的各自生态系统可以完成这个梦想,苹果 iOS 操作系统的成功,除了 iPhone 手机的时尚化设计、可触摸技术外,更在于苹果 App Store 为第三方软件开发者提供了一个方便而又高效的软件销售平台,使第三方软件的提供者参与其中的积极性空前高涨,它适应了手机用户对个性化软件的需求。谷歌 Android 系统的成功,则在于谷歌组建了一个安卓联盟,自己全心全意地搞系统开发,把芯片、手机、应用统统交给上下游企业去做,通过其免费、开放的属性来占据市场，然后通过操作系统上搭载的谷歌服务收取费用。

苹果 iOS 和谷歌 Android 都通过第三方 App 软件来实现用户对于手机的"再定义"，用户可以随时根据自身的需要选择、增加、更新、替换所需要的软件。这种分工把势同水火的"大规模"与"量身定制"拆解开来，让二者分别归属于两类生产主体。智能终端生产商从事大规模制造计算平台的设计和制造——大规模制造"半成品"，而让无数的开发商生产功能和体验千差万别的应用软件，再由用户根据自己的需要选择产品的"另一半"，成为一个不具排他性的"成品"。

2007 年苹果推出第一代智能手机，并迅速占领市场，也正因 iPhone 淘汰了诺基亚手机，致使手机进入智能时代。诺基亚公司同摩托罗拉公司一样，成为残存于人们记忆中的公司。2014 年，当诺基亚公司被微软收购时，诺基亚公司 CEO 竟然说："我们什么也没有做错，不知为什么竟然被市场淘汰了！"

4. 创新劳动的"要素—综合"特征

综合性就是把系统的各部分各方面和各种因素联系起来，考察其中的共同性和规律性。任何一个系统都可以看作由许多要素为特定的功能而组成的综合体。创新劳动实际是科学技术与产业生产以及市场和用户消费综合实现的。创新劳动者也具有综合性，涉及科技人员、产业大军、管理人员，以及广大的用户等要素。创新劳动的评价也是综合性的，不仅仅是技术指标还有技术经济指标、劳动效益指标、消费者适用性、满意度等指标要素。这就是创新劳动的"要素—综合"特征。

首先，创新劳动是技术要素塑造的，没有科技前沿就没有创新劳动的开展。技术既是创新劳动的成果，也是下一步进行常规劳动或创新劳动的手段。就手段而言，技术与劳动是不同的，比如，2021 年 11 月 16 日西班牙《世界报》网站发表题为《量子计算机：将改变工业方向的技术》一文，题目就明确将量子计算机称为一种技术。量子计算机的核心是量子计算，量子计算作为一种技术，是如何重塑未来工业的呢？显然是将技术运用到工业中去，可技术能够运用到工业中之前一定要成熟，即成熟的技术运用到工业中仅仅是工业的手段，那么真正改变或重塑工业的是什么？是技术与创新劳动以及常规劳动的组合。源自生产一线的创新潜能是巨大的，任何一个创新理念，任何一个创新设计，最终必须依靠劳动来实现，劳动者从来都是推动技术创新和社会进步的主力军。以技能报国为使命的产业工人是企业兴旺发达的根本支撑,"肯学肯干肯钻研,练就一身真本领,掌握一手好技术"的各行各业劳动者必然成为经济繁荣、国家富强的中流砥柱。没有劳动就不会有技术发明和技术的运用,更不会有所谓塑造工业。

该文章说,量子计算机成为大科技企业之间的一场新技术竞赛,虽然仍处于起步阶段,但有关量子计算机研究的最新进展提供了经典计算机无法比拟的能力。量子计算技术代表了一种范式转变,预示着未来的商业前景,虽然其未来发展程度仍然是一个未知数,但工业界决不能置身事外、袖手旁观。

谷歌、IBM 和亚马逊等技术巨头纷纷参与其中。在探寻如何建造量子计算机的过程中,一步步地树立起一座座里程碑。过去 10 年中取得的进步为未来的公司提出了只能由量子计算机解决和完成的问题和任务。得益于量子传感器的速度和精度,应用于工业的量子传感器已经取得重要进展。量子计算机有望成倍地提高经典计算机的计算能力。这一事实为金融、医药、物流或科学自身等领域的革新提供了一片充满可能性的处女地。在医学领域,正在展开大量工作,以期使这些传感器能够测量大脑中的超小信号或心脏中的变化信号。同样可以利用量子计算机研发在今天看来不可能实现的化学化合物。例如,人工智能可以用于研发能源密集度较低的肥料。

当然,文章最后还表示,必须摒弃这种技术投入使用指日可待的想法。虽然我们确实已经掌握第一批原型机,但其规模仍然非常小,而且功能并不强大。但毕竟跨出了第一步。迄今为止在这个方向上迈出的最重要步伐在于,美国计算机巨头 IBM 宣布已经研制出一台能运行 127 个量子比特的量子计算机"鹰",这是迄今全球最大的超导量子计算机。换句话说,这是第一台具有如此强大计算能力的计算机。

IBM 等公司已经为自己提出新挑战——使用量子计算机来塑造新的分子,以模拟大自然将土壤中的氮转化为富含硝酸盐肥料的能力,进而减少化肥对环境的影响。与此同时,谷歌正在与大众集团的信息技术部门合作,利用量子计算机帮助后者探究新材料的结构,特别是电动汽车的高性能电池。

目前,欧洲已有多家初创企业致力于量子计算机的研发,这些企业希望搭上仍处于起步阶段的量子技术的列车。然而,这些企业同时也表示,如果欧盟不想在争夺量子优势的竞争中进一步落后于中国和美国，就必须加大力度推动这项技术的发展。

技术与劳动结合的另一个事例是，由诺贝尔物理学奖获得者丁肇中主持的 AMS 项目中的暗物质粒子探测卫星 AMS-02，计划作为一个额外的部分安装在国际空间站上。AMS-02 已于 2011 年 5 月搭载奋进者号航天飞机升空并成功安装到国际空间站上。但鲜为人知的是，这个由 16 个国家和地区参与的 AMS-02 探测器曾遇到了制造难题——焊接导致装备变形。面对这些制造上的难题，丁肇中邀请我国技师高凤林解决，高凤林凭借精湛焊接技艺解决了这项国际难题。高凤林是首都航天机械有限公司特种熔融焊接工、高级技师，全国总工会副主席（兼），曾先后攻克航天焊接领域内 200 多项难关。

未来的工业是由技术塑造的吗？还是由以技术为工具的劳动塑造的呢？显然是后者。人们常常有一种错误的观念，即总是假设有新技术就一定有相应的运用，以及相应的工程和产业的发展，事实上，那种认为不付出成本和努力，新技术就会与劳动完美结合的想法是不切实际的。青霉素从发现到生产出药品的过程就能说明这一点。

在没有抗生素的时代，细菌就是剥夺生命的"隐形杀手"，人们死于一些小病小伤并不是什么稀奇的事。尤其是在战场上，军队是细菌感染致死的重灾区。许多士兵并没有在厮杀中牺牲，也没有留下任何致命伤，仅仅是皮肤的破损也会达到无法医治的地步。一直到 19 世纪末期，医生们才渐渐了解到很多疾病都是由细菌感染引起的，医学界初步建立起"疾病的细菌学理论"。步入 20 世纪后，德国细菌学家、免疫学家保罗·埃尔利希开了研究人工化学药物治疗疾病的先河。他在 1910 年公布了自己的一项研究成果，即发现了能治疗梅毒的化合物砷凡纳明。然而在其后来的很长一段时间里，科学家都没有发现新的针对细菌的化学药物。

链球菌是一种常见的细菌，它们中有些会引起多种人类疾病。1927 年，德国病理学家、细菌学家格哈德·多马克在实验室里发现磺胺类药物百浪多息可以有效治疗链球菌感染，几年后这一药物就拥有了被成功治愈的患者。但是，医学家们发现，磺胺类药物虽然对有的疾病疗效尚佳，但它能杀死的细菌种类较少，并且在医治过程中还会杀死人体内正常的细胞，因此有很大的副作用。

20 世纪 30 年代，人们又惊讶地发现了细菌的抗生现象。一些医学家试图分离出细菌内部的抗菌物质，但这类物质极其不稳定，很难被成功利用。几十年里，人们一直在不断努力，渴望研制出一种更好的针对细菌感染的药物。直到来自英国的一名医生亚历山大·弗莱明在一次实验中发现了治疗人类疾病非常有效的抗生素——青霉素，人类才算是离真正"战胜"细菌迈出了重要的一步。

早在1928年，英国细菌学家弗莱明（1881—1955）就发现了一种来自空气中的绿色霉菌。他的偶然发现过程已经成为家喻户晓的故事。弗莱明发现，这种绿色霉菌能分泌出一种对葡萄球菌极具杀伤力的物质，于是在1929年，弗莱明把自己的重大发现写成一篇论文，发表在《英国实验病理学杂志》上面。在这篇论文中，弗莱明仅仅提及了青霉素具有潜在药用价值，他把这种绿色霉菌的分泌物命名为"盘尼西林"，即青霉素。这显然是弗莱明在创新劳动中为人类找到的一种完全尚未有的新使用价值。然而，当时的青霉素还不能作为药品医用。弗莱明并不是化学专家，仅凭他自己无法对青霉菌中的抑菌物质进行提纯。于是，他只好慢慢培养出青霉菌菌株，后来，他将这个菌株提供给英国病理学家弗洛里和生物化学家钱恩。弗洛里和钱恩对青霉素抱有浓厚的兴趣，他们很快开始了系统的青霉素纯化工作。但弗莱明却不看好青霉素的医疗用途，因为它不仅很难被纯化，也不容易被人体吸收。

如果青霉素在几个小时内就通过排泄被排出了人体，那么它就根本来不及发挥抗菌作用。尽管弗莱明依然关心着抗菌药物的开发，但在1934年，他停止了对青霉素的研究。好在弗洛里与钱恩没有放弃，直到1940年，在弗洛里与钱恩的共同努力下，实现了青霉素的分离与纯化，高纯度的青霉素诞生了，它对传染病的疗效也得以展现。至此，不起眼的青霉菌摇身一变，成为拯救无数人性命的治病良药，全世界为之轰动。但是成功地分离和提纯青霉素，不等于就能够批量生产出来，生产还需要有生产工艺、生产设备等，需要多种因素综合才能实现。

尽管"神药"青霉素被研制出来了，但它却始终很难实现批量生产。为了保证药物的供应，就需要大量的青霉素进行广泛的临床试验。然而，弗洛里认识到，当时的英国是无法实现大规模生产青霉素的，化学工业已经完全投入到了战争中。1941年，弗洛里和他的同事诺曼·希特利在洛克菲勒基金会的支持下来到了美国，他们希望青霉素能够引起美国制药业的关注。功夫不负有心人，他们通过耶鲁生理学家约翰·富尔顿的帮助，联系到了美国真菌学方面的权威——罗伯特·汤姆。

几经周折之后,美国农业部北部地区研究实验室开展了一项强有力的提升青霉素产量的计划。美国的多家制药公司都支持对青霉素的生产,包括如今享誉世界的制药大企业辉瑞公司。1944年3月,辉瑞公司在纽约布鲁克林建立了首家大规模生产青霉素的商业工厂。同时,青霉素的治疗前景在军用和民用领域的临床研究都被证实了,这种抗生素能够有效治疗包括链球菌、葡萄球菌和淋球菌在内的多种常见细菌感染,甚至对梅毒的治疗也有有效性。美国陆军也意识到了青霉素在手术和伤口感染治疗中的巨大价值,到1944年,青霉素已成为英美军队主要的抗感染治疗药物。

但在当时,青霉素的产量远远无法满足第二次世界大战中巨大负伤人员数量的需求,因此,它的价格居高不下。当时,一吨价值8.3亿美元(合675吨黄金)的青霉素可以购买3721架美军B-17轰炸机、5210辆德军虎式坦克或53万门M2重机枪。美国大兵自己也常常不够用,并且,最初从实验室走出来的青霉素是一种粉末,需要低温储存,根本无法保证战场上的士兵人手一支。青霉素被普及与推广是在第二次世界大战结束后。1945年,当青霉素产量达到4.7吨时,青霉素的价格最终下降到25美元/克,即200美元/瓶,变得越来越亲民。大部分英国公司在第二次世界大战结束后利用了美国首创的深罐发酵生产工艺,青霉素产量大大提高,能够满足民用需求。1946年6月,英国首次将青霉素作为处方药向公众出售。1949年,美国一年生产的青霉素高达1332290亿支,价格也急剧下跌。

由此可见,从设想到创新劳动的完成,无不体现出创新劳动的综合性。创新劳动的综合性类似于生态,或者说创新劳动构成了一个生态——创新劳动生态。管理学家詹姆斯·F.穆尔在1993年提出了"商业生态系统"理论。他认为21世纪不是企业和企业的竞争,一定是商业生态和商业生态的竞争,每一个商业生态系统,都有四个不同的发展阶段:诞生、扩张、领导、自我更新。生态系统如果没有自我更新,则会灭亡,这是共同演化的过程。按照这个理论,商业生态系统的核心是创新劳动生态。

5. 创新劳动的"组织—建构"特征

创新劳动在劳动组织形式上要达到适应性,就需要建构新的劳动组织形式,这也反映出创新劳动的"组织—建构"特征。今天,如何组织创新劳动,以及建立何种劳动的组织形式进行劳动,才能够适应创新,这是创新组织需要解决的问题。劳动的组织是当代管理创新的重要内容,也是文明进步的标志。恩格斯在 1843 年底到 1844 年 1 月完成的《国民经济学批判大纲》一文中提出了"两个和解"思想,即"人类同自然的和解"以及"人类同自身的和解"。时隔约三十多年后,他又在《〈自然辩证法〉导言》一文中提出了"人的两次提升"重要思想,即"人的物种提升"和"人的社会提升"。恩格斯指出:"只有一个有计划地从事生产和分配的自觉的社会生产组织,才能在社会方面把人从其余的动物中提升出来,正像一般生产曾经在物种方面把人从其余的动物中提升出来一样。"① 恩格斯所讲的"人的两次提升"反映了人类文明演进过程中两次重大飞跃,也指出了人类文明演进的基本路径。恩格斯所说的在社会方面把人从其余的动物中提升出来,即在生产关系中把人提升出来,就需要构建一个有计划地从事生产和分配的自觉的社会生产组织。

著名的管理学者、麻省理工学院的彼得·圣吉 1990 年完成其代表作《第五项修炼》,提出了学习型组织的概念。所谓学习型组织,是指善于获取、创造、转移知识,并以新知识、新见解为指导,勇于修正自己行为的一种组织形式。实际上,学习型组织就是适应和促进创新劳动的社会生产组织形式。在学习型组织中,组织成员得以不断突破自己能力的上限,创造真心向往的结果,培养全新、前瞻而开阔的思考方式,全力实现共同的抱负,以及不断一起学习和掌握如何共同学习的能力。系统地看,学习型组织是能够有力地进行集体学习,不断改善自身收集、管理与运用知识的能力,以获得成功的一种组织。在该组织中,学习已成为一项基本职能,学习是组织生存和发展的前提和基础。学习型组织通过整合学习、工作与知识的方法,将学习与工作融为一体,努力形成一种弥漫于群体与组织的学习氛围,凭借着学习,充分发挥每个成员的创造性能力,个体价值得到体现,组织绩效得以大幅度提高。创新以掌握一定的知识积累为基础。学习是创新的前提,是创新的准备。因此,创新型组织首先是一个学习型组织。彼得·圣吉还提出了建立学习型组织的关键是汇聚五项修炼或技能:第一项修炼是自我超越;第二项修炼是改善心智模式;第三项修炼是建立共同愿景;第四项修炼是团体学习;第五项修炼是系统思考。

2002 年,世界另一位顶尖管理大师皮特斯出版著作《第六项修炼》,该书成为继《第五项修炼》之后的热门话题,皮特斯以全新的理念阐述了

---

① 马克思,恩格斯. 马克思恩格斯文集:第 9 卷 [M]. 中共中央马克思恩格斯列宁斯大林著作编译局,编译. 北京:人民出版社,2009:422.

21 世纪的企业应该遵循的新法则：创新型组织成为企业新的必由之路。所谓创新型组织，是指组织的创新能力和创新意识较强，能够源源不断进行技术创新、组织创新、管理创新等一系列创新活动。彼得·德鲁克在谈到创新型组织时说：创新型组织就是把创新精神制度化而创造出一种创新的习惯。

进入 21 世纪，越来越多的组织正由传统的科层制组织向敏捷组织（agile organization）转型，以保持高度的柔性来应对外部环境的不确定性。这实际也是一种创新劳动的组织形式。乔恩·杨格和诺姆·斯莫尔伍德的著作《绩效边界：突破人才瓶颈，实现业绩增长》，对这个新鲜事物做了实践归纳和理论提升。这本书的英文原名是 Agile Talent: How to Source and Manage Outside Experts，应该被译为《敏捷人才：如何寻找和管理外部专家》。这本书是讲当代社会的新型组织的，作者提出，当代社会需要的是敏捷人才和敏捷组织。如果你的组织既要让最优秀的敏捷人才（个人、团队或公司）随时为你所用，又不想雇佣他们，就需要及时掌握这种管理理念和技巧。

在面对不确定性社会，敏捷组织之所以能够灵活应对市场波动、技术创新、客户需求和宏观政策的变化，是由于其拥有组织柔性。人力资源柔性体现了组织人员雇佣中的灵活性，组织可以根据具体情况灵活选择相应的雇佣方式：长期雇佣还是短期租赁，抑或外包。有人提出"云人力资源"的概念，即企业通过全球人才网络获取所需人才。目前许多优秀企业已率先探索了"云人力资源"实践。例如，海尔在构建"人单合一模式"中创造性地提出了"世界就是我的研发部""世界就是我的人力资源部"的理念，公司利用互联网吸引全球人才到其开放创新生态平台 HOPE 上进行创新。海尔的 HOPE 平台目前汇聚了 12 万多位社群专家，覆盖了 100 多个核心技术领域，每年解决 500 多项创新课题，产生 20 多亿元的创新增值。再如，著名的小米科技公司有一个小爱开放平台，这是一个领先的人工智能开放平台，吸收了 1000 多家企业开发者和 7000 多个个人开发者。这些开发者可以替代小爱开放平台提供的硬件、软件、API 接口、解决方案和文档等资源，创建新语音服务产品和技能。还有，小米的 IoT 开发者平台在全球连接超过 1.32 亿台智能设备，小米拟与外部合作伙伴一起打造极致的物联网体验。

现代社会加速了劳动力的自由流动和组合，但流动意味着不稳定，组合意味着新的可能性。当下，零工经济的概念颇为盛行，零工经济指的是区别于传统"朝九晚五"，时间短、灵活的工作形式，利用互联网和移动技术快速匹配供需方。零工经济是共享经济的一种重要的组成形式，是人力资源的一种新型分配形式，实际上也是创新劳动的一种组织形式。传统打零工，采用的是"企业-员工"模式，企业提供职位，个人应聘岗位。说到底，个人依然是企业的一部分。零工经济则改变了这种模式，将之转化为"平台-个人"模式，平台提供用人需求，个人进行选择。这是对传统模式的升级，能在平台上发布需求的不只是企业，也可以是个人。零工经济最主要的人群是自由职业者，他们以非全日制、临时性和弹性工作等灵活形式就业，在这些自由职业者构成的经济领域，利用互联网、人工智能等技术快速实现供需双方的匹配。这种情形下，企业与劳动者由"劳动关系"变成了"合作关系"或"服务关系"，劳动者是向企业提供服务的"服务商"。企业不再向劳动者支付工资，而是支付"服务费"。劳动者所得不再是"工资"，而是"经营所得"。

以抖音、哔哩哔哩、知乎和小红书等互联网内容创造平台为例，这些企业汇聚了数以百万计的内容创造者，高质量内容吸引更多用户的加入和输出内容，当达到一定的用户流量后，将内容向商业化转化，从而产生赢利。如何有效管理这些灵活就业人员，关系着这些平台企业的生死存亡。

在创新时代，劳动者的生活方式因此也充满了前所未有的竞争性和不确定性。社会学家将现代社会称为个体化社会、风险社会。所谓风险社会，是一个有威胁的未来始终影响当前行为的社会。

2019年，国际咨询公司Gartner正式提出EBC（企业业务能力，enterprise business capability）概念，重新定义了企业数字化的方向和范围。EBC既是一种哲学，又是一种技术解决方案，EBC帮助企业构建了数字化的生态体系，这也将加速商业世界从传统的"分工时代"进入"共生时代"，商业跨界将随时发生、无处不在。一个行业的资源跨界与另一个行业的资源重新组合，就可能产生意想不到的效果。具备业务组装式能力的企业，将成为最具创新力的商业领袖。简言之，就是通过可组装方式，全面打造韧性与敏捷的企业，以对抗不确定性。这不难理解，随着数字化的持续深入，企业终将意识到数字化的最终价值在于打造企业业务能力，即EBC。它包含产品和服务的创新，柔性生产与强大稳定的供应链的能力，帮助企业打造数字化业务，甚至是进入新的领域等，这些才能帮助企业从数字化转型中获得颠覆性的价值和增长。总之，上述这些新方式都可以看成创新劳动在劳动组织方面的适应性和变革性。

## 二、创新劳动的时代回应

创新劳动实际是我们对时代的回应进行的路径选择。马克思指出："问题是公开的、无畏的、左右一切个人的时代声音。问题就是时代的口号，是它表现自己精神状态的最实际的呼声。"[①] 面对时代，首先需要我们能够识别出时代的变化和特征，其次是从思想和理论层面回应时代，从而在实践层面去变革和探索以跟上时代的步伐，甚至是引领时代。因此，恩格斯说："每一个时代的理论思维，包括我们这个时代的理论思维，都是一种历史的产物，它在不同的时代具有完全不同的形式，同时具有完全不同的内容。"[②] "时代"这一概念今天被广泛使用，"全球化时代""知识经济时代""多极化时代""信息化时代""国际垄断资本主义时代""和平与发展时代""E时代""数字时代"等有关提法，都是我们给这个时代加上的注解，这也为我们研究创新劳动提供了新的视角和思路。今天创新劳动之所以受到如此重视，大致是基于以下时代背景和原因。

1. 不确定性时代的行为模式

创新劳动是个人和社会组织拥抱和适应不确定性时代的最优选择。从某种意义上说，它也塑造了不确定性时代的个人和社会的行为模式。早在20世纪80年代，有学者就已经预见到了不确定性时代的悄然来临。1980年，管理学大师德鲁克出版《动荡年代的管理》一书，第一次明确提出变化对商业社会的冲击，他认为，商业环境已经进入高度的动荡紊态。而80年代以来，柯达公司在享受它如日中天的地位，沃尔玛成为零售行业的老大，日本丰田公司创立的丰田生产方式正获得巨大的竞争优势，微软在IBM的帮助下，正在成为英特尔这个架构的一个核心。英特尔这个架构正好代表了信息技术发展的第一个阶段：那时，迈克尔·波特的《竞争战略》刚刚出版，他提出的就是基于上述公司发展的一个静态的战略分析框

---

[①] 马克思，恩格斯. 马克思恩格斯全集：第40卷［M］. 中共中央马克思恩格斯列宁斯大林著作编译局，编译. 北京：人民出版社，1982：289.

[②] 马克思，恩格斯. 马克思恩格斯文集：第9卷［M］. 中共中央马克思恩格斯列宁斯大林著作编译局，编译. 北京：人民出版社，2009：436.

架。然而，德鲁克敏锐认识到这种静态分析是不够的，于是20世纪90年代德鲁克又出版了《巨变时代的管理》一书。德鲁克不再说"动荡"而是说"巨变"，巨变既可理解为巨大的"巨"，也可以理解为剧烈的"剧"，这个变化影响的范围之大，商业社会的动荡程度和以往相比，更是可以用天翻地覆来形容。

20世纪90年代还流行一个概念——VUCA，有人将VUCA时代翻译为变幻莫测的时代，有人音译这个概念，提出"乌卡（VUCA）时代"已经来临。所谓"乌卡"，实际是四个单词的首字母集合，即volatility（易变性）、uncertainty（不确定性）、complexity（复杂性）、ambiguity（模棱两可）。这个概念起源于美国军方，指在冷战结束后出现的多边世界，其特征比以往任何时候都更加复杂和不确定。这个概念引申到个人和社会，就是任何社会组织或个人所面临的外部环境不确定性都越来越高。2008年国际金融危机发生后，VUCA时代的概念再度兴起，人们开始用RUPT来概括这个时代，认为这是VUCA时代的升级版，也是后互联网时代商业世界的特征。RUPT也是四个单词的首字母集合，分别代表——急速（rapid）、莫测（unpredictable）、矛盾（paradoxical）、缠结（tangled）。

无论是VUCA时代还是RUPT时代，我们面临着什么样的挑战呢？对社会和个人而言，这个挑战首先是事态发展变化及结果的逻辑归因难测，因果关系模糊，企业面临的挑战首先是商业机会很难把握。用一句话概括就是"只有不确定才是确定的"或者说"不确定是唯一的确定"。因为快速的变化，把握战略机遇的窗口期缩短，机会稍纵即逝。企业即使抓住了切入的时机，也很难保证所有的资源匹配到位。其次是商业机会的不确定，未来的经营环境、市场变化、技术替代、结果等都是未知的，给业务计划的制订和决策增加了很大的难度。最后是经营环境的复杂性，经营的各种要素交织，在整个价值链、生态链的各个环节，潜在的竞争者、替代者、颠覆者的信息可能无法获得，也无法预知。

应对不确定性社会，人们的解决方案无外乎两类：一是通过大数据技术，二是通过创新。当然两者也在不断地结合，现在的数字创新本身就是一种结合的结果。从实质上或者更高层次说，两者其实是一回事，都是用创新解决人类遇到的问题，只是创新的方式不同，大数据技术改变了以往的机械思维，通过算法创新解决不确定的问题，而第二种方式的创新是泛指对旧观念和旧事物的改变，通过自身变化来解决不确定的问题。

自 17 世纪以来，机械思维一直是指导人们日常行为的最重要的一种思维方式。它开创了科学时代、理性时代，也开启了西方的近代社会。那时候大部分科技人员的创新劳动也是基于这种思维。机械思维可以追溯到古希腊，欧洲之所以在科学上领先，依靠的就是古希腊的思辨思想和逻辑推理能力，从实践中总结出最基本的公理，然后通过因果逻辑构建起整个科学大厦。托勒密的天文学理论体系，通过一个简单的元模型，来构建复杂的模型，就能推算出天体运动的规律。贡献最大的是牛顿，他用简单而优美的数学公式破解了自然之谜；用几个简明的公式（力学三定律和万有引力定律）破解了万物运动的规律；用微积分的概念把数学从静止的变量拓展为连续变化的函数……从牛顿时代开始，科学家们都在致力于通过几个公式来描述我们的世界，并且应用这些公式所代表的"规律"来预知未来，这就是确定性。人们将牛顿的方法论概括为机械思维，其核心思想可以概括成确定性（或可预测性）和因果关系。即机械思维代表着确定性+因果关系。没有这些确定性和因果关系，我们就无法认知世界。客观上讲，机械思维确实促进了世界近代化乃至现代化的过程——它导致了很多重大的发明和发现。

机械思维是现代文明的基础，也直接促进了工业革命时代的来临。但到了信息时代，它的局限性越来越明显。首先，并非所有的规律都可以用简单的原理描述；其次，像过去那样找到事物的因果关系已经变得非常困难，因为简单的因果关系规律性都被发现了；最后，随着人类对世界认识越来越清楚，人们发现世界本身存在着很大的不确定性，并非如过去想象的那样一切都是可以确定的。我们将不确定的事情比喻为"黑天鹅"，今天，世界步入一个"黑天鹅湖"的时代——这个湖水中全都是黑天鹅！

各种不确定性交织在一起，构建起不确定的指数变化。在这种情形下，机械思维已难以奏效，我们急需一种新的方法论。世界的不确定性，让很多事情难以用确定的公式或者规则来表示，但它们并非没有规律可循，通常可以用概率模型来描述。在概率论的基础上，美国数学家香农建立了一套完整的理论，将世界的不确定性和信息联系起来，这就是信息论。信息论给了人们一种看待世界和处理问题的新思路。

香农指出，信息量与不确定性有关：假如我们需要搞清楚一件非常不确定的事，或者我们一无所知的事情，就需要了解大量的信息。与机械思维是建立在一种确定性的基础上截然不同，信息论完全建立在不确定性的基础上，要想消除这种不确定性，就要引入信息。这种思路成为信息时代做事情的根本方法，即用不确定性的眼光看待世界，再用信息消除不确定性。比如，要识别一个人脸图像，实际上我们可以将其看成从有限种可能性中挑出一种，因为全世界的人数是有限的。这也就把识别问题变成了消除不确定性问题。比如你不知道回家的路上是不是拥堵，这就是一种不确定性。如果通过打开百度地图查看实时路况，你就知道了结果。这样，百度地图就给你提供了信息，从而消除了这种不确定性。人工智能领域的成就，其实就是不断地把各种智能问题转化成消除不确定性的问题，然后再找到能够消除相应不确定性的信息，如此而已。

当我们了解到信息或者数据能够消除不确定性之后，便能理解为什么大数据的出现能够解决大量智能问题，因为很多智能问题从根本上来讲无非是消除不确定性问题。因此，大数据的本质就是利用信息消除不确定性，采用信息论的思维方式可以让过去很多问题迎刃而解。但是，如果指望用大数据技术就能够彻底消除不确定性，那就把这个社会想得太简单了。芝加哥学派代表之一的弗兰克·奈特在其《风险、不确定性和利润》一书中提出，风险是可知其概率分布的不确定性，人们可以根据过去来推测未来的可能性，而不确定性是指"不可度量的风险"，人们无法根据过去的经验来推断事情在未来发生的概率。事实上，大部分的不确定性是无法通过大数据就能够解决的，那我们就只能够凭借创新了，创新从某种意义上说，是人类用主动增加不确定来消除不确定的一种方式，这与我们常说的"用更快的发展解决发展中的问题"是一个道理。

还有一个问题是，面对大量的数据，人的思维是根本没有办法应付和处理的，于是人们依赖计算机来处理，这就是人工智能的诞生。如何让机器帮助人来解决问题呢？人们想到了机器学习的概念，但实现机器学习就需要有算法的创新，因此，创新才是解决问题的根本所在。机器学习算法被越来越多地发明出来，比如分类、回归、聚类、推荐、图像识别领域等，事实上，我们要想找到一个合适算法真的不容易，通常人们都会选择大家普遍认同的算法，诸如 SVM，GBDT，Adaboost。但是随着研究的不断深入，传统机器学习算法在很多"智能"问题上效果不佳，无法实现真正的"智能"。基于神经网络算法的深度学习之所以成为热门（其实最开始只有神经网络算法），是因为人们有了技术观念上的创新，即让机器从历史数据中学习规律，来提升系统的某个性能度量。其实人类的行为也是通过学习和模仿得来的，比如飞机和潜艇的出现。科学家从生物神经网络的运作机制得到启发，构建了人工神经网络，也是模仿生物而得来的。因此，我们希望计算机和人类的学习行为一样，从历史数据和行为中学习和模仿，从而实现人工智能。

最早的 MP 神经网络实际应用的时候因为训练速度慢、容易过拟合、经常出现梯度消失以及在网络层次比较少的情况下效果并不比其他算法更优等原因，取得实际应用的很少。直到 2006 年，Geoffrey Hinton 提出了一种新的解决方案：无监督预训练对权值进行初始化+有监督训练微调。这就是深度学习（deep learning）这一创新思想和算法的提出。传统机器学习使用的是 Back Propagation 算法，但是深度学习使用自下上升非监督学习，再结合自顶向下的监督学习的方式。这是一种算法的创新，当然它也是在传统神经网络算法基础上演变而来的，它还是一种基于神经网络的算法。今天，深度学习在很多领域得到了广泛的应用，而且也和很多其他"学习"结合起来一起使用，比如深度强化学习，将来必将迎来算法的再次创新。

当然，应付不确定性需要创新，但我们不能认为既然社会具有不确定性，我们无论怎样创新都无法精准。事实上，人工智能不仅要克服不确定性，还通过特有的算法技术实现精准性，创新能够实现精准也决定了创新的价值。精准创新包含三个方面：一是创新方向的精准性。如何准确选择正在快速发展的行业，如何让夕阳产业重新焕发生命力，如何瞄准有效的客户市场，是企业成功的关键。二是引领经济发展的精准性。创新引领经济转型不是粗犷的，而是细致的，不是表面形式的，而是深入精准的。三是创新时机的精准性。不论是成熟的大企业或是初创的小微企业，都不乏"踏错步"的案例。过早地购买技术，或是错失了扩张机遇，都会造成资金链的断裂而导致创新失败。企业在进行自主创新时要对产业进行充分研究，找准企业在行业中所处位置，树立精准理念，持续精准创新，强化精准服务。

2. 应对风险社会的选择

现代社会加速了劳动力的自由流动和组合，但流动意味着不稳定，组合意味着新的可能性，劳动者生活方式因此充满了前所未有的竞争性和不确定性。社会学家将现代社会称为个体化社会，也称为风险社会。风险社会是一个"有威胁的未来"始终影响当前行为的社会。它表现为："不再—但还没有"这种独特的现实状态。不再信任,但还没有毁灭;不再安全,但还没有灾难,这就是风险概念所要表达的核心意蕴。在现代社会,劳动者从整体中分离出来,成为自足的个体,个体没有整体的保障,需要自己负责全部生活。从劳动角度看,工作的标准具有相当程度的弹性——知识更新、环境改变都为工作赋予了新的复杂性,甚至工作本身的更迭也加快了,新的职业不断涌现,旧的职业也可能不时消亡。

1986年,德国学者乌尔里希·贝克提出"风险社会"概念,强调随着工业化、市场化和全球化的推动,社会公众切身地感受到生活在因市场经济、先进科技和官僚行政等现代性带来的风险之下,以及由此对人类社会产生的巨大挑战。贝克的风险社会理论在世界范围内引起了广泛关注,并有力地推动了对风险问题的研究与应对。英国学者安东尼·吉登斯(Anthony Giddens)与贝克一样,也从现代化的角度解读风险,将风险界定在一个制度性的结构所支撑的风险社会中。在传统社会,外部风险(诸如地震、海啸、洪水)是占据主导地位的风险,人类能够通过提高自身适应能力和发展科技,不断化解这些风险。进入后工业社会,被人为制造出来的风险(诸如核动力风险、化学产品风险、生物产品风险等)占据了主导地位。面对这种风险,人类所能做的选择是不断进行制度革新以期化解风险。但由于制度设计的缺陷,或者由于监督机制的缺位等原因,制度本身会产生更多人为风险,即"制度化风险"。

风险社会既是挑战也是机遇,从创新本质看,创新就是对标准答案的突破和对既定思维方式的超越。从创新条件看,处于外部环境的不确定性使得社会组织以及个人不能再安于现状,而是必须积极改变。比如1999年第1版《中华人民共和国职业分类大典》颁布,其中列出1838个职业,2015年新修订《中华人民共和国职业分类大典》新增347个职业,取消894个职业,共计减少547个职业,而随着人工智能时代的到来,还有很多职业将消失。一些人认为创新劳动是一种锦上添花的劳动,因为每种职业每个个体的创造力都是有差异的,所以它不宜成为普遍要求。事实上,在劳动形态层出不穷、劳动标准日新月异的今天,创新劳动已经成为每位劳动者的必备素养,任何一个岗位(无论是体力劳动为主还是脑力劳动为主)都要求从业者在不同程度上具有创造性。进一步来看,这既是客观规定,也是劳动者的主观诉求,即在创造中人展现自己作为类主体的特性,在创新中见证了劳动美的诞生。

今天，创新是劳动者的必备素质，不仅在于劳动者从事传统职业每时每刻都需要创新，还在于劳动者还可能开创出新的职业。在充斥着不确定性的时代中，个体需要运用自身的创新思维，勇于开拓。工业革命以来，具有全球引领力的商业模式有两个，即福特模式和丰田模式。福特模式的标志是大规模制造的流水线，实现了大规模制造的高效率。丰田模式的标志是不断改善的精益管理的零缺陷。这是创新劳动的结果，也是后来常规劳动的样板。

福特引进流水线提高效率之后，使得当时一辆汽车的平均价格从2318美元降至360美元，每个美国家庭都可以买得起（美国福特公司的工人一个月的收入达到130美元）。这也是为什么福特模式会成为全世界都在学习的模式。但如今时代变了，大规模高效率流水线不适应社会发展了，因为必须要大规模定制。精益管理就是"不但做得更快，还要做得更好"。丰田就是通过精益管理实现了"零缺陷"。但现在这种方式也不适应社会发展了。现在很多日本名牌在市场上不见了，不是它们质量不好了，而是现在需要的不仅仅是"零缺陷"，而是"零距离"。"零距离"意味着万物互联，且保持互联的通畅性，在万物互联理念下，产品物理属性本身没有问题，但如果变成网络的一个节点后，这种产品也可能还是会存在缺陷。因为作为网器产品存在，而不是电器产品存在时，它的质量要求就和单纯的一个产品的质量要求完全不一样了。

美国经济学家罗伯特·戈登有一本书《美国增长的起落》，其中有一个结论：第三次工业革命全要素平均增长率只是第二次工业革命的三分之一。为什么这么低？因为第二次工业革命有很多新发明的产品，电器、电子产品、汽车、高速公路、飞机等，所以有增长的引擎，由于第三次工业革命没有这么多新发明的产品，所以全要素平均增长率就降下来了。仅仅以新发明的产品就能实现增长吗？不是的，数字时代三大思想家之一乔治·吉尔德在《微观世界》这本书中提出，所有的变化都集中于一个划时代的事件——物质的颠覆。这就是微芯片，也就是传感器、RFID，由此把所有的产品连接起来。即产品从原来单纯的物理性能实现了一种质的改变，要变成一个网器，所有的产品都变成了一个网络节点。因此，未来产品会被场景替代，行业将被生态覆盖。也就是将来产品不值钱了，企业只靠生产产品是不够的，产品必须连接起来变成场景。成为行业的老大，并没有多大用处，因为所有的行业也要连接起来，行业将被生态覆盖，所以单个行业不值钱，单个行业老大也不值钱，值钱的是生态。

今天，风险、不确定性和破界、自组织、创新驱动一起，构成了企业管理命题中的关键词。在不确定时代，企业生存发展的核心是要具备自创生能力。自创生就是自我创造，自我创造是共同进化的条件和驱动力，而共同进化又是自我创造的空间和结果。在自然界，这种通过创新进化的方式很好理解。在社会化的系统中同样如此，早在20世纪90年代，牛津大学教授丹娜·左哈尔就将量子物理学引入人类意识、心理学和组织领域，提出量子管理的概念。她在专著《量子领导者》中提出了一种量子世界观，认为我们首先需要转变思维方式，不转变思维方式，你的企业架构仍然会是牛顿式的。而今后我们不能用牛顿世界观，而要用量子世界观。量子世界强调动态关系，这是一切存在的基础，我们的世界是通过相互的、创造性的对话来实现的。

也就是说，我们存在的基础是动态关系，而过去我们认为是静态关系，比如企业是静态，把企业当成一个机器，作出一个几年的规划，把所有的人当成机器上的齿轮或者是螺丝钉，就照着这个规划往前走，那就注定要失败，因为用户要的是个性化需求，每天在变，企业怎么能不变？我们的世界是由什么创造的呢？是由相互的、创造性的对话实现的，这就是自创生和共同进化。相互创造，每个人都创造，这就是自创生；相互创造互相联系、互相协同，这就是共同进化。因此，社会组织一定是无边界的。

我国著名企业家海尔集团的缔造者张瑞敏先生也是一位将量子思维运用于管理实践的先行者，他提出的去中心化，去权威领导，人人都是CEO，就是用量子理论强调的"激活个人"，想方设法释放个体价值。他开创的"人单合一、自主经营体"及"创客"机制为员工成就自我，以及使员工从价值创造工具转化为自我驱动的价值创造主体找到了合适的土壤。而华为的任正非是国内最早用熵增、熵减的理论思考组织变革与人才激活机制的企业家。国外企业如谷歌，虽然没有明确提出量子管理学这样的概念，但谷歌的组织与管理机制却被认为是量子管理学实践的典型代表。以稻盛和夫为代表的日本企业家出于对人性的理解和尊重，提出的敬天爱人的经营理念，稻盛和夫提出的阿米巴经营管理模式与量子式管理的本质不谋而合。这些都说明，在实践过程中，一些敏锐而具有洞察力的企业家其实已经在用量子思维、量子的理论指导企业的战略管理、组织建设和人才管理机制建设,从而构造了企业创新劳动的新模式。

3. 失败的创新不是无价值的创新

创新劳动的艰辛性也反映在创新劳动常常表现为成功与失败的相互交织。历史上失败的创新比比皆是。说服消费者尝试新技术并不容易,而让某种设备在我们的日常生活中占据永久性地位则更加困难。科技产业中的主流玩家从来不乏创新,但许多产品的开发最终却以失败结束。有时是因为创意过于领先时代,有时则是产品上市太晚所致。2016 年美国媒体 CNB 盘点了许多科技巨头推出的著名科技产品,它们曾被寄予厚望,最后却以失败告终。

实际上早在 1975 年,胶卷巨头柯达的雇员史蒂夫·萨森就发明了数码相机。尽管其所拍的照片质量很差,但它毕竟属于原型产品,且柯达公司对数字成像技术还没有任何研究。可是,柯达公司的高管们没有正确评估这款设备的巨大潜力,认为没有人会在屏幕上看照片。当时,柯达公司依然在传统照片市场占据绝对市场份额。为了安全起见,柯达申请了专利(明智之举),但却没有自己生产这种产品。

2013 年,谷歌公司推出一款名为谷歌眼镜的产品,当这种头戴式显示器原型首次出售时,引起了许多人的兴趣。谷歌眼镜相当于光学 HUD,如同我们会用手机观看各种信息一样,眼镜能将部分信息显示在眼前。它具备智能手机的部分功能,比如指向、网络搜索以及即时拍照和录制视频等,而用户可省却从口袋中掏出手机的步骤。这个创新听起来很棒,但最终因为受到技术的限制、安全和隐私问题,谷歌眼镜被束之高阁。到了 2015 年谷歌一代眼镜便不再销售。后来谷歌只提供企业版眼镜,售价 999 美元,至于企业之外的世界,对谷歌眼镜再也没有兴趣。当然,谷歌母公司 Alphabet 还没有正式宣布取消谷歌眼镜项目,在部分专业领域,比如医学方面,谷歌眼镜甚至获得了某种程度上的认可。2015 年 12 月,Alphabet 还曾向美国联邦通信委员会递交了几个新版本谷歌眼镜的专利申请,但没有公开其细节。

在 2014 年之前,一款名为 Coolest Cooler 的产品可以说是 Kickstarter 公司投资最多的项目,它是一款面向户外游或户外聚餐用户的冷藏箱。和同类产品一样,箱内可以存放饮料和食物,并放置冰块以保持低温。与众不同是的,它内置电池,并附带搅拌机,使用者在无须连接外置电源的情况下就可以制作果汁、冰沙;此外箱子还有 USB 充电器、蓝牙音箱等附属功能。可惜 Coolest Cooler 并没成功，2016 年之前 Coolest Cooler 耗光了资金，虽然订单很多，但无法如期交货。

　　需要指出的是，失败的创新不等于是无价值的创新。任何创新都是有价值的，因为创新是把一个想法转化为收入和利润。在实验室里很美妙，在市场上却一败涂地的构想，不能算是创新，那充其量不过是好奇心的表现。正如伊梅尔特所说的："没有客户的创新是毫无意义的，那根本不是什么创新。"这就是说，创新需要发明，但是发明并不等于创新。许多公司把能够取得专利的发明当作创新，而且经常被人戴上"富有创新性"的高帽子。可事实上，公司取得的专利数量与业绩之间并无关联。除非人们愿意掏钱购买你的产品，并且重复购买，否则就不存在创新。一个虽然新奇，但不能给顾客创造价值，不能给公司带来收益的产品，算不上是创新。没有创造出财务结果，创新也就没有完结。

　　很多人常常将失败的创新与无价值的创新等同。这实际上是对概念的误解，即大家对什么是"失败"和"价值"的理解不同。只要创造出新产品并产生商业应用，即表明创新产生了价值。有时候所谓失败可能仅仅是市场的失败，或者财务投入产出比的问题，也或者是短期的失败。任何新产品的创新都有一个曲折的过程，但不能说失败就没有价值。这些年，商业包装对创新的理解使人们产生了很多错误认知。其中打着"互联网思维"的旗号广为流行的、对原始创新有重大伤害的一种理念，便是"用户体验至上"。在互联网思维被捧上神坛之后，"用户体验至上"成了默认的衡量技术产品创新价值的最高准则。

　　早期，计算机的输入输出依赖的是穿孔纸带。别说是高级语言，那时候连今天看异常烦琐的汇编语言都没有，程序员都是直接在纸带上以穿孔的方式编制二进制的机器指令。那么我们可以据此说计算机是一个垃圾级别的创新吗？是否只有在计算机出现了"友好"的图形用户交互界面之后，它才成为"好"的、有价值的产品呢？

　　同理，家用汽车从最早出现到现在已经有百余年的历史，最初的驾驶员开车时有很好的"用户体验"吗？恐怕几乎所有驾驶员都是满头大汗、手足无措。上了年纪的老驾驶员对"手摇启动"的汽车和拖拉机应当不陌生，脚踏启动的摩托车曾经的普及率也是非常之高的。我们是否可以据此说汽车或摩托车从开始就不是一个有价值的创新呢？将"用户体验"提升到至高无上的地位去衡量创新是否有价值，特别是对于原始创新而言，有点类似于要求一个婴儿刚出生就要有沉鱼落雁之貌,这完全违背了创新的规律,特别是原始创新发展的基本规律。技术创新有缺陷正如人不是完人一样,人永远都有缺点。托尔斯泰曾写道:"每个人都会有缺陷,就像被上帝咬过的苹果,有的人缺陷比较大,正是因为上帝特别喜欢他的芬芳。"世界上的生命都会逝去,只能成为历史的故事,在人间流传。这其中的道理是一样的,我们不能因为人有缺点就认为其没有价值。

据说,当年英国科学家法拉第在表演圆盘发电机的时候,一位贵妇人问道:"法拉第先生,这东西有什么作用呢?"法拉第答道:"夫人,一个刚刚出生的婴儿有什么作用呢?"法拉第说这句话的意思是一个婴儿刚出生,谁也不会知道他长大以后会对社会或人类作出什么或多大的贡献。一项创新也一样,当时谁也想象不出来这个发明以后会给社会或人类带来多大的改变。

4. 元宇宙与创新劳动

过去20年,互联网改变人类生活,将人和人的交流数字化;未来20年乃至更久,元宇宙(Metaverse)将把人与社会的关系数字化。2021年被称为元宇宙的元年。元宇宙的概念在网络上迅速蹿红,引爆了互联网。元宇宙是一个可以映射现实世界又独立于现实世界的虚拟空间。或许,互联网的终极形态就是元宇宙。元宇宙概念大致起源于1992年,Neal Stephenson的科幻小说 *Snow Crash*(《雪崩》)中提出了 Metaverse(元宇宙,也译为"超元域")和 Avatar(化身)这两个概念。书中情节发生在一个现实人类通过VR设备与虚拟人共同生活在一个虚拟空间的未来设定中。

我国未来经济发展策略之一就是充分发挥海量数据和丰富应用场景优势,促进数字技术与实体经济深度融合,赋能传统产业转型升级,催生新产业、新业态、新模式,壮大经济发展新引擎。Facebook更名Meta全面转向元宇宙,引发资本市场关注,已经预示元宇宙是我们面向未来的重要提示器。

元宇宙的定义可以从四个方面来描述:第一,从时空性来看,是一个空间虚拟而时间真实的数字世界;第二,从真实性来看,既有现实世界的数字化复制物,也有虚拟的创造物;第三,从独立性来看,是一个既真实又独立的平行空间;第四,从连接性来看,是一个虚拟现实系统。元宇宙的终极形态将指向人类的数字化生存,对社会产生深远的影响,但需要较长时间。元宇宙将呈现渐进式发展,单点技术创新不断出现和融合、"连点成线",能够带来超越想象的潜力,驱动产品创新和商业模式创新。终极的元宇宙将包含:互联网、物联网、AR/VR、3D图形渲染、人工智能、高性能计算、云计算等技术。终极元宇宙尚需极大的技术进步和产业创新,可能要到20~30年之后才有可能实现,届时更多工作和生活将数字化,在线时间显著增长,三维数字世界、高智能度AI等都将给人类数字经济带来高度繁盛。

创新劳动将使我们从产业各方面向元宇宙靠近。如同20多年前难以精准预测互联网发展一样,我们也无法准确判断未来元宇宙的形态,但有专家提出,元宇宙至少包含如下特征:① 三维沉浸式体验;② 人和社会关系数字化;③ 物理和数字世界交汇;④ 海量用户创作内容;⑤ 数字资产价值显现等。当前全球科技巨头陆续布局元宇宙相关产业,有望推动VR/AR、AI、云、PUGC游戏平台、数字人等领域持续渐进式发展。中长期看,元宇宙的投资机会包括GPU、3D图形引擎、云计算和IDC、高速无线通信、互联网和游戏公司平台、数字孪生城市、产业元宇宙、太阳能等可持续能源等。

无论是当今的信息社会还是未来元宇宙成熟运用的信息社会,随着人工智能的广泛应用,人的创造性劳动越来越表现为信息性活动,对智能设备和智能生产体系的依赖也逐渐加深,换言之,智能生产体系推动着人的创造性劳动的发展。

首先,当重复性劳动逐渐被人工智能所承担,客观上推动了人的创造性劳动的普遍实现。特别是当前的人工智能还处于专用人工智能阶段,基于此形成的智能生产体系主要被用于替代重复性劳动,提升重复性劳动的效率,并不具备独立完成创造性工作的能力,这正是人类劳动的价值所在。人类智能所擅长的领域正好与人工智能形成互补。因此,随着智能生产体系的发展,重复性劳动也逐渐远离人类社会,这意味着人类从非创造性劳动对个人时间的占有中解放。人类因此获得了大量可自由支配的时间,可以用于从事艺术、科学和哲学之类具有原创性质的创造性劳动。就像恩格斯在《论住宅问题》中所说:"人类历史上破天荒第一次创造了这样的可能性:在所有的人实行合理分工的条件下,不仅大规模生产以充分满足全体社会成员丰裕的消费和造成充实的储备,而且使每个人都有充分的闲暇时间从历史上遗留下来的文化——科学、艺术、交际方式等等——中间承受一切真正有价值的东西。"

更为重要的是，当智能生产体系彻底替代人类的重复性劳动，人的创造性劳动的重要性也日益凸显。匈牙利哲学家卢卡奇的学生和助手阿格妮丝·赫勒也有类似的观点，她认为人工智能可以把重复性思维和重复性实践从人类的生活中完全"卸载"，使人类的劳动能力得到解放，从而专注于那些必须通过创造性实践（或创造性思维）才能完成的任务。哲学家罗伯托·昂格尔认为，在机器智能不断代替人类重复工作、实现劳动机械化的同时，人类就被解放出来以更多地进入"创新无人区"。而人类的创新劳动是推动人工智能发展的动力，即便智能生产体系可以替代人类的重复性工作，智能机器的研发、操作、维修仍需要大量高素质人才参与，甚至可以说，具有生产技术和丰富经验的工人的重复性劳动，是被研发智能机器的技术人员具有创新的劳动所替代。这实质上对人类所进行的创新劳动提出了更高的要求。

同时，人类通过智能生产体系强化了自身所具有的创造能力，推动着人的创新劳动迅速发展。智能生产体系为人的创新劳动提供了诸多智能设备或者智能程序，使人工智能在特定领域中所具有的对象化、工具化的创造性与人类自身的创造性相叠加，以强化人类在特定领域中的创新劳动。就像阿西莫格鲁所说："人工智能作为人类劳动过程的辅助，有助于人类发挥自身的创造力、判断力和灵活性。"而智能生产体系必将降低人类进行创新劳动的门槛，它将部分创新劳动简化为重复性劳动。

人类通过智能设备和智能程序，将人类所从事的部分复杂的智力活动或者创新劳动进行简化，使用者则无须重复原本复杂的创新劳动，只需要简单的输入或者操作就可以复现出与创新劳动相同的结果。以搜索引擎为例，网络数据库的建立是一个极为复杂且漫长的过程，但是一旦数据库成功建立，并编写好与之相匹配的智能检索程序，无论什么样的用户，只要在搜索引擎中输入关键词，就可以检索到数据库中所有与之相关的内容。而除了搜索引擎之外，还存在办公自动化、文案管理、工程设计、工程管理、工程仿真、数据分析、科学计算、诊断系统、咨询系统等形形色色、多种多样的智能软件，它们的存在都在一定程度上简化了人类进行创新劳动的流程，降低了人们进行创新劳动的门槛。随着智能设备、智能生产体系的发展，人类社会中越来越多的工作岗位蕴含的创新性任务被人工智能替代和分解，转化为低水平的创新劳动或者单纯的重复性劳动。以驾驶员为例，在智能导航系统没有普及的情况下，驾驶员需要记忆汽车行驶路线,并对其进行规划,是一种具有一定创新性的脑力劳动,而随着智能导航系统的普及和发展,驾驶汽车的工作已经变为一种以操作汽车为主的重复性的体力劳动,甚至这项工作也将被智能化的无人驾驶系统所取代。

当然,我们也要警惕,在信息社会,尤其在资本主义社会,垄断性的信息科技公司,比如人们所说的平台资本主义,通过将资本垄断与数据垄断相结合,进一步加剧了人类所面临的"知识鸿沟"和"信息茧房"风险。虽然在智能生活体系中,所有个体获取信息的能力都得到提升,这有助于个体打破现实生活中由社会分工和社会身份所形成的"信息茧房"。但由个人数据的集聚而成的、趋于完整全面的大数据却被平台资本所垄断、占有,掌握平台企业的富有者和资本家客观上占有着更多、更准确也更接近客观现实的知识和信息。贫穷者则囿于个人数据以及不完整的、处于"后真相状态"的公开数据,他们由此了解到的信息和知识与客观现实存在着较大的偏差,甚至截然相反。资本逻辑控制下的智能算法更是使"数字化生存"的贫穷者陷入平台资本编织而成的"信息茧房"不可自拔。正如"知识鸿沟"(knowledge gap)理论提出者、美国传播学家蒂奇纳所说,接触媒介和学习知识的经济条件的因素是造成"知识鸿沟"扩大的重要原因。随着资本与大数据、人工智能技术联姻,智能生活体系本身也是被资本逻辑支配的,因此,资本家与普通民众、富有者与贫穷者之间存在贫富差距,导致他们之间的信息不对称问题不断加剧,他们各自所形成的社会认知也不断分化,二者之间存在的"知识鸿沟"也在持续扩大。而"知识鸿沟"最终又会转化为个人经济地位上的差异,信息社会出现了"富者更容易获得信息因此更加富有,而穷者更难获得信息因此更加贫穷"的马太效应。而这种"知识鸿沟""数字鸿沟""数字贫困",不仅会影响数字技术弱势群体的生存状况,还会进一步加剧地区间、国家间的贫富差距。

## 三、创新劳动的社会作用

劳动作为探索人的本质力量的重要命题,是人类社会生存和发展的根本前提,是创造财富和获得幸福的重要源泉。创新劳动也是社会进步和社会文明的标志。与普通的或者常规劳动相比,创新劳动对经济社会和文化等方面的发展都具有更重要的作用。

1. 实现人的创造本性回归与美好生活向往

马克思在《1844 年经济学哲学手稿》中提出,"人是类存在物……自由的有意识的活动恰恰就是人的类特性。……正是在改造对象世界的过程中,人才真正地证明自己是类存在物"①。马克思所说的自由的有意识的活动自然代表着人的创造性活动。人类通过创新劳动推动智能生产体系的产生与发展,智能生产体系的发展又推动人的创新劳动的普遍实现与迅速发展,使人的创造本性逐渐复归。而人工智能作为人的创造力的整体对象化,其存在不仅是人以类群的方式进行创新劳动的产物,还是强化人类创新劳动的有效工具,蕴含着超越资本逻辑的力量,推动着人的创造本性的复归和跃升。

在马克思看来,人类超越资本逻辑的过程就是从异化的人向人本性复归。而只有实现了对人本质的全面占有和人本性的全面复归,才实现了对私有财产的彻底扬弃,才能实现对资本逻辑的超越。人本性的复归保留了由人的异化阶段所创造的对象世界的基础,生成了重新占有这一对象世界的方式——对人本质的占有。特别是在智能生产体系的推动下,人类社会的物质财富极其丰富,甚至"满足每个人的需求所需要的工作量将减少到这样的程度,并将变得如此愉快,以至于每个人都愿意根据自己的能力自发地劳动,而不需要任何报酬来吸引他们这样做"②。也就是说人类真正能够超越资本逻辑的时候,劳动将不再是人们维持自身生存的手段,也就不再具有谋生属性,而是复归为一种有意识有目的的自由活动,即"创新劳动",这也是马克思所说的"人的类特性"。

创新是人的最高本性。人是靠自己的创造活动去满足自身需要的主体性存在,创造性是人类活动的本质特征。这种创造本性不仅仅体现在改造自然的物质生产实践,改造社会处理人与人关系的交往实践,改造主观世界的精神生产实践中,还体现在人的基本行为中,从儿童的行为就可以看出。孩子们会喜欢玩积木、折纸,这些也称为"捣鼓",并在作出一些通常没有实际意义或使用价值的东西后,感觉到巨大的成就感,这说明创造的欲望深植在人类的本性之中。美国艺术家 W. 贝尼斯曾有一段精彩的描

---

① 马克思,恩格斯. 马克思恩格斯文集:第 1 卷 [M]. 中共中央马克思恩格斯列宁斯大林著作编译局,编译. 北京:人民出版社,2009:161-163.

② 马克思,恩格斯. 马克思恩格斯全集:第 42 卷 [M]. 中共中央马克思恩格斯列宁斯大林著作编译局,编译. 北京:人民出版社,1979:96.

述:"一个为贫民区工作的艺术家让孩子们画画,告诉孩子们想画什么就画什么,结果所有10岁以下孩子创作的东西都具有鲜明独特的风格。这是因为,对每一个孩子来说,他周围的世界完全都是新的:绿油油的草地,含羞低垂的小树,温和可爱的小动物,饱含诗意的轻风,沉静的白雪,还有那朝升暮落、周而复始的太阳。孩子带着好奇的心理天天看到这些奇迹,而这正是他们的长辈们习以为常、视为无聊的东西。换言之,创造性是我们每个人都有的东西,只是有的人把它丢掉罢了。"

劳动是人类进化的决定性因素,因为劳动决定了人与动物的根本区别。如果我们把人类劳动进一步分为创新性劳动和重复性劳动,我们就会进一步发现,正是创新劳动才是人脱离动物的根本力量。动物与人一样也要生存,因而要为它所必需的生存资料而奔忙。但是,动物的生存行为不是劳动,只是一种活动。动物的这种生存活动是本能的,或者说是受遗传因素决定的。在这种低级活动中,虽然也不乏一些精彩的表现,但都无法同人的劳动相比。这是因为,人的劳动是有意识的具有创造性的活动;动物的行为则是无意识的、条件反射的活动。这一根本区别,就决定了人有不断发展的前景,而动物则只有变化的可能。发展是指人由于自己劳动和意识的进步,而使自然界不断为自己服务。而变化是指动物面对自然界的变化,消极被动地去适应,并使自己得到改变。

人的创新劳动的标志之一就是劳动工具的发明。人类有创造意识,可以制造工具和机械等劳动手段,改变生存的空间和环境;而其他动物只能根据环境改造自己。人类早期,创新劳动还只是偶然发生,人的劳动与动物的活动混淆不清,难以准确辨认。当时,人的意识还处在低级的萌芽状态,因而对劳动的认识还只是经验性的和不稳定的。原始人类在千百次投掷石块中,感觉到锋利的石头比圆滑的石头有更大的杀伤力,用锋利的石头劈砍树枝,既省力,效率又高,于是对锋利的石头有了初步认识,经过创造性思维,便发生了创造性的劳动加工,出现了最原始的工具——石器工具、取火工具、捕鱼狩猎工具等,从而开始了人类脱离动物的漫长进程。但是,在人类发展的初级阶段,创新劳动的火花常常被漫长的重复性劳动所湮没,因此人类所经历的石器时代长达几十万年。其中,人类在劳动上所取得的创造性进步微乎其微,重复性劳动使制造工具的技艺代代相传下去,而没有多大改变,看上去更像人的遗传因素。人类劳动向高级形态发展,最主要的标志是创新劳动的数量和质量的增长,从而构成了社会生产力进步的核心内容,并驱使经济和社会关系不断演变。

创新劳动也是人的主动性发挥的体现。劳动是人有意识的活动,是只有人才具有,而其他依靠本能生存的动物不可能具有的。创新是个体对抗异化劳动,展现自己人之为人的特性的一种重要方式,当个体身处异化劳动情境时,创新能够帮助个体再次呈现出人的本质力量,用灵动和新颖超越乏味和机械。创新既然能够展现人的类本质,那就意味着每个人都有创造的能力。创造力具有普遍性,无论体力劳动者还是脑力劳动者,无论个体身处何种职业,都可以进行创造性思维,在其身上表现了坚持不懈与敢于实践的统一。一方面,创新不是一蹴而就的,它需要大量知识或经验的积累,许多创新劳动都是建立在劳动者长期思考基础上的;另一方面,创新不是空想,它也需要建立在实干基础之上。

创新劳动与人的美好生活有着密切的关系。创新劳动是人类的本质活动,是推动人类社会进步的根本力量。中华民族的辉煌历史,当代中国震惊世界的发展奇迹,都是勤劳智慧的中国人民用伟大的劳动和创造托起的。2012年11月15日,新当选的十八届中央政治局常委步入人民大会堂,习近平总书记郑重宣示:"人民对美好生活的向往,就是我们的奋斗目标。"至此,美好生活这个概念进入了百姓的日常生活和政治生活视野中。

不断实现人们对美好生活的向往。党的十八大以来,以习近平同志为核心的党中央将这一奋斗目标全面融入国家发展战略和具体行动中。同时美好生活也需要每个个体靠勤奋劳动才能获得。一般来说,生活是人从生到死的生命历程,是人生存发展的整个过程,既指人当下的生活,也包括人整个一生的全部生活。因此,生活即人生。"美好生活"是一种生活,既指当下生活美好,也指一辈子生活美好,即美好人生。美好人生在具体内容上,是指每个人自身多种生活需要相互之间的适度满足。每一个人都同时存在着多种生活需要,可大体上将这些需要分为生存需要、成长需要、舒适或快乐需要、意义需要四个基本方面。这四个方面的适度满足就是美好生活或者幸福生活的具体体现。

劳动是财富的源泉,也是一切美好生活或幸福的源泉。人世间的美好梦想,只有通过劳动才能实现。"光荣属于劳动者,幸福属于劳动者。"美好生活需要靠劳动才能获得,这不仅仅是说劳动是一切价值创造的源泉,更是说幸福需要靠人民自己的辛勤劳动来获得,这是社会主义的价值观。

### 新时代劳动观探索——对创新劳动的哲学思考

周恩来曾说:"无产阶级品质之所以可贵,就是依靠自己的劳动,靠劳动的成果。"

哲学家伏尔泰说过:判断一个人用他的问题而不是答案。在快速变化的时代,在复杂的世界提出一个好问题,已成为一种值得磨炼的优秀技能。一个会提出好问题的人是一个善于思考的人。那什么是好问题呢?《创新的生存》一书中说:好问题的本质是忘记先入之见,质疑一切。不仅调动知识,更引发探索和行动改变理所当然的可能性。因此一个好问题的根源,是要质疑理所当然。

儿童的问题和对美好生活的充满幼稚的想法导致了即时成像相机——宝丽来相机的问世。宝丽来公司由美国物理学家艾尔文·兰德(Edwin Land)于1937年创立。兰德教授拥有535项专利发明,据说他的发明专利数量之多仅次于爱迪生。兰德教授的搭档乔治·威尔怀特则是一个营销天才,1937年,他将兰德·威尔怀特实验室改名为宝丽来公司(Polaroid来自polarizer偏光板+spheroid球体)。宝丽来以制造偏光板起家,在"二战"时曾建立过军工厂,战后为拓展经营,开始进入照相设备领域。

有一天,兰德教授三岁的女儿在爸爸去冲洗照片的时候抱怨,为什么要等上一周才能拿到照片呢?就是这句话,让兰德下定决心发明一款能立刻呈现出照片影像的机器和相纸。1944年,兰德博士成功发明出即时显影技术。1948年11月26日,宝丽来在市场上推出世界上第一个即时成像相机Polaroid 95,它改写了摄影文化的历史,生活照再也不必送去专业暗房等待长时间的冲洗,只要一会儿工夫,照片即可完成显影。在很短的时间内,宝丽来就占据了相机产业的主流市场。

如今休闲旅游观光等活动已经成为日常生活的一部分,这也是从一个小的侧面来体现着人们的美好生活,爱彼迎公司的创始人发现在旅游旺季的时候,旅店都是客满的,旅店没有空房间,居民却有大量的空余的房间,于是爱彼迎诞生了,这就是创新劳动的结果。宝丽来和爱彼迎的诞生都是来源于发明者对"理所当然"的质疑,或者说来源于对美好生活的向往。于是我们才有了即时显像的照片和更方便更有特色的住所。

美好生活不仅仅是好的生活,还是美的生活,而劳动也同时创造了美。马克思用人的本质力量对象化来说明美,认为审美感受是一种在对象中确证自身具有人的本质力量、肯定自己价值的感受,个体在创新中更容易感受到这种本质力量,也事实上创造出更多的美。人类正是以美的创造活动丰富人的本质力量。

在资本主义制度下,随着人的主体性本质的丧失,劳动者的审美及创造美的能力受到了严重的压抑、摧残甚至扼杀。一是劳动者无法在自己单调、压抑的工作中创造美;二是劳动美被消费主义五光十色的假象所遮蔽,人们不再能感受到劳动中的创造之美,而追求消费文化中趋同的符号和潮流。资本主义社会的生产劳动以资本增殖为目的。一方面使人的劳动失去自由自觉的性质,成为实现某种目标的劳动,人们在从事美的实践活动中得不到美的享受;另一方面使人的真正本性如审美需求等被物质需求所排斥,于是审美能力逐渐萎缩,一切价值最终都归于物质价值,使个体片面且畸形发展。正如美国哲学家杜威所说,审美的敌人既不是实践,也不是理智,它们是单调;目的不明而导致的懈怠;屈从于实践和理智行为中的惯例。

马克思主义认为,劳动创造了美,劳动首先使劳动自身成为审美对象,使劳动过程、劳动工具、劳动场面、劳动产品成为审美对象。人类的生产劳动作为调节人和自然关系的感性活动,是合目的性和合规律性相统一的活动,是显现和外化人的本质力量的活动,也就是创造美的活动。随着社会历史的不断进步,劳动美的真正美学性质才会完全恢复,生产劳动美才会摆脱一切束缚,充分展现和发展起来。在社会主义社会劳动已成为一种需要,人们比以往任何时候都更深刻地感受到劳动本身的美,包括劳动过程、劳动环境、劳动工具、劳动组织、劳动产品、劳动成果以及劳动主体——劳动者自身的美。

2. 经济增长的原动力

1928年,苏联经济学家康德拉季耶夫在其《大经济循环》一书中提出了长波理论,也称大循环理论、康德拉季耶夫周期。康德拉季耶夫认为,工业革命以来,资本主义经济经历了三次周期为50~60年的大循环:18世纪70年代至19世纪40年代为第一个大循环;19世纪50年代至19世纪末为第二个大循环;20世纪初至40年代为第三个大循环。他认为,资本主义经济每一次大循环都有上升(繁荣)和下降(衰退)两个阶段,即所谓资本饥荒期和资本饱和期。前一时期表现为对资本的需求增加,投资和资本输出增加,贷款利率提高,新兴产业建设的规模扩大,速度加快,就业人数增加,长期失业者消失。随着对资本需求的减少,资本主义经济进入第二个时期,表现为投资减少,贷款利率降低,新兴产业建设放慢甚至停步，失业人数增加。

但康德拉季耶夫无法解释这个循环的原因和内在机制。在众多经济长波形成原因理论流派中，以约瑟夫·熊彼特、格哈德·门斯、雅各布·范·杜因、克里斯·弗里曼等经济学家为代表的技术决定论者认为，技术创新和变迁是决定经济出现长波的根本原因。其中，熊彼特在他的理论中，首次提出创新活动是经济长期波动的重要原因。熊彼特认为，一些企业会率先引入创新，其后由于创新为生产所带来的高额利润诱发其他企业进行模仿形成创新浪潮，结果形成历史上非均匀分布的蜂聚式的创新浪潮。而缺乏创新则是萧条的主要原因。如果主要的创新能随时间均匀连续地发生，就不会出现1825年、1873年、1929年和1973年这样的长期萧条。

熊彼特的理论不仅说明了以往的历史规律，也与后来的历史发展相吻合。纵观历史，自18世纪末以来，伴随着五次跨时代的技术革命的出现，全球经济走过了五个不同的阶段，分别为蒸汽机时代、钢铁和铁路时代、电气和汽车时代、汽车和自动化时代、计算机及信息时代。从技术-经济范式的角度来看，每轮技术浪潮都更新了整个生产体系，更新了人类社会的产出品，标志着人类创新劳动的成就和人类永不停息的进步。

被誉为现代管理学之父的德鲁克，通过对20世纪70年代以后美国经济的非典型繁荣的实证研究，推翻了长期以来把世界经济长波的原动力归于技术的看法。他认为经济长波发生发展的唯一动力是创新而不是技术，这里的创新是一个经济社会术语，而不是一个科学技术术语。与这种基于技术创新的经济长波需要由新的技术驱动不同，德鲁克以美国汽车的发展为例，他提出，美国汽车经济的后期繁荣是由老技术的新管理驱动的。一方面，许多具有新技术但是沿袭老管理的企业，特别是在美国硅谷的许多高科技企业，当时还来不及对社会就业作出贡献；另一方面，对社会就业有贡献的企业主要是一些低技术的企业。因此，它们的创新不是一种技术意义上的创新，而是管理意义和社会意义上的创新。这就是德鲁克提出从管理型经济到创新型经济的理由，指出凡是组织都有管理，但是并不是所有组织都有创新。

其实，熊彼特和德鲁克的观点并不矛盾，德鲁克强调的是管理创新，即创新管理，而熊彼特更看重技术创新。传统上，人们总是将创新限定在技术方面，因此，逻辑上必然把创新的主体限定在企业。但是德鲁克对美国汽车经济后期情况的研究表明，创新不是单纯的企业运动，而是社会的运动。因此，在美国经济繁荣过程中，在企业创新的同时也出现了大学的创新以及政府的创新。德鲁克还通过对日本"二战"以后所谓"创造型模仿"的分析，指出管理的创新、社会的创新以及非企业的创新在日本经济复兴中起了重大作用。可见，这些学者是从相互补充的视角论证了创新劳动对经济增长和经济周期的决定性作用。

解释资本主义的变化，是认识现代经济的基础。马克思在分析资本主义经济状况时，虽然没有提出创新劳动这个概念，但在很多地方涉及了这一问题。马克思认为，资本主义生产的矛盾是从剩余价值生产中产生的。不过，马克思没有像空想社会主义学者那样，主要从伦理关系上对资本主义展开批判，而是从剩余价值生产所表现的积累和扩大再生产中，看到资本主义生产方式的矛盾，从对生产力破坏的角度否定了资本主义生产方式。从生产力的视角看，资本主义生产的积极和消极的方面，都源于剩余价值生产。在资本主义早期，正是剩余价值生产推动了生产力的迅速发展。因为工人的收入大大低于所创造的价值，从而使资本主义生产有条件进行较高的积累和扩大再生产，使人类创新劳动所带来的文明成果得到快速扩展。但是，资本主义在推动生产迅速发展的同时，又隐藏了一对矛盾，一方面工人的收入低而稳定，另一方面在积累的驱动下，生产呈现出无限扩大的趋势，从而导致了生产和消费的矛盾，出现了以生产过剩为特征的经济危机。

在早期，这些资本主义国家通过开拓世界市场缓解了危机的发生。但是，经过上百年的武力开拓，当世界市场被西方列强瓜分完毕后，市场扩大的运动则趋于停滞，于是资本主义生产的矛盾就开始加剧，生产过剩的危机越来越明显，甚至出现了1929—1933年灾难深重的大危机。随着资本主义生产的矛盾加剧，其社会矛盾也日趋激化。资本主义危机发生、发展的实际，证实了马克思对资本主义的科学分析。

但是，第二次世界大战以后，资本主义世界又发生转机。尽管西方国家生产过剩的经济危机没有消除，但其程度却有所减轻，至少没有再出现1929—1933年那样的大危机。这种情况，虽是西方国家加强宏观管理的结果，但更重要的原因，是形成危机的某些条件发生了变化。其中最重要的变化是，创新劳动的质和量出现大的增长，引起了科技革命，导致了社会分工迅速发展。一个现代化企业内的分工繁多而细致，专业化越来越强，科技人员和白领工人数量大幅增加。创新劳动的增强、科技的大发展又引起了社会经济生活的一系列变化。资本积累也开始从货币资本积累向知识资本积累转变,科学技术的贡献率越来越大。积累和扩大再生产不仅没有因消费比重增长而削弱,反而因创造发明增多,即新的供给增多,内涵式扩大再生产取代外延式扩大再生产,还得到了加强。在现代社会,有价值的创新发明,往往比货币资本更重要、更难得。而创新劳动造就了更多的新产品,并不断更新市场、开拓新市场。所有这些新情况,都是经济危机减弱的重要原因。

改革开放以来,我国一直是通过制造业,基本上是依靠低劳动成本和低附加值产品来扩展国际市场。在这种情况下,我们就只能通过保持高的货币资本积累率来实现较快增长。但是,这种发展方式潜伏着深刻矛盾:一是国际市场的扩展一旦停止或放慢,生产和消费的矛盾就会加剧,并引发深刻的社会问题,许多发展中国家都未能迈过这个坎;二是在一定时期我国保持较高的货币资本积累率虽然是必要的,但长久下去,也会积累社会矛盾,而当我们过度调低货币资本的积累水平,过度提高收入和福利水平,又势必影响经济增长速度,带来更严重、更深层的经济和社会问题。今天,我们有了新的发展理念,开始了发展方式的转变,我国实施了创新驱动发展战略,让创新成为引领发展的第一动力,这要求我们充分利用当前有利时机,大力鼓励和发展创新劳动,推进科学技术发展和自主技术创新,从而使我国经济竞争力的内涵,从以低成本、低收入的重复性劳动为主,过渡到以高收益的创新劳动为主,避免重犯一些发展中国家在高速增长后出现停滞和衰退的错误。

3. 破解"卡脖子"的关键

当前,我国正处在加快现代化经济体系建设,加快构建以国内大循环为主体、国内国际双循环相互促进的新发展格局,推进国家治理体系和治理能力现代化的重要时期。要实现这一目标,我们首先面临的迫切任务是解决好各类"卡脖子"的瓶颈问题。"卡脖子"问题表现在哪里?党的十九届五中全会通过的《中共中央关于制定国民经济和社会发展第十四个五年规划和二〇三五年远景目标的建议》说得很明确:我国发展不平衡不充分问题仍然突出,重点领域关键环节改革任务仍然艰巨,创新能力不适应高质量发展要求等。

解决"卡脖子"问题的重要手段就是直面创新,主要是科技领域的创新。加快科技自立自强是畅通国内大循环、塑造我国在国际大循环中主动地位的关键之一。要看到的是，我国的科技创新能力正在取得突飞猛进的进展，"奋斗者号"成功实现万米深海下潜并成功返航；"嫦娥五号"在月球软着陆并进行"月球挖土"返回地球的试验，等等，这些成就都是明证。但在另外一些关键领域，我国还存在着被"卡脖子"的问题，尤其是在被称为工业粮食的芯片制造领域。近些年来，美国在高端芯片制造领域打压中国的手段可以说是层出不穷，除了游说荷兰政府禁止向中国出售光刻机外，美国还试图拉拢日韩等"盟友"，将中国大陆排除在高端芯片制造产业链之外，进一步在芯片领域对中国大陆"卡脖子"，其中最具代表性的就是拜登政府提议与韩国、日本和中国台湾地区组建所谓"芯片四方联盟"，以及出台禁止在中国大陆新建或扩建先进制程的半导体工厂的"芯片法案"。

其实早在1949年11月，在美国的提议下秘密成立的"巴统"，就是第二次世界大战后西方发达工业国家在国际贸易领域中纠集起来的一个非官方的国际机构，是冷战的产物。其宗旨是限制成员国向社会主义国家出口战略物资和高技术。1994年4月，"巴统"正式宣告解散。"巴统"的解散并没有使我国引进高新技术由"红灯"转为"绿灯"。1996年西方又出现了"瓦森纳协定"，它是"巴统"的继承者，现有成员国33个。与"巴统"一样，这个协定包含2份控制清单，一类是军民两用商品和技术清单，涵盖先进材料、材料处理、化学品、电子、计算机、电信、信息安全、传感与激光、导航与航空电子仪器、船舶与海事设备、推进系统、航天器及相关设备等，共9大类；另一份是军品清单，涵盖各类武器弹药、作战平台及其相关部件、设备、材料和技术，共22类。

正是这前后的两个"巴统"组织的出现，一直使中国得不到所需要的高新技术和设备。比如高精度全数控机床正是其中之一，原因在于这种高精度全数控机床可以加工出高精尖武器所需要的高精密部件。数控机床都不可以，更别说最尖端的芯片和大型电子计算机了。2020年1月下旬，荷兰政府宣布：根据"瓦森纳协定"，不向中国出口最先进的光刻机。在这段难熬的日子里，我国高端半导体产业遭到全方位降维打击，自己生产的、买到的高端芯片低了好几代。

美国特朗普政府为了解决越来越严重的内部政治和经济问题，遏制打压中国，拖住中国发展步伐，确保美国霸主地位，发动了对中国的贸易战。其中最重要的一点就是对中国实施集成电路禁运，这其中包括两个主要内容：一是全面禁止向中国出口制造集成电路所需要的技术设备和原材料；二是重点打击中国的优秀民族企业。2021年4月17日，美国国会代表提议要求获得美国许可才能将使用美国技术在国外制造的半导体出售给华为，范围扩大至设计14 nm以下芯片的所有中国公司。2021年6月21日，美国政府切断了对中国28 nm集成电路制造的技术支持，全面遏制中国的高技术产业。

目前中国14 nm的芯片市场95%基本都是自产，7 nm（被限）基本全部依赖进口，美国此措施重在扼杀中国14 nm芯片市场，因为生产这一级别芯片所用的光刻机主要是荷兰ASML的DUV光刻机，目前国内唯一能生产14 nm级别芯片的企业只有中芯国际。随着技术和资本逐步垫高竞争壁垒，半导体制造商头部集中度逐代提升，至14 nm全球仅剩下六家企业；全球具备10 nm以下先进制程工艺的企业仅剩台积电、三星、Intel，而中芯国际可望成为第四家。

美国对中国的芯片打压限制，也激发了我国自主研发，掌握自己命运的决心和拼劲儿。我国从2019年以来已经投入大量的资金、技术、人才和土地，力图尽快突破高端芯片国产化的各种障碍。2018年10月中芯国际宣布14 nm FinFET工艺研发成功，2019年实现量产。已经获得华为、海思、圆星科技量产采用，目前14 nm FinFET主要应用于中高端领域，包括手机AP/SOC、高效运算HPC/ASIC、射频、基带芯片等。中国作为芯片需求量最大的经济体，每年芯片终端使用量约占全球的1/3，中国芯片设计企业的销售额也已经超过全球的10%，中国迫切需要自己的可靠生产线。其中作为芯片生产最高端设备的光刻机，中国有关科研部门也在奋力突破，在相当多分系统上取得了重要的突破性的进展，曙光已经出现在眼前。

近几十年来，以美国为首的西方国家一直在压制和围堵中国的高科技领域的发展。即使在民用技术领域，我们也受到外国技术的制约。比如国产盾构机就是一个很明显的例子。盾构机被誉为"机械之王"，是地铁等工程建设的必备机械。可以说，正是盾构机的高效使用才让我们有了"基建狂魔"的称号。但是，当初我们只能从国外进口盾构机。

1997年，我国才首次从德国引进了两台硬岩盾构机，用在了西康铁路位于秦岭的隧道工程上。在此之前，一支千人级别的队伍想要在大山中挖掘出一条大小合适的隧道，需要五年的时间，而在引进了盾构机之后，一条隧道的施工工期却只需要几个月。然而进口盾构机的价格极高，西康铁路铺设过程中使用的盾构机，一台的价格就达到了7亿元人民币。而更贵的是，盾构机钢组件刀盘上用于掘进的刀具每一次更换都要花费上千万元人民币，这也导致基础建设工程成本飙升。比如在20世纪90年代初修建的上海地铁，每公里道路的造价达到了惊人的8亿元人民币。

更令人感到愤怒的是那些外国企业的态度，它们一面赚着中国人的钱，一面在背地里为难中国人。只要盾构机设备发生故障，它们就会收取天价的维修费用。比如在1999年广州地铁二号线的施工中，一台进口盾构机由于没有抓牢"管片"，就被收取了300多万美元的维修费。而且外国专家们维修盾构机是看行程看心情的，一旦盾构机在隧道挖掘中发生故障，整个工程就会陷入漫长的等待维修中，等待外国工程师来维修，费用从维修人员出家门开始计算，要付给他们每人每天3000美元的薪水，此外，维修现场还拉着警戒线，不让中国人入内。中国是一个大国，国内发展需要大量的盾构机，为挣脱这些发达国家的勒索和控制，我国必须自主制造盾构机。

昂贵的进口成本，低效的设备维护，耗时的跨国沟通，中国在盾构机的应用上处处受制于人，严重影响着中国基建的效率和发展。面对盾构机技术，中国开始了奋起直追，我们用18年左右的时间追上了西方国家接近200年发展。2002年，中国科技部将盾构技术研究列入了"863"计划，于是，十几位中铁隧道集团的工程师在当年10月组成了"盾构机研发项目组"。用当时加入到研发项目组的成员的话来说，他们当时别说是研究盾构机了，很多人就连盾构机是什么样子都没有见过。就是在这样的环境下，经过多年探索与努力，我国研发团队突破了核心技术封锁。2008年，他们研发制造了中国第一台具有自主知识产权的复合式土压平衡盾构机——中国中铁1号，实现了从0到1的跨越。从此，中国不仅掌握了盾构机的核心技术，走上自我创新之路。同年，我国又生产了若干台泥水平衡式盾构机，用于国内地铁建设。2009年，中铁装备成立，在郑州建立了国内最大盾构机研发制造基地，拉开了中国盾构机产业化的序幕。2010年12月，中国生产出大直径断面的盾构机，技术世界领先。

到如今，中国盾构机订单超过1200台、出厂1000台，出口到21个国家和地区，成为世界知名的盾构机行业领先者。支撑中铁装备快速发展、中国盾构机产业爆发的，正是创新。我国盾构机不仅实现了从无到有的突破，而且从引进推广到自主创新，从而掌握了各种不同规格和类型的具有自主知识产权的盾构机的生产技术，生产出若干世界上最大断面的盾构机。如今，盾构机不仅已为我国地铁隧道、山地隧道、江底隧道、海底隧道的建设发挥了重要作用，而且中国的盾构机物美价廉，已经出口到海外，占领全球2/3的盾构机市场。

### 4. 引领未来社会的指示器

1996年，留美学生张朝阳刚刚回国创业，致力于在中国创办一家有影响的互联网公司，他创办的公司叫搜狐爱特信科技公司。他那时就笃定地认为，互联网对中国崛起一定会起到很大的助推作用。张朝阳创办公司的部分风险投资来自他留美期间的一位老师，就是麻省理工学院媒体实验室主任尼葛洛庞帝。尼葛洛庞帝还是美国著名的《连线》杂志的创办人和专栏作家，被西方媒体推崇为电脑和科技领域最具影响力的人物之一。

1996年，国内首次翻译出版了尼葛洛庞帝的著作《数字化生存》(*Being Digital*)，该书英文版曾上过《纽约时报》畅销书排行榜。在该书中，尼葛洛庞帝提出一个观点，即人类将生存于一个虚拟的、数字化的活动空间，在这个空间里人们应用数字技术（信息技术）从事信息传播、交流、学习、工作等活动，这便是数字化生存。作者当时就预言，数字化、网络化、信息化必将使人的生存方式发生革命性改变。

书中这样描述道：在数字化生存环境中，人们的生产方式、生活方式、交往方式、思维方式、行为方式都呈现出全新的面貌。如，生产力要素的数字化渗透，生产关系的数字化重构，经济活动走向全面数字化，社会的物质生产方式将被打上浓重的数字化烙印，人们通过数字政务、数字商务等活动成就着数字化政治和经济；通过网络学习、网聊、网络游戏、网络购物、网络就医等刻画出异样的学习、交往、生活状态。在这种数字化另类空间中，人们深度体验虚拟生存状态，感受网络人际交流的魅力，体会虚拟社区的逼真，尝试新型的情感交流，领略网络语言的千姿百态……总之，数字化生存方式既是对现实生活的模拟，更是对现实生存的延伸与超越。①

在信息化高速发展的今天，数字化转型逐渐成为人们关注的热点，

---

① 尼古拉·尼葛洛庞帝. 数字化生存［M］. 20周年纪念版. 北京：电子工业出版社，2017：178.

"数字化生存"已不再是我们对未来的构想,而是当下需要我们面对并解决的问题。尼葛洛庞帝这本信息时代的启蒙书后来不断被深化,"数字化生存能否引领我们走向'诗和远方'"、"元宇宙,设计未来人类数字化生存的高级形态",类似的文章已经在媒体上铺天盖地。这些文章无疑引发了一个问题:未来社会将是什么样?我们如何在未来社会生存?而这一切的思路都指向我们的主题——创新劳动。这些年,还有一位国内作者写出《创新化生存》一书,在书中作者提出,有一条最好的路可以让我们在前进的时候不会迷失方向,那就是——创新。[①]

尼葛洛庞帝在《数字化生存》中有一句经典的话,"预测未来的最好办法是把它创造出来"。在"未来已来"的今天,我们已经切身领悟到数字科技和数字经济这一延伸到未来的创新变革,是怎样改变了我们现实的生产生活方式乃至于我们的思考方式。以人工智能、区块链、云计算和大数据等为代表的数字科技核心技术已经活跃在我国产业赋能的各个领域。其中,人工智能意在通过语言和图像识别、神经网络等技术延展人类智能,帮助企业更好地识别用户身份、预测用户行为和替代真人参与。云计算可以帮助企业整合信息系统、消除数据孤岛、快速部署和上线开发需求,增强获客、运营与风控能力,推动实体经济与金融行业的供给侧结构性改革等。

从技术角度构想未来社会尽管是一个重要的思路,但是容易陷入技术决定论的泥潭。马克思在从事无产阶级革命运动和理论研究的同时,也十分重视有关自然科学和技术问题的研究。19世纪50年代,马克思阅读了大量有关工艺学和技术史方面的著作,其中包括:德国学者约·波佩的《工艺学教程》和《从科学复兴时期到18世纪末工艺学的历史》(共三卷),英国化学家和经济学家安·尤尔的《技术辞典》(共三卷)和《工厂哲学:或论大不列颠工厂制度的科学、道德和商业的经济》,德国农学家和工艺学家约·贝克曼的《论发明史》(共五卷),英国数学家、力学家和经济学家查·拜比吉的《论机器和工厂的节约》,等等,并且作了详细的摘要。马克思把这些摘要称作他的关于工艺学的笔记(摘录)。由此,马克思利用《资本论》第二手稿,即《政治经济学批判(1861—1863年手稿)》23个笔记本的第5本笔记的大部分、第19本笔记的全部和第20

---

[①] 王可越. 创新化生存 [M]. 北京:北京日报出版社,2019:2

本笔记的开头部分，写下了《机器。自然力和科学的应用》这部分手稿，论述了科学技术在社会发展中的作用，深刻分析了机器在资本主义的应用引起的生产方式的变化等。长期以来，学界对这部手稿关注程度不够，至今研究成果仍很少，研究视野往往局限于科学技术问题等传统的框架，甚至有的学者将这部分手稿称为"技术史笔记"。当然，也有部分学者将研究视野投向科学技术与社会制度的结合进行讨论，但并未从文本本身整体出发进行广泛而深入的探讨。

事实上，马克思是反对技术决定论的，他认为人类的未来不是仅仅由技术革命决定的。马克思从社会基本矛盾的角度，即从对资本主义社会基本矛盾分析出发，从历史唯物主义原则出发，构建出人类未来社会——共产主义社会，并把社会主义社会作为共产主义的新阶段。马克思认为，未来理想社会的建立，取决于人们奴隶般地服从分工的消失，脑力劳动与体力劳动对立的消失，以及劳动不再仅仅是谋生的手段，而成为生活的第一需要等条件的实现。在科学技术快速发展的今天，我们从创新劳动的角度出发，就能比较容易地理解马克思对未来社会的科学预想。

脑力劳动与体力劳动的对立，实际上是创新劳动与重复性劳动的对立。创新劳动不仅是推动人类社会进步的根本力量，而且还体现了人的本质特征。人只有在创新劳动中，才能使自身得到发展。最能振奋科学家、工程师、艺术家的事情，就是他们在事业上的成功。重复性劳动则不同，它更接近于机器性的运动，它不对人产生吸引力，人只是为了生存而从事这种劳动。与重复性劳动相比，人从事创新劳动本身就是一种享受。脑力劳动与体力劳动的对立，反映出人在进化过程中的深刻矛盾，人脱离动物越远，这种矛盾就越减弱。脑力劳动与体力劳动对立的消失，取决于总体劳动中创新劳动与重复性劳动比重的变化。虽然重复性劳动永远不会消失，但在总体劳动中的比重会下降。

现代生产已经表明，重复性劳动越来越多地被机器所代替，而越来越多的人则去从事创新劳动。从个人看，生产要求有更高技术和知识水平的劳动者，工人的劳动强度不断下降，而技术水平和独立解决问题的能力却不断提高。从社会看，全社会中从事脑力或创新劳动的人越来越多。因此，创新劳动不断增多、重复性劳动不断减少，这就不断为脑力劳动与体力劳动对立的消失创造条件。

未来社会，劳动已经不仅仅是谋生的手段，而成为生活的第一需要。

这说明，劳动对大多数人而言是必需的。伏尔泰说过，工作可以使人免除三大流弊：生活乏味、胡作非为、一贫如洗。在客观上，劳动始终是人类生存的手段，因为人类的生活资料只有通过劳动才能获得。但在主观上，人们有可能不把劳动看作谋生的手段，而是把它当作自己生活不可缺少的一种活动。在这种活动中，人们直接享受创造所带来的乐趣，而不是像过去那样，只有在劳动过程结束后的娱乐和休息中才能享受乐趣。而这种劳动的实现，又取决于奴隶般地服从分工和脑力劳动与体力劳动对立的消失，只有这样，人人崇尚劳动的时代才会到来。由于工作日的缩短和创新劳动成为主要方式，人们就有了选择自己喜爱的劳动种类的可能。这是因为，脑力劳动和体力劳动对立消失后，劳动的差别只是表现为不同种类的脑力劳动的差别，不论是从事化学的还是物理的工作，都在进行着创新劳动。

重复性劳动具有程序化、重复性、低技能以及标准化程度高等诸多特征，而这也正是专用人工智能所擅长的领域，人工智能就是通过将各种任务分解为程序化的运算过程，再通过数据化的智能算法寻求最优解。在现有的工作体系中，包含车间工人的体力劳动，以及打字员、接线员、银行柜员等简单脑力劳动在内的诸多重复性劳动，都是一种在明确规则下进行的重复性、模块化、模式化的"规则类工作"。而在这类工作中，人工智能往往表现得比人类更快、更好，因此，这些行业使用人工智能的积极性也更高。牛津大学在 2013 年发布了一份研究报告，题目为《就业的未来》，该报告分析了未来二十年各类工作被智能计算机和智能机器人取代的可能，认为美国 47% 的工作（主要是收银员、法务秘书、出租车司机、保安、厨师、装配工、木工、机械操作员等重复性劳动岗位）很可能会被人工智能取代。而在当下，"无人工厂"、智能柜员机、智能客服，已经在制造业和服务业中逐渐推广，智能产业体系正在将一些中等技能水平的重复性工作任务程序化、自动化和智能化，取代相关行业的劳动者。

未来社会，分工已由带经济性的强制，变成了人的自愿行为。在社会劳动的各种类中，属于重复性的劳动可以尽可能交给机器去做。哪个部门所投入的劳动减少，就表明这个部门容易获得创新劳动的成功，从而吸引人们的劳动投入。另外，由于劳动的社会差别已经消失，社会也容易通过指导来调节人们业余时间的劳动。在这种情况下，劳动就不仅仅是人的谋生手段，也成为生活的第一需要。在这个意义上说，生命的目标就是劳动而不是劳动成果。现在大部分的人似乎都是为了名利而工作的，没有名利谁愿意工作呢？这个理由非常充分，而且会引起大多数人的共鸣。但是，我们有没有想过，"我是谁"？这个答案是确定的。当一个人觉得劳动成果比劳动本身更诱人，那么这个人就是尼采所指的弱者，即生命力已衰败的人。其实我们每个人都有经验，当自己身体健康心情愉悦时，自己比平时更愿意说话做事和与人交往，而一旦身体不适心情不爽时，就会相反。生命力就是活力，就是渴望活动的力量。尼采说："生命企图竖起自己的云梯，它渴望眺望到遥远的地方，渴望着醉心的美丽，因为它要求向上。"马克思说的"劳动是人的第一需要"，这是真理，也是共产主义实现的基石。

# 第四章 创新劳动的价值源泉

## 一、创新劳动的价值重塑

1. 高附加值——创新劳动价值的超常性

我们之所以追求创新劳动,是因为创新劳动所创造的价值具有超常性。也就是说,人类劳动的创造性和创造性的劳动,能够创造出超常价值。所谓超常价值,是相对于正常价值而言的,正常价值,就是劳动的模仿性和模仿性的劳动,即重复劳动所创造的价值,它实际上是重复劳动批量化、商品化生产的产品所具有的价值。当然,这个批量化的产品最初也是创新劳动的产品,只是由于成果已经成熟化、标准化、批量化了,也就没有最初的超常价值。通常在没有完全技术垄断的条件下,对每个企业而言,利润也平均化了。至于这些超常价值是如何从创新劳动中产生的,如何测量这些价值,其价值形态有何特点等,则是当代经济学仍在探索的课题。

我们也常将创新产品称为具有高附加值的产品。什么是高附加值呢?高附加值(value added)是附加价值的简称,是在产品的原有价值的基础上,通过生产过程中的有效劳动新创造的价值,即附加在产品原有价值上的新价值。所谓高附加值产品,是指"投入产出比"较高的产品。其技术含量、文化价值等比一般产品要高出很多,因而市场升值幅度大,企业获利高。

附加价值有一个产生的过程,即通过人或者人造物的制造、加工、参与,改变物体的性质、形态、功能、位置,从而能够更满足人的需求,带来更多的愉悦感和更高的满意度,使产品或服务的价值增加,这样的过程就是附加价值产生的过程。从哈佛大学出版社出版的《企业管理百科全书》中,我们可以发现其对附加价值的产生给出的如下解释:附加价值是企业通过生产过程所新增加的价值或者从企业的销售额中扣除供生产之用而自其他企业购入的原材料成本，也就是企业的纯生产额。附加价值的产生包括两个方面：一是通过企业的内部生产活动等创造的；二是通过市场战略在流通领域创造的。

创新产品之所以有超常价值或高附加值，首先是科技含量高，产品的高附加值，最重要的来自科技含量，比如市场上还没有同类产品，或其他同类产品没有这样的功能，或具有其他产品没有的制造工艺等。只有科技含量创造的价值才是高附加值。如今，芯片被称为"工业粮食"，芯片产业链主要包括芯片设计、晶圆制造与封装测试三大环节。制造晶圆离不开材料和设备。在半导体材料、半导体设备这两大半导体产业支撑性行业中，我国受制于人的程度也相当严峻。以石英砂为原料制成的芯片，瓶盖大小的一枚就可以售出上百美元，就是因为科技含量高。中国的芯片仍高度依赖进口，据中国海关总署 2022 年 1 月 14 日公布的数据，2021 年，中国集成电路进口额继续高速上涨，全年进口金额达到了 27934.8 亿人民币。在半导体设备领域，欧美日企业占据主导地位，而中国半导体设备的全球占比只有 2%。目前，中国半导体设备的自给率还不到 10%。其中在 EUV 光刻机领域，我国的自给率更是为 0。也正是因为 EUV 光刻机的缺失，我国企业才难以攻破 7 nm 芯片。EUV 光刻机价格昂贵，如今每台售价高达 3 亿多美元，因凝结了世界顶尖的技术，是西方国家集集体之力研制而成的。

高附加值的产品还在于流通领域的创新，比如，包装与服务创新等就属于此类。服务创新是提高产品附加值最重要的手段。服务让消费者通过购买产品来享受产品附加值带来的快感和特殊满足感，让消费者感受到物有所值，或者通过产品附加值来忽略产品本身的小缺陷，这时，产品本身的价格和最初用途就不再是购买产品的首要因素。此外，增加附加值的另外一种方式，也是最简单的方法之一就是改善产品的外包装。随着外包装的升级，产品的附加值自然会增加。发达国家的奢侈品品牌，因为品质和品牌，以及背后有故事等，从而大大增加附加价值，并能获得超额回报。

再以数字经济为例，有学者将上述增加附加值的两大方面概括为增量创新和赋能创新。增量创新是指由信息、计算、沟通和连接这些全新数字技术引发的创新（包括单元技术创新和技术组合创新），为经济和社会创造技术增量、价值增量。赋能创新是指由数字技术与原有农业、制造业和服务业深度融合引发的创新，实现传统产业的数字化发展，为经济和社会创造价值增量。增量创新和赋能创新是紧密结合在一起的，在实际价值评估中很难分开。比如，医疗健康、数字教育、纳米材料等创新型产业，既有数字技术本身的创新，也有传统产业与数字技术深度融合的创新。2020年新型冠状病毒疫情暴发之后，长三角医疗健康产业中的各类医院与微医、微脉、春雨医生等平台公司，以及与阿里云、每日互动等数据公司相互融合，建立了"产业创新生态系统"，该系统就是增量创新与赋能创新共同作用的结果，解决了跨区域远程治疗，实现了医疗服务的共联共享。

产品的高附加值来自创新（科技的或市场的），而创新的承担者是创新劳动者，因此产品高附加值背后的另一个重要因素，是从事创新劳动的劳动力的超高价值。劳动力价值是经济学的重要概念，马克思曾分析了资本主义条件下劳动力价值的构成，提出了劳动价值论和剩余价值论。按其理论逻辑，我们可以推论出当代创新劳动力的价值构成，即在创新劳动者应得价值中，理论上应该包括创新劳动力，即从事创新劳动的劳动力生产再生产所需生存资料、发展资料、享受资料的价值和其创新成果知识产权价值以及风险、奖励价值。也就是说，从事创新劳动的劳动力价值高，必然导致创新劳动有高附加值。当然，马克思在其科学的工资理论中，把劳动力价值与劳动价值区别开。在资本主义社会，劳动力的价值是用工资表现的，工资是劳动力价值的货币表现，或者说是劳动力价值或价格的转化形式。马克思还对简单商品生产的简单劳动和复杂劳动作了科学的说明，阐明了资本主义商品生产的简单劳动与复杂劳动的差别，从而说明复杂劳动的劳动力价值的构成。尽管马克思没有提到创新劳动力的价值问题，但其对复杂劳动的论述却给我们很大的启示。

简单劳动是指不需要经过专门训练，一般劳动者都能胜任的劳动。简单劳动是简单劳动力的耗费，所谓简单劳动力，是指几乎没有耗费劳动教育或劳动训练的劳动力。简单劳动力价值小于复杂劳动力价值。简单劳动在同一劳动时间内所具有的劳动量小于复杂劳动，它所生产的商品价值小于复杂劳动生产的商品价值。马克思不是把在相同的劳动时间内，复杂劳动具有的劳动量大于简单劳动看作复杂劳动价值高于简单劳动的价值，而是认为复杂劳动是比重较大的劳动，它所生产的产品价值大于简单劳动生产的产品价值。而复杂劳动之所以是比重较大的劳动，则是由于其劳动者是经过专门教育或训练的、从而具有技能和技巧的复杂劳动力耗费。

马克思关于从事复杂劳动比从事简单劳动的劳动力具有较高的价值的

原话是这样说的:"既然这种劳动力的价值较高,它也表现为较高级的劳动,也就在同样长的时间内对象化为较多的价值。"① 由此,我们可以类推到创新劳动上,即如果从事复杂劳动的劳动力比从事简单劳动的劳动力的价值较高,并能在同样长的时间内物化较多的价值,那么同理,从事创新劳动的劳动力比从事简单劳动的劳动力,就具有更高的价值,即从事创新劳动的劳动力要比从事重复劳动的劳动力,具有更高的价值,能够在相同的时间内,甚至更短的时间内物化更多的价值。

今天,国与国之间的经济竞争落实到微观层面主要依靠企业来实现,当我国企业在某一领域获得优势,对美国企业形成挑战,美国企业的附加价值空间缩小时,国家层面打压中国就成为美国等发达国家的必然选择。在所有被打压的企业中,华为无疑是最突出的一家。华为手机业务对美国苹果公司形成巨大挑战,并且还有进一步增长的空间。最关键的是,华为不只有手机业务,还在各个领域成就斐然,5G领域更是独树一帜。手机业务能够形成稳定的现金流,并且是个人智能终端核心,加上两三年就会更新换代一次,对一家企业来说至关重要。正是从这个角度出发,美国不仅打压华为,还限制我国芯片发展,为美国企业留出更大空间,保障其能够继续获得超高的附加价值。不管是列入实体名单还是直接制裁,美国打压的,多是我国优秀的企业和大学,前者产品与美国企业形成竞争,挑战美国科技地位,后者则为我国培养优秀人才,科研成果助推经济发展。这也从一个侧面说明创新劳动力的价值受到重视的程度。

事实上,低附加值制造业离开美国,是美国在全球化条件下的主动选择。在高端制造业上,美国不仅从来没有放弃,并且还在不断加强对全球的控制。近年来,随着发达国家制造业进一步向高智能、环保、可持续方向发展,美国再次作为这一转型的领跑者,在制造业各产业链的顶端发力。2019年,美国制造业增加值为2.34万亿美元,超过整个欧盟的2.316万亿美元。这个规模虽然被中国超过(2020年中国制造业规模为4.83万亿美元,目前大约是美国的2倍),但是如果考虑到美国牢牢地掌控着全球制造业的设计、研发、融资等一系列核心高端环节,毫无疑问,美国仍是当今世界处于第一梯队的制造强国。长期以来,美国制造业在历经升级换代、淘汰夕阳工业的同时,一直在朝着知识技术密集型的方向大步发

---

① 马克思. 资本论: 第1卷 [M]. 中共中央马克思恩格斯列宁斯大林著作编译局, 编译. 北京: 人民出版社, 2004: 230.

展，在包括生物、化学、医药医疗、机械制造、精密仪器、航天航空、交通、绿色工业、视频、军工、能源、基础材料、软件设计等众多领域，始终保持着世界领先的优越地位，不仅产值规模一直在稳定增长，并且企业大都集中于产业链的高端位置，其背后的基础研究实力也让世界上绝大多数国家望尘莫及。

2. 关于劳动的价值衡量

创新劳动具有超常价值，但要具体衡量这个价值的大小却不是一件容易的事情，人的具体的劳动过程非常复杂，有体力劳动（主要劳动器官是人类机体的运动系统），有脑力劳动（主要劳动器官是人类机体的大脑神经系统）。各种劳动由于劳动者、劳动工具、劳动对象和劳动环境等不同，劳动的内容和形式存在很大的差异，如果单纯地采用某种人的脑髓、神经、肌肉、感官等方面的运动情况的物理学或化学指标来反映和描述人的劳动耗费量，将会具有很大的偏差性和局限性。

价值的衡量首先与交换有关。交换是从人类的无偿占有中产生出来的一种新型物质交往关系。随着这种交往关系的发展和扩大，人们自然就提出一个问题，那就是如何保持交换的公平性。渐渐地，人们的思路和视角开始由交换领域转向生产领域，人们朦胧地感觉到劳动、费用、生产成本的普遍存在。当然这都是商品生产不可缺少的要素，这也是隐藏在交换背后的东西。并且成本、费用的量也是直观的，可以看得见、摸得着的，更重要的是交换结果一旦低于成本、费用的量，商品生产将无法继续下去。因此人们把劳动（成本、费用）看成维系交换的本质的东西几乎是顺理成章的事了。到17世纪中叶，英国经济学家威廉·配第首次提出，不仅仅用劳动，而且用劳动时间来解释价值。配第开创性的工作，使后继者接踵而至。亚当·斯密、大卫·李嘉图把用劳动来决定价值的想法向前推进了一大步，他们建立了劳动价值论的一些基本范畴，以及一个并不完美的劳动价值论体系。直到马克思创立了马克思主义的劳动价值理论，才真正解决了劳动的价值衡量问题。

马克思先从分析商品开始，接下来就给商品规定了一个两重性，即使用价值和交换价值（价值是交换价值的内容和基础）。根据商品的两重性，马克思进而推断出人的劳动也有两重性，即具体劳动和抽象劳动。具体劳动就是制造具体效用物的劳动，而抽象劳动就是抛开具体劳动内容的仅仅有劳动概念的劳动。创造出具体劳动和抽象劳动后，马克思进而肯定商品的使用价值就是由具体劳动创造的，而商品的交换价值就是由抽象劳动创造的。既然仅仅是抽象劳动创造价值，于是就直接把具体劳动抛开了，马克思说："如果把商品体的使用价值（效用）撇开，商品体就只剩下一个属性即劳动产品这个属性。"① 既然价值由劳动决定，那么劳动就应该是可以计量的。

劳动怎么计量呢？马克思认为，劳动本身的量是用劳动的持续时间来计量的，而劳动时间又用一定的时间单位如小时、日等作尺度。也就是说，马克思找到了计量劳动的工具和计量单位，这就是时间和时间单位。于是我们就可以根据一个人的劳动时间直接来度量他的劳动成果（物）的价值大小。但是马克思还必须解决这样一个矛盾——"劳动-价值悖反律"。如果劳动是价值的本体，劳动时间又是度量价值的工具尺度，那么劳动时间越长，价值就应该越大，劳动时间越短，价值也就越小。可现实与人的经验相反：制作同样一件东西，花费时间越长，不见得价值越大，相反，花费时间越少，也不见得价值越小，有时还相反。马克思是用这样的办法来摆脱陷入的困境的：价值决定于劳动时间，但不是决定于单个人的即个别劳动时间，而是决定于"社会必要劳动时间"。不难看出，这个所谓"社会必要劳动时间"其实是一个平均数，就是平均生产条件、平均技术水平、平均劳动强度。具备了这"三个平均"，生产出来的产品就是一个标准的价值产品。

当然，还有一个小问题，就是劳动是各种各样的，或者说是不同质的，怎样对它们进行直接的比较呢？比如，石匠与石雕艺术家，从表面上看，他们都同样是与石头打交道，但有本质的区别。怎么能拿时间作尺度，去衡量他们的不一样的劳动呢？马克思的办法是将它们划分成简单劳动与复杂劳动，并说复杂劳动是简单劳动的"自乘"或"倍加"。那么谁来决定对复杂劳动进行倍加或自乘呢？马克思说，其实这不是由生产者自己直接进行比较的，而是由社会，或者说，是由市场来决定的。石雕艺术品卖出的价格比石匠卖出产品的价格高多少，就是它的"倍加"或"自乘"。马克思在《资本论》第一章第二节的原话是这样说的："商品价值体现的是人类劳动本身，是一般人类劳动的耗费。正如在资产阶级社会里，将军或银行家扮演着重要的角色，而工人本身则扮演极卑微的角色一样，

---

① 马克思, 恩格斯. 马克思恩格斯文集：第5卷［M］. 中共中央马克思恩格斯列宁斯大林著作编译局, 编译. 北京：人民出版社, 2009：57.

人类劳动在这里也是这样。它是每个没有任何专长的普通人的机体平均具有的简单劳动力的耗费。简单平均劳动本身虽然在不同的国家和不同的文化时代具有不同的性质，但在一定的社会里是一定的。比较复杂的劳动只是自乘的或不如说多倍的简单劳动，因此，少量的复杂劳动等于多量的简单劳动。"①

3. 创新劳动的价值衡量

马克思所处的时代，还是资本主义工业化初期，创新劳动还没有成为显现的形式，即人类劳动的创造性和创新劳动所创造的价值，在含量上具有超大性这样的规律，并没有显现出和被人们完全认识到，当时的经济学者也不可能去深入剖析研究。尽管马克思说过，"生产力中也包括科学"，恩格斯在马克思墓前的讲话中也指出："在马克思看来，科学是一种在历史上起推动作用的、革命的力量。"而恩格斯本人在《英国工人阶级状况》一书中也提出这样的观点："分工，水力特别是蒸汽力的利用，机器的应用，这就是从18世纪中叶起工业用来摇撼旧世界基础的三个伟大的杠杆。"但当时更多的还是属于定性分析，即使到20世纪初期熊彼特提出创新理论的时候，创新的研究也仍是处于定性分析的状态。

事实上，创新劳动的价值本身就具有潜在性，且这种潜在的存量价值已经处于"可激活状态"，只要有现实需要或市场需求的激发，它就可以不断通过重复劳动而释放出来。也就是说，超常价值产品或者说高附加值产品其价值形态所具有的潜在性，意味着任何超常价值在没有释放出来之前，无论其价值含量多么巨大，它都以正常价值标准和尺度无法直接衡量和测算的潜在状态，存在于创新劳动者发现、发明和创造的人类尚未有或部分尚未有新质使用价值中。只有经过重复劳动，使创新成果变成标准化、批量化商品，并实现销售，这种潜在的超常价值才能够释放和显现出来，转化为正常价值的标准与尺度精确衡量和计算。这也正是为什么创新劳动价值难以衡量的原因之一。

劳动价值论将价值的创造归于人的抽象劳动，强调了劳动者在劳动过程中的能动性与主体地位。在科技革命时代、创新驱动发展的时代，或者说在数字经济时代，我们仍要坚持马克思主义的劳动价值论，坚持劳动价

---

① 马克思，恩格斯. 马克思恩格斯文集：第5卷［M］. 中共中央马克思恩格斯列宁斯大林著作编译局，编译. 北京：人民出版社，2009：58.

值论与劳动者的主体地位,有利于充分解放与促进科技人才、创新人才,包括数字劳动者的个性与创造性发挥。但我们也遇到一些难题,其中之一就是如何测算创新劳动所具有的潜在价值和显性价值。为此我们同样需要发展马克思主义,尤其是在中国,要坚持和发展中国化的马克思主义。

由于常规劳动更多的是量的累积的劳动,其价值才与劳动时间的量具有那么重要的关联性。而创新劳动的价值与劳动时间之间的关系在本质上是非线性的。其与劳动量的关联不是量的累积,而只是造成质的突破的必要时间进程。从原则上说,劳动的质与劳动的量之间是不能简单换算的,只是在特定条件下,两者之间的联系才具有某种程度的计量意义。也就是说,科学发现、技术发明和使发明商业化的创新,这类劳动创造各种新质使用价值所用的个别劳动时间之间缺乏可比性,即这些创新付出的时间代价不确定。且因为是唯一的,也就无所谓平均了,没有什么平均劳动时间的概念了,且在发现、发明和创新的不同时代、不同时期和不同国家、不同领域等不同时空范围,以及不同类型乃至不同项目的新质使用价值的个别劳动时间之间,根本形不成社会必要劳动时间。

一个经典故事,有一位名叫斯坦门茨的德国出生的美籍电机工程师、发明家,作为电机领域专家,对交流电系统的发展作出过巨大贡献。20世纪初,美国福特汽车公司正处于高速发展时期,一天,福特公司一台电机突然出了故障,导致车间无法正常运作。相关的生产工作被迫停了下来。公司调来大批检修工人反复检修,又请了许多专家来察看,可怎么也找不到问题出在哪儿,更谈不上维修了。福特公司于是将斯坦门茨请来。斯坦门茨要了一张席子铺在电机旁,聚精会神地听了3天,然后又要了梯子,爬上爬下忙了多时,最后在电机的一个部位用粉笔划了一道线,写下了几个字:"这里的线圈多绕了16圈。"公司技术人员按照他的建议拆开电机,按要求改进后,故障竟然排除了,生产也立刻恢复了。福特公司经理问斯坦门茨要多少酬金,斯坦门茨说:"不多,只需要1万美元。"1万美元?就只是简简单单画了一条线!当时福特公司最著名的薪酬口号就是"月薪5美元",这在当时是很高的工资待遇,以至于全美国许许多多经验丰富的技术工人和优秀的工程师为了这5美元月薪从各地纷纷涌来。斯坦门茨看大家迷惑不解,转身开了个账单:画一条线,1美元;知道在哪儿画线,9999美元。该故事的结局是:福特公司不仅照价付酬,还重金聘用了斯坦门茨。

今天，人类还不能攻克癌症，如果一旦有一天癌症被攻克，那么请问人类为此花费的时间如何估算呢？这包括哪些人的工作，多少年的工作？从哪个相关的基础研究开始来延续到最后计算呢？那可是个天文数字！况且即使是制成药物，因为是涉及挽救生命的，按照专利法，如果以"用于治病""用于诊断病""作为药物的应用"等这样的权利要求申请专利，则属于"疾病的诊断和治疗方法"，因此不能被批准，当然，药品及其制备方法均可依法授予专利。根据《中华人民共和国专利法》第二十五条规定，药品的制备方法是可以申请专利的，疾病的诊断和治疗方法是不可以申请专利的。这两者有明显区分。但是，如果是救命药品，参考《中华人民共和国专利法》第五十条规定，为了公共健康目的，对于取得专利权的药品，国务院专利行政部门可以给予制造并将其出口到符合中华人民共和国参加的有关的国际条约规定的国家或者地区的强制许可。即在涉及重大公共利益、公众安全的情况下，政府部门可以授权某些单位或个人使用已经授权的专利，无须获得所有权人许可。比如：非典时期或流感爆发时期，疫情已经严重危害到公众安全，某种药物对杀灭病毒有特效，政府部门就可以指定药厂按专利授权的方法进行生产，无须取得专利所有权人同意。以上事实只是想说明，创新劳动价值测量的难度，甚至测量的意义、测量标准等都有其特殊性。

总之，创新劳动的价值评估与下述事实密切相关。第一，创新劳动所具有的一些重要性质与常规劳动的性质完全不同。主要表现在，创新劳动既不是瞬间发生在个人头脑中的观念，也不是某一特殊瞬间的劳动创造了巨大的价值。第二，创新劳动不能只以劳动的量而必须以劳动的质来度量。第三，由于不存在"创新劳动的抽象劳动"，由于创新劳动价值与劳动时间之间的非线性相关，对创新劳动的价值而言，与之相关的更重要因素应当是劳动的质。即常规劳动价值的生成与劳动量线性相关，而创新劳动价值的生成则主要取决于劳动的质。第四，作为量的劳动价值除了活劳动之外，还有其凝聚态——资本和生产资料。作为质的劳动价值，除了创造性活动本身之外，还有作为其凝聚态的知识、观念、制度安排及教育和管理方式等。作为量的劳动的凝聚态，主要是物质的和能量的，作为质的劳动的凝聚态，主要是信息的、思想观念的。例如，管理者的劳动之所以有时候具有更为重要的意义，不仅因为他们要创造一个好的生产和经营状态，更重要的是，"管理"在商品生产和市场需求之间——也就是在价值创造中扮演着关键角色。

由于量的积累和质的创造的不同性质，常规劳动价值与创新劳动价值具有不同的特点。与劳动价值量的计量相关，创新劳动价值的计量一定有其新的方式。马克思在当时的历史条件下提出的"社会平均劳动时间"，即社会必要劳动时间这一概念，主要是用于衡量和测算重复劳动所创造的正常价值的，而没有来得及具体研究创新劳动所创造的超常价值的衡量和测算问题。因此，在这种新质使用价值尚未通过重复劳动形式标准化、批量化和商品化产品之前，难以找出"在现有的社会正常的生产条件下，在社会平均的劳动熟练程度和劳动强度下制造某种使用价值所需要的劳动时间"用以衡量和测算其超常价值。

马克思的《资本论》第一卷是在 1867 年出版的，其实马克思的《资本论》写了 40 年都没有写完。从 1867 年第一卷出版至今已经过去了 150 多年，这一百多年间，世界已经发生天翻地覆的巨变。马克思劳动价值论依据的历史经验材料——按马克思本人所言，"主要用英国作为例证"，即 19 世纪中后期英国资本主义状况。今天的社会发生了何等翻天覆地的变化！新情况、新动态、新发展，不断给马克思的劳动价值论提出新的问题和新的挑战。

这些变化至少有以下几点：一是科技革命和信息革命，使科技因素在生产活动中的地位、作用发生了根本性变化；二是劳动的形式及其作用方式发生了深刻变化；三是资本和劳动之间的矛盾形式出现了非常复杂的情况；四是资本主义社会资本家获取剩余价值及其利润的实现形式也发生变化；五是国内外一些相关的理论博弈正在争锋相持，特别是关于劳动创造价值与非劳动要素在价值创造中的地位和作用问题；等等。

意大利马克思主义哲学家，经典著作《帝国》的作者之一安东尼奥·奈格里，对此问题提出了自己的见解，他说："过去关于资本主义的论述，总是从无产阶级的自由解放视角来看的。但如今，正如马克思在《1857—1858 年经济学手稿》中描述的那样，财富的来源越来越不依赖于工人的劳动时间及其数量，而是越来越取决于参与劳动过程的各种力量，例如，劳动者在劳动过程中直接参与的劳动，已经被科学和技术的具体应用与运作状态所取代。因此，以工人的直接劳动为生产核心要素的时代已经完结，以劳动时间来衡量剩余价值的价值规律的时代也已经完结了。"①

---

① 马克思的《大纲》与当代资本主义：纪念马克思《1857—1858 年经济学手稿》160 周年[EB/OL].（2019-03-18）[2022-09-05]. http://www.cssn.cn/mkszy/gwmkzy/201903/t20190318_4849322.shtml? COLLCC=2491351465.

但同时，奈格里又充分肯定了马克思劳动价值论的当代意义，他说："资本主义仍然是一个矛盾的过程。这一矛盾体现在，一方面，以劳动时间来衡量的剩余价值显然受到了冲击；但另一方面，资本主义仍然将劳动的价值规律延续了下来。资本不仅投入了各种力量，比如自然力量、科学技术力量等，同时也涉及各种社会关系的投入。一方面，创造财富的活动发生了现实变化，越来越不利于传统的劳动时间衡量模式；另一方面，在资本增殖过程中发挥作用的社会力量，就潜藏在保存价值所必要的前提条件中。那么，社会力量不仅是马克思所说的资本生产的前提条件，而且也是超越资本主义现阶段、蕴含革命可能性的地方。"①

在这种历史条件下，亟须在当代人类社会实践的基础上，进行劳动价值理论的创新发展。其中基础理论之一就是创新劳动的价值计量问题，而这一问题近年来一直是经济学研究热点，且已取得了丰硕成果。我国的许多学者提出了很多有创见的理论和评价方式。2010年，赵培兴的著作《创新劳动价值论——论超常价值》出版，在这部有创见的著作中，作者提出了诸如新质使用价值、超常价值、超常剩余价值、劳动价值率、超常价值率等一系列新概念，并构建了他自己的理论体系，为我们科学地衡量创新劳动价值打下良好的基础。

他在书中阐述了如下颇有见地的观点：正常价值来源于人类重复劳动，而超常价值则来源于人类创新劳动；生产正常价值的是重复劳动的社会必要劳动时间，而生产超常价值的则是创新劳动者耗费的个别必要劳动时间；正常价值的实现是一次性的，而超常价值的实现则是多次性的；对正常价值必须进行精确量度，而对超常价值则必须进行模糊量度；重复劳动创造剩余价值，而创新劳动则创造超常剩余价值；重复劳动创造的正常价值和使用价值及其实现形成的综合价值，推动生产力和人类社会及其各领域发展与进步，而创新劳动创造的超常价值和新质使用价值及其实现形成的革命性综合价值，则推动生产力和人类社会及其各领域实现超常发展和革命性进步。②

2005年，山西大学科技哲学专业的博士研究生刘冠军完成了博士学位

---

① 马克思的《大纲》与当代资本主义：纪念马克思《1857—1858年经济学手稿》160周年［EB/OL］.（2019-03-18）[2022-09-05]. http://www.cssn.cn/mkszy/gwmkzy/201903/t20190318_4849322.shtml? COLLCC=2491351465.

② 赵培兴. 创新劳动价值论：论超常价值［M］. 北京：人民出版社，2010，7.

论文《现代科技劳动价值论研究》，该论文依据马克思劳动价值论的基本思想，将科技成果的价值源泉归于"科技劳动"这一人类的本质活动来进行系统分析，从而构建了一个较为系统的现代经济社会语境中的科技劳动价值论。在他创建的理论中，作者对科技劳动（包括创新劳动）的价值评估问题提出了大量有创建性的观点，对后续的研究给予很大的启发。诸如，现代企业在考虑科学和技术因素时价值生产和运行的"价值链"模式，"科学价值库"理论、科学价值库的价值累加效应、科学价值库的库存模型、科学在现代企业生产过程中实现价值增殖的实质、对"超额剩余价值"的重新解读、营造科技劳动创造价值的社会氛围，等等。[①]

4. 设计的价值如何被认识

从我们来到这个世界上，我们的生活中就没有缺少过设计的痕迹，我们生活中所遇到的一切非自然的东西，大到琳琅满目的建筑，小到居室的桌椅板凳，一切都源自设计。设计是丰富多彩的，从一个小小的螺栓到一幢规模宏大的建筑，它不会拘泥于形式，更不会亘古不变，同时设计的覆盖面同样广泛，工业、环境、建筑、室内、服装、平面、环艺广告、影视动画，可以说设计存在于生活中的每一个角落，也可以这样认为，我们目前所处的环境就是所有设计的综合的产物。并且设计是随我们的生活不断的发展而不断变化的，或许有一天，地球会被作为一个设计的项目，所有地球上的环境、建筑等一系列的事物都会被重新规划，形成规模庞大的地球村设计。

然而在以往的社会认知中，设计似乎不属于科技范畴，设计劳动也不属于科技劳动，也似乎不属于常规劳动范畴，它的独立性不够，是依附于其他劳动形式之中，比如建筑设计依附于建筑劳动之中，广告设计依附于产生营销环节之中，因此，其价值也就没有被认可或者单独被计算。实际上，设计活动是一种重要的创新劳动，且其价值会越来越被社会所重视。

什么是设计？设计是一种有意识、有动机、积极主观的解决功能、创造市场、影响社会、改变行为的创造行为。设计面向大众，设计是艺术与技术的结合，是艺术与生活的结合。网络上曾有篇文章《你知道吗？设计师的春天已然来临》，作者提出，在当下以及未来社会审美提升的情况下，

---

[①] https：//kns. cnki. net/kcms/detail/detail. aspx? dbcode = CDFD&dbname = CDFD9908&filename = 2005113931. nh&uniplatform = NZKPT&v = kPGw_ gEtgWjzUzbwVj - H4zbAxCN3Xreyo12KC_ VZ7Ku1y5IXutnk9uYjrvKTIRXL

设计的价值将被更多人理解和接受。当然，在对未来这个行业的前景持乐观态度的同时，作者也承认，设计还不得不面对大量甲方对于设计价值认可度低的现实。设计的价值被认识会是一个较长的改变过程。

人类的设计由来已久，从最原始的劳动工具发展到现代的高档艺术消费品，从解决基本的使用功能到如今的纯精神满足，设计活动满足使用功能的同时，设计满足精神功能的特征更显得强大。从历史上看，人类处于机械化时代，机器代替了人，工厂不需要思考，人也不需要思考，为追求批量化，一切只需要无限的重复操作而已。于是出现了工业化与艺术水火不容的局面：一方面工业生产一味关注技术和机械，另一方面艺术家对平民日用品漠不关心，这也直接导致了产品的粗制滥造和审美失落。直到19世纪80年代，欧洲出现了一批艺术家，他们没有一味地逃避工业革命，而是试图在艺术与科技之间找到一个平衡点，这就是影响至深的"新艺术运动"。新艺术运动主张艺术家从事产品设计，以此实现技术与艺术的统一。艺术家们对于设计功能性的探索和对陈旧装饰的厌恶，极大程度上带动了社会公众，特别是上流社会对有品位、好用的设计的憧憬，为之后现代设计的出现奠定了基础。

现代设计与人类生活已是密切相关了，设计可谓是与生活息息相联，在生活里任何一个角落都能看到设计的影子，每个人总是在不经意间与设计发生着这样那样的关系。21世纪全球化的进程日益加快，现代设计在推动现代人类文明的过程中担负重任，设计渗透于人类生活的各个方面，衣、食、住、行、学习、工作、社会交流、旅游娱乐等。现代设计概念中丰富的信息，在全球化浪潮的作用下占据着人类的物质生活和精神生活。随着人类文明的进步，人类生产力的提高，现代设计活跃于人类生活的各个方面。物质的相对丰富，人们对生活质量的要求也越来越高，设计满足人类的物质需求和精神要求，肩负着提高人类生活质量的重任，并且深刻影响着人类生活。

创新是设计的本质要求，也是时代的要求，创新设计已是现代设计的基本标志。创新设计是指充分发挥设计者的创造力，利用人类已有的相关科技成果进行创新构思，设计出具有科学性、创造性、新颖性及实用成果性的一种实践活动。创新理念与设计实践的结合，发挥创造性的思维，将科学、技术、文化、艺术、社会、经济融汇在设计之中，设计出具有新颖性、创造性和实用性的新产品。

设计也在创造或者塑造着文化。设计创造出本不存在的具体器物，器物的背后则体现着人们对生活的不同认识和态度，并在体现这种精神因素的同时以具体的器物存在设定人们的日常行为，从而引起人们生活方式的变化。可以说，文化的沿革正是经过有意或无意的"设计"而实际地进行的。设计是在创造新的文化，由于文化的延续性，就需要从文化的传统中找到创造的依据。这或许就是设计灵感的源泉之一和设计者关心文化的动机所在。换言之，文化是来源于人们所生活的环境里精神的共性，这从另一方面更证明了设计的灵感与动机都是来源于与人们最为密切相关的生活中的。

设计活动如此重要，但面临的尴尬就是其价值难以被衡量和认识。设计这种创新劳动为什么难以评估其价值呢？首先是因为设计是一种服务型劳动，输出的就是想法和创意，它实际产生的价值很难量化评估，所以现在设计在市场上很被动，设计师也不知道自己的设计到底能有怎样的价值。这个也很正常，在今天的社会，设计、想法要有价值，需要能力、资源加持。

也正因为设计价值难以量化，社会上就出现了觉得设计很廉价的认知：不就是花点时间，做个图嘛！

"同学，有时间没？我有个LOGO，帮我设计一下，请你吃个饭。"听到这话，设计师可能会非常生气，说这话的同学还觉得你矫情，就花了一两天，动动电脑，请你吃个大餐你还想怎样！即使是标准的商业操作，合同的甲方可能也是这样想的，你不就是在电脑上这里摸下那里摸下，设计费就到手了，钱这么好赚？不行，得让你改改，要有加班证明你真的有努力。设计师加班熬夜，很多人看来就是博同情，自己感动自己，搞得全行业甚至全世界都觉得设计师就是熬夜的、加班的。

设计行业出现的这种种现象，很多都与设计这种创新劳动的输出价值不能被量化有关。我们需要想办法将设计的输出结果进行量化，正如其他行业一样，设计这个行业，必然也分高中低端。每一个设计机构或者设计师都有不同的收费标准，他们往往会根据自己的出品能力、公司规模、过往案例等，作为收费的标准。从大的层面上，设计费的构成可以分成三种，一是时间成本，二是智慧成本，三是品牌溢价成本。

但如何衡量这三个方面呢？很多设计师对自己的设计输出价值不能量化，也不知道怎么量化，这个也是事实。时间成本很容易理解，就是在一个项目上，需要花费的人工。这个人工成本是能算得出账的。但创意成本如何计算呢？好的创意和平庸的创意差异反映在价值上又如何衡量呢？此外，设计的价值还体现在设计会产生的后果方面。比如要设计一个营销海报，要评估这个活动达到什么效果及投入多少费用。设计一个产品，肯定有销量预估，达到一个什么目的。假如甲方也不知道呢？这就需要设计者帮他一起梳理出这个项目的价值在哪里，这已经是设计活动很重要的一部分工作了。设计师和设计单位要和甲方一起评估确认其要设计方案输出后的目标，产生的价值，然后用这个价值来量化设计服务。也就是说，要改变设计的服务收费模式，不能以现在这种投入了多少人工、时间来计算设计服务和费用。而是要以设计项目产出的影响、后果来评估量化设计的价值和费用。事实上，不仅仅是设计，像咨询、教学等方面的创新劳动都存在价值难以评估的问题。

5. 超专业分工论

创新劳动的超常价值是如何取得的呢？其价值源泉来自哪里呢？正如上述分析，超常价值与新产品具有高附加值有关，但同时，也与通过技术和管理创新提高生产效率密切相关。也就是说，创新劳动创造价值的源泉是多方面的。首先，它创造出新的生产条件，产生新的生产函数（如熊彼特所言），马克思更是说过一句名言："随着大工业的发展，现实财富的创造较少地取决于劳动时间和已耗费的劳动量，较多地取决于在劳动时间所运用的动因的力量。而这种动因自身——它们的巨大效率——又和生产它所花费的直接劳动时间不成比例，相反的却取决于一般的科学水平和技术进步，或者说取决于一般的科学在生产上的运用。"[①] 看看今天人工智能的广泛运用，再看看当代世界财富增长的状况，我们就不难理解马克思说的"较少地取决于劳动时间"的发展趋势了。在当代很多国家，劳动力数量增长越来越停滞，经济增长速度越来越缓慢，但是财富创造（使用价值创造）并未越来越少，仍是越来越多。其次，它创造出新的管理方式。管理方式的创新同样能创造价值。正如马克思所说，"不仅通过协作提高了个人生产力，而且创造了一种生产力，……随着许多雇佣工人的协作，资本的指挥发展成为劳动过程本身的进行所必要的条件，成为实际的生产条

---

① 马克思，恩格斯. 马克思恩格斯文集：第 5 卷 [M]. 中共中央马克思恩格斯列宁斯大林著作编译局，编译. 北京：人民出版社，2009：195-196.

件。现在，在生产场所不能缺少资本家的命令，就像在战场上不能缺少将军的命令一样。"①

马克思上述话语涉及如下思想：大工业和科技进步促进了现实财富的增长，即经济的增长，同时财富和经济的增长也与管理创新引起的劳动分工有关。分工产生效能，分工促使新技术出现，分工和专业化使劳动生产率数以百倍和千倍地提高，从而社会通过新技术来创造价值。今天，人类的劳动已经进入智能化时代，互联网和物联网已经渗透到各个领域和方面，成为经济微观和宏观运行的密不可分的载体和工具，这导致人们将原本出现在赛博空间中的集体智慧认知方式向社会劳动分工迁移，因而出现了超专业化现象。

所谓超专业化，是指在互联网条件下，因超链接的存在使得个体的具体劳动能够让他人方便地跨界切入，从而共同完成。超专业化意味着什么呢？它意味着，以往的个体的创新劳动，或者必须由个体创新劳动才能完成的工作，实际成了集体的创新劳动，由集体创新劳动共同完成。这样一来，创新的价值创造方式和价值计算就与以往工业时代有很大的不同，这必将催生出新的价值理论。

信息爆炸的时代，我们面临问题的复杂度也在呈现指数级的变化，真正能够破局的智慧往往蕴藏在民间，人民群众才是历史的创造者，我们需要将所面对的劳动链接到群体的深层智慧，不断地激活群体创造能力，将个体创新劳动变为集体创新劳动，这样才有可能让真正意义上的颠覆式创新发生，在复杂困境中走出一条创新之路。

亚当·斯密曾经对工业化社会的劳动分工的价值给予了经济学上最深刻的肯定性评价。其劳动分工理论与货币理论、分配理论、资本积累理论、税赋理论等一起构成了现代市场经济的基石。但斯密的劳动分工理论是基于传统工业、常规劳动而产生的，在现代智能化社会，由于互联网的存在，一种基于虚拟链接关系而形成的劳动分工开始显现出来，呈现给我们一种全新的、突破传统产品生产的线性的分工逻辑。物联网更是以其强大的深度感知能力，创造了物与物、人与物的广泛联系，使人们可以方便地切入工作的每一个细节中，于是，人类就进入到了一个超专业化的时代。

---

① 马克思，恩格斯. 马克思恩格斯文集：第5卷[M]. 中共中央马克思恩格斯列宁斯大林著作编译局，编译. 北京：人民出版社，2009：278-284.

超专业化并不是指将工作外包给其他公司，或者将自己的工作分配给其他人，或分配到其他地方，即把以前一个人做的工作分解成几个人来完成的更专业的工作，即表现为工作的一种细致化状态。因为这种分配还是自己专业的延伸，自己本可以做，只是由于成本和时间等原因，出于经济考量就不做了，这基本还是所谓"寻找外脑""借助外脑"模式。而超专业化意味着自己根本就不会做，要利用集体的创新劳动来完成。超专业化劳动通过虚拟连接技术与虚拟平台，能够让拥有不同知识背景的人进行跨界合作，从而突破线性逻辑和时空局限。

超专业化劳动分工的形成，首先在于集体智慧和集体创造力的存在，让智能化社会的劳动生产可以基于互联网从事跨界性的合作工作。在工业化劳动生产条件下，不同个体、群体或者国家可以利用特定的比较优势从事特定的产品设计、创新、生产，从而通过产品交换获得收益。从宏观讲，这种劳动分工可以创造更大的社会效益。当年亚当·斯密在论述其劳动分工理论时，主要是将着眼点放在社会产品意义的劳动分工上，并没有重点考虑富有知识含量的具体工作或者说具体劳动形态的细分，即对创新劳动的细分。

事实上，在现实社会中，一个人的具体工作因为知识和技能的跨界因素存在，往往无法独立完成。即使对于快递这样一项简单的劳动来讲，都存在着类似的问题，快递的实时定位通常并不是快递员能够解决的问题，他背后是强大的网络平台和算法的支持，而这算法背后有谁知道有多少人在"操劳"呢？以往，我们对于解决一个人无法完成工作的做法，通常都是找一些人来共同商量、共同解决，或完全求助他人。比如，在医疗过程中，医生面临着疑难杂症时常常需要专家会诊。但是这种做法因时空条件的限制，实施起来是非常有限的。在智能化条件下，因互联网甚至是物联网的存在，不同专业人员可以通过网络切入到同一个工作过程中去，形成跨界性的合作工作。

就是说，超专业化劳动的分工产生，首先是现实劳动存在大量创新劳动任务迫切需要完成；其次是人的创造力，特别是集体创造力的开发有了好的基础；再次是现代互联网技术为新分工创造了技术可能；最后是通过整合，实现基于集体智慧所存在的那种超链接的非线性的工作形式。无论是哪位研究者，在谈及互联网带来的群体智慧时，都会或多或少关注到互联网中个体之间的连接模式，无论他们如何描述这种模式，基本上都可以将其放在"社会网络"这样一个视野下。互联网上的社会网络的连接特性,首先是对等性、开放性。这种对等性、开放性为个体的自由参与提供了基础,也为信息与智慧的自由流动提供了多种"路由"。个体间的互补产生群体智慧,当多样化的群体聚集在一起时,集体智慧和能力就会远超个体。一个人懂一部分,一些人就懂一切。群体互动有助于激发利他行为。

2012年,两位美国学者尼古拉斯·克里斯塔基斯和詹姆斯·富勒出版了《大连接》一书。在这部著作中,作者提出,在我们人类社会,人与人之间是相互连接的。根据量子物理学最新研究成果——"量子纠缠"的原理,人与人之间的连接其实早已存在于精神和意识层面。只是人们以往没有认识到而已。随着互联网时代、移动互联网时代的到来,手机、手表等智能随身设备,将人与人之间的连接发展到可感应、可量化、可应用。借助现代移动互联网技术,不仅人与人之间可以连接,人与物之间、人与信息之间、人与自然之间,都可以形成连接。从而导致一个"大连接时代"的到来。两位作者在书中还提出了"网络人"这个概念。他们认为,从"经济人"假设角度看,人都是自利的,总是用最可能低的代价获得最多的个人好处。而从"网络人"假设角度看,人的本性中既有利他和惩罚,也有欲望和反感,人不会是完全自私的,也会考虑他人的幸福。[①]

对上述观点,我们还可以从自组织理论中找到解释,即系统的自组织机制使群体聚合从混沌走向秩序。尽管自组织理论最早研究的是自然界中的自组织现象,但后来人们也开始用它来研究人类社会。实践表明,在一些特定的社区或在特定的时间内,针对特定对象,网络中的自组织现象的确存在,这一机制一直在发挥着作用。例如,美国旧金山一家初创公司建立了一个能帮助和指导团队决策的在线平台。这个平台的创新之处在于它建立了一种我们意想不到的工作模式,即模仿蜂群的集体智能模式。该公司首席执行官说,在设计这个模式时,我们回到最基本的问题,即"大自然是如何增强和放大物种的群体智慧的?"大自然所做的就是建立实时系统,在这个系统中,动物团队通过反馈回路进行即时交互,比如蜜蜂就是如此。因此,蜂群集体智能模式是一种系统组织,组织中的个体相互推动和交流,汇聚它们各自的知识、智慧、洞察力和直觉于一体,因而形成最

---

① 尼古拉斯·克里斯塔基斯,詹姆斯·富勒. 大连接 [M]. 北京:中国人民大学出版社,2012:120.

佳的智力决策。

这种蜂群人工智能平台的运作模式是这样的：针对一个问题，平台通常向群组提出这个问题，并在屏幕的不同角落放置可能的答案。群组各用户需用鼠标控制一个虚拟磁石，互相争抢着把一个冰球拖向他们认为正确的答案处。这个系统的算法则分析每个用户与冰球的互动方式。例如，其对拖动冰球的信心有多大，或者当某人的观点处于少数时，其信心动摇的速度有多快，然后利用这些信息来确定冰球的移动方向。这就形成了每个用户都会受到其他人的选择和信念影响的反馈循环，从而使冰球最终会落脚于这个互动群体智慧的最佳选择处。

使用该产品的一些学术论文和知名客户进一步增强了这个蜂群人工智能平台的有效性。在最近的一项研究中，一组交易员被要求预测几个关键股市指数每周的波动曲线，方法是试图将冰球拖到四个答案的其中一个。这四个答案是：涨超过4%、跌超过4%、涨不到4%、跌不到4%。实验结果表明，使用该工具，他们的预测准确率提高了36%。

研究结果表明，将人类和人工智能的智慧结合在一起，有助于赋予人工智能技术更多的人性元素，从而更好地指导其决策。总部位于伦敦的一家初创企业建立了一个人工智能审核系统，该公司招募了2000多名专家，其中包括记者和研究人员，专门分析互联网上的某些信息，比如偏见、言论的可信度或仇恨言论等。然后，他们利用这一分析来训练一个自然语言处理智能系统，用来自动扫描网页中有问题的内容进行分析。该公司首席执行官认为，一旦有了经过训练的机器算法，就可以用于分析互联网上的数百万条内容。虽然该人工智能系统通常是在一次性过程中接受专家标记的数据训练，但专家不断更新训练数据，以确保人工智能算法能够跟上不断变化的媒体环境。他们还让公众对人工智能的输出作出反馈，这能确保人工智能不脱离现实，也不会存在固有偏见。

时下一种参与式设计在社会上广为流行。所谓参与式设计，是一种邀请所有相关人员（例如用户、员工、合作伙伴、公民、消费者等）参与设计过程，以更好地了解、满足并洞察他们的需求的设计方法。这同样可以理解为超专业的劳动分工形式。参与式设计是一种将用户带入设计核心过程的设计策略，也被称为"共同创造"、"共同设计"或"合作式设计"。它包含的方法不仅对项目的初始探索阶段有效，还能对后续构想阶段产生效果，促使产品、服务或体验的终端用户，在这两个阶段为他们共同设计的解决方案发挥积极作用。无论是为消费者、员工、服务供应商,还是为其他用户而设计时,当设计者摆脱为用户设计的想法而开始让各方面参与并一起设计时,则会产出更具创新性,并且以用户为中心的结果。

## 二、创新劳动的价值实现主体

### 1. 创新劳动的人才基础

人们通常认为,创新劳动的承担者是科学家、技术人员、工程师,也包括人文艺术领域的创作者、艺术家等。其实这样的认识并不全面,原因固然有传统的刻板印象,但同时也与人们对创新劳动的认识不够全面有关。从价值创造与实现角度看,创新劳动更强调价值的实现,创新劳动的承担者是每一个劳动者,既有科学家、发明家、企业家,也包括社会大众等普通劳动者;既包括有突出贡献的个体劳动者,也包括共同完成创新实现价值的群体劳动者。

当舆论还在炒作中国的发展是否会掉入"中等收入陷阱"时,我们似乎忘记了支撑一国经济发展的基础到底是什么。面对中国这些年经济的飞速发展,一些西方人出于意识形态偏见或出于妒忌,把中国的发展归于"假货横行""房地产泡沫"。他们忘记了,中国的快速发展与大多数西方国家经济起飞时期差不多,靠的也是技术进步和劳动生产率的大幅提高。未来,技术进步是否会继续支撑中国经济的发展呢?只有弄清这个问题,才能知道中国是否会掉入"中等收入陷阱"。

一个事实是,中国有着广泛技术创新群众基础和后备人才大军。中国工程院曾完成一项咨询研究项目——"世界顶级工学院战略研究",他们在报告中指出,我国每年培养的工程人才总量庞大,保持着全世界第一。中国工程教育全球规模最大,在92个本科专业类中,工科类占31个,占33.7%,工科在校生占33.3%,占全球38%。即每年工科毕业生总量超过世界工科毕业生总数的1/3。据国家统计局"中国创新指数研究"课题组测算,2020年中国创新指数达到242.6(以2005年为100),比上年增长6.4%;在4个分领域的21个评价指标中,有19个指标指数与上年相比有所提高。理工科毕业生是科技创新的潜在资源,"欧洲创新记分牌"等国际主流创新评价体系中也将这项作为重要监测指标。2020年,我国理工农医类毕业生达243.4万人,比上年增加17.2万人,增幅达7.6%,创2013

年以来的新高。还有一种非官方的统计说，中国每年理工科毕业生达到400多万，而美国是44万，这44万中一半还是国际生，在这个指标上我们大约是美国的10倍。当然，中国建设社会主义现代化强国对人才的数量和质量都提出更高的要求，我国高层次创新型工程技术人才仍明显不足。党的二十大报告提出实施人才强国战略，坚持尊重劳动，尊重知识，尊重人才，尊重创造，完善人才战略布局。

我国理工科学生已成创新的重要力量，其创新实践和科研攻关推动了国家发展。据2021年7月6日《中国日报》报道，500多名中国理工科研究生申请赴美签证时，被美使领馆以不符合美《移民和国籍法》为由拒签。500多名学生均为申请赴美攻读博士或硕士学位的研究生，大部分专业为电气电子工程、计算机、机械、化学、材料科学、生物医学等理工类专业。从以上新闻可以看出，美国拒签的中国学生所学的专业基本都是前沿学科，大量优秀的中国理工科学生去美国学成后返回祖国，来帮祖国进行建设，这是美国所害怕的。

仅仅看每年全国各类科技创新大赛和创新创业大赛的活跃程度，我们就会感受到中国青年知识分子对科技创新的热情，中国经济的未来就取决于这些青年人是否能坚守这份对科技创新的追求。对此，我们可以分别从社会层面和高校层面来分析。在社会层面的竞赛中，2012年12月，首届中国创新创业大赛全国总决赛在北京启动，这个大赛是由国家科技部、财政部、教育部、国家网信办和中华全国工商业联合会共同指导举办的一项以"科技创新，成就大业"为主题的全国性创业比赛。2020年"创客中国"消费品创新设计中小企业创新创业大赛启动，全国三维数字化创新设计大赛（简称：全国3D大赛，或3DDS，3D Design Show），是自2008年发起的在国家大力推进创新驱动、实现从"制造大国"到"创造大国"转变、大力发展互联网+和数字经济新时代开展的一项大型公益赛事，体现了科技进步和产业升级的要求，是大众创业、万众创新的具体实践。参加全国3D大赛的选手们大多数都是在校的学生，而且大多是名不见经传的普通大学的学生。虽然给他们打分的评委都是身经百战的名牌大学教授、该行业的专家，但参赛选手多是出自不知名的大学学生这件事本身就非常有意义。一流大学的学生们可能在做着当代前沿科学的研究，但普通大学的学生们却在埋头做着这些有可能大大改善我们制造业能力、有可能发现新的技术产品的事业。此外，全国青少年科技创新大赛（China Adolescents

Science & Technology Innovation Contest，CASTIC，简称创新大赛）更是一项具有30年历史的全国性青少年科技创新成果和科学探究项目的综合性科技竞赛。

在高校层面，1989年，由共青团中央、中国科协、教育部、全国学联组织的"挑战杯"中国大学生课外学术科技作品竞赛拉开了高校学科竞赛的序幕。自首届竞赛举办以来，"挑战杯"竞赛始终坚持"崇尚科学、追求真知、勤奋学习、锐意创新、迎接挑战"的宗旨，在促进青年创新人才成长、深化高校素质教育、推动经济社会发展等方面发挥了积极作用，在广大高校乃至社会上产生了广泛而良好的影响。2010年之后，特别是2015年在双创教育的浪潮中，更多的与创新创业有关的全国学科竞赛如雨后春笋般发展起来，其中影响最大的就是一年一度的中国互联网+全国大学生创新创业大赛（2019年第六届开始改名为国际"互联网+"大学生创新创业大赛），此外还有中美青年创客大赛、粤港澳大湾区创新创业大赛、iCAN国际创新创业大赛等。

1991—2006年这十五年间，学科竞赛开始进入缓慢的发展期，陆续有全国性大赛出现，但总体而言数量不多，据不完全统计，共产生全国性学科竞赛34项，不少竞赛至今仍欣欣向荣，呈现旺盛的生命力，如全国大学生电子设计竞赛（首届年份为1994年）、全国大学生数学建模竞赛（首届年份为1992年）、"挑战杯"中国大学生创业计划大赛（首届年份为1999年）、全国大学生机械创新设计大赛（首届年份为2004年）、全国大学生结构设计竞赛（首届年份为2005年）、"飞思卡尔"杯全国大学生智能汽车竞赛（首届年份为2006年）等。

2006—2010年这五年间，新增全国性学科竞赛数量达到85项，包括全国三维数字化创新设计大赛（首届年份为2007年）、全国大学生先进图形技能与创新大赛（首届年份为2008年）、全国大学生节能减排社会实践与科技竞赛（首届年份为2008年）、全国大学生工程训练综合能力竞赛（首届年份为2009年）、全国大学生机器人大赛（亚太赛）（首届年份为2009年）、全国计算机仿真大赛（首届年份为2010年）等。

从一定意义上讲，一个国家的竞争力并不取决于那些"高大上"的大学或企业，而在于民众参与国家建设的基础够不够雄厚，在于民众的积极性高不高。想当年，美国崛起之时，美国的制造业与农业的劳动生产率迅速超过了欧洲那些老牌工业化国家。其实，造成美国崛起的也并非那些名满天下的常青藤大学,而是美国各州普遍建立的州立大学。当时,美国各州都成立了自己的州立大学,而且大部分州立大学开始时只有两个科目,就是机械与农学。这些州立大学为美国培养了大量的工程师和农艺师,让美国的工业制造业与农业生产的质量大幅提升,一下子就追上了欧洲那些工业大国。

同理,中国的这些非名牌大学就如同当年美国的州立大学。它们培养出的人才虽然可能无法在科学尖端领域与外国竞争,但他们一定是中国制造业升级换代的坚实基础,一定会使中国的经济发展在未来有更稳固、更健康的基础。可以说,正是有了这些普通大学学生的创新精神和积极参与,创新劳动大军才能够真正形成,中国未来的发展才更加光明。

2. 万众创新与草根创业

2014年9月10日,李克强总理在夏季达沃斯论坛开幕式致辞中说,要破除一切束缚发展的体制机制障碍,让每个有创业意愿的人都有自主创业空间,让创新创造的血液在全社会自由流动,让自主发展精神蔚然成风。借改革创新的东风,在960万平方公里大地上掀起大众创业、草根创业的新浪潮,形成"万众创新""人人创新"的新势态。后来这句话就演变为"大众创业、万众创新",即"双创"。2018年12月20日,"双创"被选为2018年度十大流行语。

创新劳动是与大众创新创业或草根创新创业分不开的。其实,与"大众创业"相比,用"草根创业"一词更恰当,更能反映创新劳动的群众基础这一重要特征。大众和草根不仅仅是创新劳动的承担者,更重要的是,他们的创新劳动是真正推进经济增长的源泉。近年来,在社会学和文化学研究中,"草根"概念颇为流行,"草根"所指代的内容极其丰富。草根的草主要是指野草,野草虽然平凡但具有顽强的生命力;野草是阳光、水和土壤共同创造的生命;野草看似散漫无羁,但却生生不息,绵绵不绝;野草永远不会长成参天大树,但野草却因植根于大地而获得永生,野草的根是维持其生命所在,所谓野火烧不尽,春风吹又生,是说草根的顽强,生命力旺盛,也反映出草根的广泛,它遍布每一个角落。因此,草根已经远远超越生物学意义,已然成为一种社会精神和文化符号。

2014年发出的"大众创业、万众创新"的号召,标志着中国特色创新创业1.0时代的到来。自"双创"开展以来,创新创业越来越受到国家高度重视,保持着良好的发展趋势,创业群体向多元化延伸,全民"双创"

热情迸发。4 年之后，2018 年《国务院关于推动创新创业高质量发展打造"双创"升级版的意见》（国发〔2018〕32 号）的颁布，促使"大众创业、万众创新"持续向更大范围、更高层次和更深程度推进，实现了我国创新创业"从现象到机制"的跨越。创新创业平台的支撑能力不断攀升，创新创业生态体系全面优化，正迈向打造"双创"2.0 升级版的新阶段。

我国创新创业的版本升级为创新劳动在当代中国的扎根和全面展开打下了基础。这主要体现在以下五个方面。第一，创新主体方面，创新 1.0 是小众的科研人员、知识分子或专业人士的创新创业；创新 2.0 则是大众创业、万众创新。第二，创新载体方面，创新 1.0 是基于装备精良的实验室；创新 2.0 则是基于整个社会的实践平台。第三，创新方式方面，创新 1.0 是独立创新、封闭创新；创新 2.0 则更多体现出共同创新，开放创新。第四，创新导向方面，创新 1.0 是以数据为核心，以传统的技术、科研发展为导向；创新 2.0 则是全民导向的万众创新、协同创新，其创新范围更广，程度更深刻，培育经济新动能，引导经济向高质量发展方向变革。第五，创新基础方面，创新 2.0 正在成为知识社会条件下的草根创新形态，并影响了社会的草根化进程。草根文化现象，就是伴随着科学技术的进步、市场经济的发展、创新 2.0 形态的逐步形成、意识观念的革命引发的创新形态、社会形态变革及其带来的社会大众道德观念、爱好趣味、价值审美等变化，出现的文化多样化的发展趋势，在民间产生的大众平民文化现象。

近代以来，"持续的繁荣"一直是人类社会不懈追求的目标。反映在学术领域，与资本主义几乎同时诞生的经济学，自产生以来就一直将其作为核心的研究主题。从亚当·斯密的《国富论》到马克思的政治经济学，从凯恩斯的有效需求及扩张性财政政策到弗里德曼的货币主义，还有，芒德尔、拉弗等供给学派等，都在寻找繁荣的道理和路径。2006 年诺贝尔经济学奖获得者、美国哥伦比亚大学政治经济学教授费尔普斯，就是长期致力于研究经济增长理论的著名学者，这位有着在兰德公司工作经历的学者对持续繁荣的意义和原因进行了深刻的思考，其观点和理念最终浓缩成他 2013 年出版的一部名为《大繁荣》的著作中。

在《大繁荣》一书中，费尔普斯从历史角度分析了人类社会繁荣的原因。他首先提出一个问题，为什么经济繁荣能于 19 世纪 20 年代到 20 世纪 60 年代在某些国家爆发？它不但创造了规模空前的物质财富，还带来了人们的兴盛生活——越来越多的人获得了有意义的职业、自我实现和个人成长。费尔普斯分析了 18 世纪到 20 世纪这两百年间的西方经济史,详细展现了现代社会是如何在经济繁荣中孕育成熟的。费尔普斯认为,人类社会最持久的一段繁荣期是在 19 世纪初首先从英国开始爆发,这种繁荣此后在一个世纪内蔓延到了欧洲大陆以及北美。这样一种现象,曾被美国经济学家罗尔斯称为"经济起飞",费尔普斯则称之为"大繁荣"。

费尔普斯在描述这段历史的同时,还对历史上的德国经济历史学家和奥地利学派提出了质疑。经济历史学家们将西方资本主义经济的起飞,归因于大航海时代和文艺复兴时期的科学发现。他们认为:"一个国家所有的物质进步都由科技力量推动。此后属于奥地利学派的著名经济学家熊彼特为这种理论加入了一个新的元素:需有企业家把新的科技知识可以支持的新工艺和新产品开发出来。这种科学主义的观点加上我们熟悉的马克思的历史决定论,最终构成了人们现在对资本主义大繁荣爆发原因的普遍理解:科技发明造就了两次工业革命,最终实现了资本主义对世界的统治。"①

然而,费尔普斯却直截了当地对这种观点提出反驳,或者说他认为这种观点的认识过于简单。费尔普斯认为,科技进步不可能是经济知识在 19 世纪爆炸式增长的主要推动力,而这种爆炸式增长一定是某种经济形态出现之后的结果。只要这种经济机制能够维持有效运转,就可以长期促进创新,最终把国家推入持续迅猛增长的轨道。那么,这种制度和经济形态是什么呢?对于这种制度或经济形态,费尔普斯用"现代"一词来给予定义。他认为,正是现代主义观念下形成的现代经济,才有可能带来"大繁荣"的历史奇迹,而这种现代主义和现代经济的核心又是什么呢?费尔普斯的回答出乎人们的预料,那就是——"来源于草根的创新和活力"②。

费尔普斯认为,现代经济的到来,由此引发了人类社会巨大的改变,它把各种类型的人都变成了"创意者":金融家变成思考者,生产商成为市场推广者,终端客户也成为弄潮儿。现代经济把那些接近实际经济运行、容易接触新的商业创意的人,变成了主导从开发到应用的创新过程的研究者和实验者。这样的一种体系也就成为西方社会在 18 世纪初到 20 世纪初的两百年内持续繁荣的推动力。不仅如此,费尔普斯还指出,现代经

---

① 埃德蒙·费尔普斯. 大繁荣 [M]. 北京:中信出版社,2013:180.
② 同①:190.

济对人类社会的影响不止于经济,在文化艺术领域,现代经济的观念和体系在文学、绘画和音乐等同样以创意为核心的领域内,也结出了"百花齐放"的硕果。作为一个极具人文主义观念的经济学家,费尔普斯并没有将现代经济的阐释停留在宏观层面。在《大繁荣》里,他把"繁荣"的定义和影响还延伸到了个人生活领域,那就是个人生活的主体——草根的作用。

事实上,美国、欧洲、日本等发达国家和地区草根创业的热情和成功,还与这些国家和地区拥有众多的天使投资人以及崇尚创业的理念息息相关。同时,政府对草根创业资本市场的重视、鼓励和支持是提高草根创业存活力和竞争力的重要举措。我国已将创新驱动发展作为长期的发展战略,各地大量的草根创业者也随之涌现出来。一些风险投资及其顾问机构也从主要关注高新技术领域或高成长性的企业,向扶持和培养优秀的种子期或初创期的草根创业企业发展。

3. 是不劳而获吗?——中国造富神话震惊世界

全球第一个电子交易市场——纳斯达克开创于 1971 年,是由全美证券交易商协会(NASD)创立并负责管理。人们通常称之为纳斯达克股票交易所,它也是现在世界上第二大证券交易所。其英文名称"NASDAQ"原为 National Association of Securities Dealers Automated Quotations(全国证券交易商协会自动报价系统)的缩写。苹果公司在 1980 年上市纳斯达克后,一下就诞生了 4 个亿万富翁和 40 名以上的百万富翁。此后微软的上市更是彻底打响了纳斯达克的名号。纳斯达克孕育了美国的高科技领头羊公司,创造出美国经济空前持续增长的奇迹,被奉为"美国新经济的摇篮"。纳斯达克的上市公司几乎涵盖所有高新技术行业,包括软件、计算机、电信、生物技术、零售和批发贸易等,因此,当纳斯达克指数上涨时,一般都会导致纳斯达克板块下的科技等行业的股票上涨。

从 2009 年 10 月 30 日破茧的那一天,中国的纳斯达克——A 股创业板就登上了历史舞台。从诞生的第一天开始,它就不断给国人以冲击和震撼,其打造的一批又一批的创业板富豪的数量、身家,最为挑战人们的想象力。以 2010 年 4 月 30 日前市价计算,当时的 74 家创业板上市公司,催生了 266 位亿万富豪!创业板已成为 A 股不折不扣的"创富板"。创业板上市公司的股东们,凭借资本市场的魔力,一夜之间完成身家的几何级数增长。随着一批批创业板公司陆续挂牌,"创富板"的各种纪录也一再被刷新。最快，它一天造就超百位亿万富翁。在首批 28 家创业板公司挂牌上市后，按照该批股票的发行价计算，A 股市场上就已多了 72 位亿万富翁，当天，28 只股票平均涨幅高达 106%，令亿万富翁人数蹿升至 116 位。藏身其后的 20 家风投公司平均回报高达 5.76 倍。一天之内造就超百位亿万富翁数量，在全球股市史无前例，当时的媒体曾这样评论，"连纳斯达克在初创时也无法像中国创业板这样头一天就造就如此多的亿万富豪"。

这些数字，最先冲击到的是中国人的传统财富观。接着关于创业板的激烈争辩充斥中国媒体和互联网。对创业板股东"不劳而获"的质疑和对其"创业艰辛"的肯定几乎同样强烈。妒忌和跟着一起挣钱的急迫心态在中国很多角落发酵。中国人 50 多年前连一块自留地都接受不了，中国改革开放初期大家羡慕的是万元户，当然也仅仅是羡慕，因为大部分人根本可望不可即，大多数人都预言不会出现百万富翁，然而今天却迈出这样的巨步。

国外传媒也对此竞相报道。路透社报道说，2009 年 10 月 30 日是一个值得纪念的日子，如此多亿万富翁同日诞生在中国史无前例，这也正是创业板极具魅力之处——以巨大财富效应鼓励创业者走创新发展之路。虽然无法判断哪家中国企业会成为中国版的微软和英特尔，但从首日交易情况看，似乎每只股票都可能是。日本"纪录中国"网站题为"中国版纳斯达克暴涨，富豪层出"的报道说，中国创业板 28 家企业平均每家至少产生 3 位亿万富翁，随着更多高科技企业上市创业板，未来将产生 1 万多位亿万富翁。

而随后，计算和报道创业板又造就了多少亿万富豪，成了多家中国媒体的集体行为，在过去 10 年中，伴随着创业板的筹划，中国民间对这种暴富神话的质疑一直存在。有一家国内媒体评论说，"中国创业板是拧巴的创业板，从一开始就极具东方特色，首批上市企业鱼龙混杂。创业板原本应该吸纳规模较小的创新型朝阳产业企业，但中国首批创业板企业中不仅有的企业经营超过 10 年，丝毫不'新'，还有的来自农业产业，谈不上'朝阳'"。除中国外，目前全球 GDP 排名前十位的国家都有自己的创业板，全球共有 30 多个国家设立了 40 个以上的创业板，尽管创业板的规则、名称不同，但都是融资门槛低、进出比较容易、方便小企业创新的资本市场。在这些创业板中，除缔造了微软、英特尔等巨型企业的美国纳斯达克外，其他国家的创业板都难称成功，韩国的高斯达克和中国香港地区创业板在短暂辉煌后陷入低迷，而"日本纳斯达克"和德国"新市场"甚至在火爆了几年后不得不关闭。

创业成为社会风尚从而培养人的创业精神，自然是我们所大力倡导的，但是创业本身也呈现出不同的类型，我们应该强调以创新带动的创业，创业企业的创新劳动更多应该是科技的创新，而不仅仅是商业模式上的创新，或者简单的电子商务的照搬和利用。创业板是一个国家经济活力和健康度的表现，开设创业板算得上中国社会的一大实践，是中国在鼓励创新创业方面的一次革命。但中国的创业板一天之内造就的亿万富翁数量在世界上史无前例，以中国社会传统的财富观理解，一些老百姓辛苦工作一辈子也挣不了多少钱，而一些创业板股东以每股0.53元的成本一日之内就能成为亿万富豪。在这种情况下，中国社会应该展现何种胸怀呢？这的确受到考验。

与之对应的，中国企业家的素质也面临拷问。有评论认为，当年水稻专家袁隆平的"隆平高科"上市时，社会对这位农业专家以创新劳动致富给予了尊重和理解，人们之所以对创业板富豪争议不断，是因为他们认为一些企业家利用了创业板规则的不完善而"不劳而获"。在首批创业板企业中，一些股东是在发行前临时扩股成为公司股东的，这种做法在多家创业板上市企业中普遍存在，而在西方市场中这是不被允许的。实际上更大的隐患是这种暴富神话给创业带来的是逆向激励。如果企业家在得到资金后首先完成了一夜暴富的梦想，甚至超过多年奋斗才得到的财富，他还有动力前行吗？当然，也有人为创业板富豪鸣不平，认为创业同样是创新劳动，人们只看到创业的高回报而没有看到有多少失败者在背后呢？人们"只见新人笑哪闻旧人哭"，将嫉妒和羡慕的目光投向这些新富，但有谁记得他们创业之初的辛酸苦辣？

就像纳斯达克能够造就大量欧美年轻富豪一样，中国创业板造就亿万富豪似乎也不奇怪，因为这里面有大量的过去和未来的创业群体需要激励，但同时，中国创业板需要警惕暴富神话催生投机欺骗，那样不仅会背离创业板设立的初衷，也会埋葬中国人关于创业以及神奇人生的幻想，更重要的是使人失去那种社会真正需要的创新精神和对创新劳动的价值追求。

4. 创新劳动的源泉——创新时代的企业家

"entrepreneur"（企业家）和"innovation"（创新）是美国商业社会的

两个高频词，美国存在广泛的重商传统和企业家文化，有全球最发达的小企业经济。"entrepreneur"来自法语，20世纪后在美国被广泛使用，目前我们普遍将这个词翻译成"企业家"，其实它的准确意思是"愿意承担风险的创业者"。而"innovation"一词，我们通常翻译为"创新"或"技术创新"，而它的准确意思是"将新技术新服务与市场结合的行为"。企业家与创新密切相关，"愿意承担风险的创业者"在各经济体中承担着关键角色，他们"将新技术新服务与市场结合"，用自己的技能和主动性积极预测需求，将新想法转化为产品和服务并推向市场实现高额利润。

创新是企业家的武器和灵魂，创新是靠企业家的努力才最终实现的，企业家的本质就是创新。同理，创新劳动的主体也包括企业家，创新是由企业家、科技研发人员、市场开拓者、生产者等一批创新劳动者共同完成的。从创新劳动角度看，我们应该重新定义创新与企业家精神。在20世纪初，经济学家熊彼特在自己的著作中用"企业家"替代了"创新者"，在当时甚至以后的若干年内，可谓是引发了人们巨大的困惑。企业家这个词最早出现在19世纪初，它更像是一个身份和职业，比如承包者、手工艺者。但是，熊彼特认为，企业家是一份任务，其功能在于重新组合生产要素，并引入到经济活动中，由此破坏既有的静态经济，引起经济秩序的长期变化。

由此可见，大部分人一生中都不可能成为企业家，少数人也仅仅是在生命中的某个阶段成为企业家。企业家可以是企业领导者，但并非所有的企业领导者都是企业家。当代的互联网及信息技术的发展打破了工业时代的线性发展思维，但在现实中，属于这个时代且能面向未来的商业模式以及相应的企业家并未相应地大量涌现。这是因为我们的创新理念和固守半个多世纪的企业家精神并没有得到及时的更新。好的商业模式是公司进行健康运转的前提，更是公司和社会进行良性互动的保障。而商业模式的属性深深根植于其所处的商业文明之中。

事实上，从重商主义开始至今，人类的商业文明在整个资本主义经济体系和以往三次工业革命中并没有取得更多的进步。在资本主义社会，20世纪的商业理念是攫取利益，但将成本转嫁给普通民众、社区、社会、自然环境甚至后代身上。这种利益攫取和成本转嫁都是经济危机的表现，是不公平、违背民意的，后果是无法逆转的，姑且称之为一种巨大的不均衡：这一过程和以往出现的大危机不同，它不是短暂的，而是一种持续的关系,是以全球经济为体量的大事故。而这种现象必然会改变的,因此,我们需要从内涵和外延上重新对创新和企业家精神进行界定。

我们如何定义创新时代企业家呢?与其说"企业家"是某个人,不如说"企业家"是知识体,它强调知识的主动性和平等性。著名管理学者德鲁克提出了"人人都是CEO"的概念,这句话或许是对创新时代企业家的一种新解释,因为其暗含的假设就是"人人都可以""创新属于每一个人"。CEO也并非代表职业和地位,而更应该是获得成为"企业家"的能力基础,毕竟创新是一个主动追求的行为过程。

同时,企业家更是一种精神,熊彼特给出的企业家精神有三条,即有眼光,能看到潜在利润;有胆量,敢冒险;有组织能力,能调动社会资源。当然这个企业家精神的概念比较广义,不仅仅是企业家的行为方式、行为特质,还包括信仰层面的精神品质、道德层面的价值观等。2017年9月25日,中共中央、国务院发布《关于营造企业家健康成长环境 弘扬优秀企业家精神 更好发挥企业家作用的意见》,这是新中国成立以来国家首次发文明确企业家精神的地位和价值。意见明确指出,企业家是经济活动的重要主体。企业家精神包括:爱国敬业遵纪守法艰苦奋斗的精神,创新发展专注品质追求卓越的精神(工匠精神),履行责任敢于担当服务社会的精神。

2015年8月20日,海尔集团CEO张瑞敏做了题为《海尔的转型——从制造产品的企业转型为孵化创客的平台》的演讲,他认为,新时代下互联工厂不是一个工厂的转型,而是生态系统的重建,它将对整个企业全系统全流程进行颠覆。张瑞敏提到了这种生态系统的两个具体表现,即企业平台化、员工创客化。

这两项企业生态系统的具体表现可谓是具有颠覆性的。"企业平台化"和"员工创客化"具体是指什么呢?其实质就是将企业员工从雇佣者、执行者,转变成创业者、合伙人。让员工自己成为知识的主人,而不是打工者。海尔用"员工创客化"制度颠覆了雇用制,让员工变成创业者、动态合伙人。员工原来是执行者,现在应该人人是创客,是把个性化与数字化相结合的创业者。他们需要首先打破自上而下的指令的束缚,通过和市场对话,了解自身拥有的知识的价值,不断在对话中进行自我学习。同时,这也是把技术创新引入到经济中的过程,从而实现创新劳动。"创客"不一定是团队领导者,也不应该以享有权力为荣。"创客"应该是一个以追求"企业家精神"为己任的创新者群体。

著名的雷神游戏本孵化项目，就是张瑞敏所说的外部合伙人的成功案例。雷神游戏本是一款专为游戏玩家设计的笔记本电脑。2013年末，一款名为雷神的游戏本进入市场；2014年1月15日，雷神游戏本在京东上市，20分钟3000台游戏本被抢购一空；2014年7月24日，雷神游戏本911上市，单型号10秒钟就销售3000台；2014年雷神科技实现2.5亿元销售额和近1300万元净利润，跃升为国内游戏笔记本销售的第二名，并已拿到500万元创投，估值1亿~1.5亿元；2015年，经过Pre-A和A轮融资之后，雷神科技真正开始独立运作，海尔所占股份降到50%以下。很多人想不到，雷神科技正是海尔内部员工的创业企业，这可与海尔的主营业务没有关系啊！但海尔的企业文化就是鼓励这种行为。创始人路凯林及其三名合伙人原是海尔的员工，在海尔推行内部变革的时候成为海尔内部小微主，并成功创办了雷神科技。

创新推动社会发展或对社会文化及人的思维产生影响有一个滞后的过程。比如，在20世纪60年代开始至今的前信息时代中，作为社会构成基体的组织和个人所拥有的本应该反映技术特性的商业理念，并没有发生很大的改变。因此，我们还可以将这段时间称为"后工业时代"。可以说，谁能成为这个时代的亨利·福特，谁就可以创新出一套真正与时代同行的商业模式和商业理念，进而影响整个人类社会的商业文明。传统的商业模式包括五大要素：价值链、价值主张、战略、市场保护和产品。这五大方面推动、组织并管理着生产和消费。也正是这五大商业模式理念，产生了20世纪商业的核心缺陷，即"深层债务"[1]。

这种以企业为核心的闭环将组织和社会相互隔绝，然后通过成本转移和利益攫取，伤害社会和自然环境。企业和社会进行零和博弈的模式，最终伤害到的是自己。在经历了因为创新产生的第一个周期之后，企业势必进入表征衰退的第二周期，在这个周期中，利润会因为市场饱和与竞争对手的模仿越来越薄。"薄利"对工业时代的每一个企业都是噩梦，也是无法避免的。但还有比"薄利"更严重的，那就是"负利"。如果跳出价值链来看，一个产品在账面上获得的利润远远低于其实际成本，也就是社会成本。而以往账面成本之所以比社会成本低，是因为有很多无形的成本被

---

[1] 三谷宏治. 商业模式全史［M］. 马云雷, 杜君林, 译. 南京：江苏文艺出版社, 2013：234.

价值链之外的社区或者个人承担了。这样的商业模式是单向度的、以消耗社会和自然资源为前提的，注定无法持续。与之相对应的是只关注账面价值，而忽略实际价值的沿袭数百年的传统记账模式，更像是旧商业模式的逻辑传承。

从 2005 年开始，海尔集团一直致力于探索"人单合一"的商业模式。这里的"人"，指员工；"单"，指用户价值；"合一"，指员工的价值实现与所创造的用户价值合一。即每个员工都应直接面对用户，创造用户价值，并在为用户创造价值中实现自己的价值分享。在这个模式中，主体永远是人，且不是具体的固定的某个人。它是一群人，可以是用户，来自传统价值链上的供应商，也可以是员工。这群人要做的是在海尔平台上，用和市场融合的方式，追寻自己的价值诉求，并且成为海尔和外部资源无限交互的节点，最终形成庞大的平台资源，这一模式也使海尔在企业平台化上走在了全世界的前面。当然，这还不是探索的终结阶段，因为当平台的属性真正饱满的时候，就意味着它成为一个资源供需的出入口。未来的商业世界没有中心，只有节点。而平台会根据资源整合能力的大小，分为小节点、大节点和超级节点。海尔能否可以成为整合社会创新的超级节点，则有待今后的发展来检验。

创新改变企业家，也改变企业家的商业思维，商业思维改变商业模式，也改变了商业文明。当今时代，技术的发展速度远远快于之前任何时代，但是技术的发展方向早已明确，那就是开放和共享。任何企业在搭建面向未来的商业模式时，只有将这两个理念贯穿其中，才能有资格参与更加激烈和美妙的商业竞合之中。

著名管理学家乌迈尔·哈克在《新商业文明》一书中提出了新商业模式的五大要素：价值循环、价值对话、哲学、市场完善、幸福。与其对应的传统商业模式五大要素则是：价值链、价值主张、战略、市场保护、产品。将海尔集团的"人单合一"理念与之对应，我们会发现海尔所创立的商业模式有五大要素，即"生态""交互""共创、共赢和共享""用户体验""社群"。事实上，这五大要素也正是海尔"人单合一"商业模式的五大支柱，这是一个完全基于技术，被用户所引导，以人为索引、以创新劳动为价值追求的全新模式。像海尔一样，越来越多的中国企业开启了转型的探索之路。这条路是在以一种时代特有的集体意识走向未来。

互联网时代的创新是双轮驱动的创新，商业模式创新和技术创新必须要同步发展,这是因为技术的迭代与突破会越来越频繁。模式创新落后于技术创新的速度,有可能让企业万劫不复。因此,对于熊彼特时代就已经固化下来的企业家精神的认识,我们需要修正和补充。作为心理动机的企业家精神在熊彼特那里被表述为:建立私人王国的梦想,有征服的意志,证明自己比别人强的冲动,追求成功本身而非结果,创造的喜悦,以冒险为乐,等等。显而易见的是,在21世纪企业家精神的这些方面大部分已经不成立了。当企业成为平台,进而变身超级节点的时候,"王国"的围墙早已被推翻。具有创新精神的企业家更像是架构师。既然要追求共创和共赢,就要努力屏蔽"征服"这样的理念,去除攀比成功之心。也就是说,互联网时代的企业家精神应该至少包括如下内容:有探索新世界的旨趣,拥有共创、共赢和共享的理念,具备社群精神,勇于否认自己。对于勇于否认自己,海尔集团已将其作为自己独有的企业文化。海尔将其定义为"自以为非"。

### 三、创新劳动的价值实现对象

1. 创新劳动颠覆行业

创新劳动创造了超额利润,这不仅仅是技术的结果,也是技术市场化的成果,完成这一系列过程的载体无疑是人的创新劳动。但我们笼统地认为创新劳动创造价值还不够,今天创新劳动创造价值的秘密在于颠覆性创新的存在。如今的企业生存发展都需要进行创新,但问题是仅仅跟上快速的技术变革是不够的,企业必须从产品价值链的全局考虑,综合考虑用户、组织、市场和产品等多种因素。而对于传统主流企业,仅仅拘泥在自己产品的价值链链条上创新并不能保证生存发展,价值链在一定程度上约束了企业创新方向和力度。因为价值链会使人产生路径依赖,使很多企业更愿意采用延续性技术,而不是采用颠覆性技术对产品进行颠覆式创新,这也成了企业创新面临的窘境。也就是说,创新劳动有不同的方向、类型和程度,其中颠覆性创新引发的企业、行业和市场的变革是巨大的,因此,近年来颠覆性技术创新受到国家和企业的高度关注,实现颠覆式创新的劳动必然是创新劳动。

对于企业和行业而言,颠覆性技术容易造成技术突袭,改变行业和市场规则,为实现弯道超车带来机遇,也意味着经济效益的迅速增长。对国家而言,颠覆性技术关乎国家竞争力和国际地位,颠覆性创新是建设科技强国的利器。2016年8月,国务院印发《"十三五"国家科技创新规划》,对发展"颠覆性技术"作出了明确部署,提出要在信息、制造、生物、新材料、新能源等领域,特别是交叉融合的方向加快部署一批具有重大影响、能够改变或部分改变科技、经济、社会、生态格局的颠覆性技术研究,力求使我国在新一轮产业变革中赢得竞争优势。

2017年,"颠覆性技术"首次被写入党的十九大报告,成为我国的经济发展战略。党的十九大报告提出:"创新是引领发展的第一动力,是建设现代化经济体系的战略支撑。要瞄准世界科技前沿,强化基础研究,实现前瞻性基础研究、引领性原创成果重大突破。加强应用基础研究,拓展实施国家重大科技项目,突出关键共性技术、前沿引领技术、现代工程技术、颠覆性技术创新,为建设科技强国、质量强国、航天强国、网络强国、交通强国、数字中国、智慧社会提供有力支撑。"

颠覆性技术创新是相对于"渐进性技术创新"而言的。渐进性技术创新,又称"维持性技术创新",这里的技术指的是已立足于市场的现存技术。颠覆性技术,是一种另辟蹊径、对已有传统或主流技术途径产生整体或根本性替代效果的技术。它可能是全新技术,也可能是现有技术的跨学科、跨领域应用。经典的事例是数码相机的创新,它对以柯达为代表的胶卷企业产生了颠覆。从我国经济社会发展现状看,效率式创新已进入边际效益递减阶段,开发式创新已接近尾声,热点领域的高新技术式创新大都差人一步。现在,我们要建设世界科技强国,就一定要锻造以自主创新为利刃的颠覆性技术创新之剑。

创立于2000年的百度公司,在电脑PC时代,其搜索引擎一度成为中国境内最大的搜索引擎,在世界范围也成为仅次于谷歌的全球第二大搜索引擎。在那个年代,"有问题,百度一下"成为风靡全国的搜索代名词。然而当时代步伐走进移动互联网时代,电脑PC端转变为手机客户端,对于"中国搜索引擎之王"的百度来说,一切却在悄然之间发生了改变。2012年,在智能手机业务、手机客户端发展尚不明确时,曾有人劝百度创始人兼CEO李彦宏发展手机业务,然而李彦宏只说了一句:"我就不明白,手机屏幕那么小,运行又那么慢,为什么还有那么多人劝我发展手机业务?"此后多人在不同场合都劝过李彦宏发展手机业务,而李彦宏的答复依然是相同的那句话。

然而，李彦宏万万没想到，他不愿发展的手机业务，却被2012年成立的字节跳动看到了市场空白，开始研发手机业务，并逐步发展壮大。2012年3月，29岁的张一鸣率先看到了手机领域的空白，成立字节跳动公司，并在手机中推出今日头条APP。历经多年，现如今的今日头条已然成为手机客户端最大的信息搜索平台。如果说百度用"人找信息"的模式成为电脑PC端的王者，那么字节跳动则是通过"信息找人"的模式，成为手机端的引领者。

从2012年字节跳动创建，到2017年字节跳动全资收购美国一家短视频公司，在这五年里，手机端搜索业务市场上仅有今日头条一家。而昔日电脑PC端搜索之王百度，却还在为是否发展手机业务，为什么发展手机业务而争吵。自2012年到2017年这五年间，也是中国移动互联网高速发展的五年，知识付费、直播、网红、短视频等如雨后春笋一般兴起。李彦宏这才意识到手机业务的广阔市场，而实际上百度已经错过了手机业务发展的最佳时机。

现在手机客户端中，除了百度网盘、百度地图两款软件，百度在手机端已经找不到新的吸引用户的软件程序。反观字节跳动，早在2016年，其创始人张一鸣在稳定今日头条的基础上，率先在公司内部采用竞争的模式，孵化出西瓜、火山、抖音三款短视频软件。随后几年的发展，抖音一举成功，成为中国目前最大的短视频软件，并进而又拓展出面向海外业务的TikTok。

上述案例正是对颠覆式创新的最好诠释。再以芯片发展为例。领先世界的芯片制造商台积电正式确认2022年下半年开始量产3 nm工艺的芯片，其2 nm工艺芯片最早将会在2025年投产。也就是说，现在的台积电按照摩尔定律来说，已经快要接近芯片先进工艺的极限了，这个极限就是1.4 nm。根据最新的消息显示，台积电已经决定让此前3 nm的团队开始攻关1.4 nm芯片。很显然，台积电早就在先进工艺制造上甩开了很多竞争对手，这一次台积电依旧走在了前面。虽然说现在谈及1.4 nm的量产有些为时过早，但是也使人们产生新的担忧，那就是，当芯片工艺都接近了极限之后，芯片新技术又该如何定论呢？说白了，一个芯片时代即将要落幕了。毕竟，在今后，这样按照纳米规格进行定义的芯片时代将走到"终点"。

目前，世界半导体企业有了一个新的研发方向，那就是光量子芯片。

在光量子芯片研究中，中国一直处于世界领先水平。特别是中科院的研究，突破了多项技术难点，取得突破性进展，也为未来研制集成化半导体量子芯片奠定了基础。早在2018年2月，中科院郭光灿院士团队就传来消息，在光量子芯片领域取得了重要进展，创新性地制备了半导体6量子点芯片（节点数达49×49）。这是国际上首次实现了半导体体系中的3量子比特逻辑门操控，也是世界上最大的三维集成光量子芯片。

2021年6月，该团队与中山大学、浙江大学等研究组进行合作，又在光量子芯片领域取得了突破性的进展。合作组基于光子能谷霍尔效应，在能谷相关拓扑绝缘体芯片结构中实现了量子干涉，而且还成功设计制备出了"鱼叉"形的拓扑分束器结构。另外，郭光灿院士团队领衔的合肥本源量子先后推出的本源6比特超导量子芯片"夸父KFC6-130"和24比特超导量子芯片"夸父KFC24-100"，其保真度以及相干时间等技术标准，都属于国际一流水平。

阿里巴巴集团也从民营科技阵营进入这个领域。在超导电路方面的研究，虽然谷歌、IBM入局较早，但是国内的阿里达摩院实验室也毫不逊色。2022年3月，阿里达摩院公布了超导电路芯片最新进展，展现了自研的超导量子芯片的实力。阿里达摩院采用了新型的fiuxonium量子比特之后，实现了单比特操控精度99.97%，两比特iSwap门操控精度最高达99.72%。并且，阿里达摩院在此芯片上实现了另一种比iSwap编译能力更强的原生两比特门SQiSW，操控精度达99.72%，比此前最优异的马里兰大学研究成果99.2%还要高。另外，在另一个量子芯片制备的研究上，阿里达摩院量子实验室制备的基于氮化钛的超导量子比特，在相干时长这一最关键的性能指标上，可重复地达到300微秒。这些领先的技术，为我国在量子芯片相关领域的研究抢占了先机，也确保了国内的量子芯片技术领先的地位。

2022年4月30日，首个国产量子芯片设计工业软件"本源坤元"发布，该软件由合肥本源量子计算科技有限责任公司研究开发，可兼容超导和半导体两大物理体系。"本源坤元"突破了量子芯片设计工业软件操作方式单一的限制，支持本地和线上两种部署模式，且具备更贴近用户的图形化交互界面，可以有效避免对代码操作的依赖性问题。这款软件，填补了国内空白，成为国内量子芯片发展的重要基石与后盾。"本源坤元"具有广泛的意义，它促进了超导和半导体量子芯片设计自动化、数字化转型,也是实现量子芯片自主研发及产业化生产的重要条件。

1946年,第一台计算机ENIAC刚刚诞生时,15分钟就会烧掉一根真空管,但从庞然大物到小巧的PC机,也不过短短30年。这就是科技的宿命,永远要适应变化和挑战,因此,量子计算技术也是顺应科技变化而发展的。

那么,未来会是量子芯片时代吗?

量子芯片主要是相对量子计算而言的,没有量子计算为基础,量子芯片也就没有意义。首先,量子计算相比经典计算,在某些特定的问题上体现了优越性。但它不会完全取代经典计算,这两种计算技术应为互补的关系。其次,量子计算技术还处在基础科研向功能化转变的阶段,这一阶段还需要很长时间,比如20年乃至更长时间。在形成通用量子计算机的过程中,需要解决量子纠错,以及大规模系统的集成和操控等问题。目前量子芯片技术虽然有所突破,但是需要形成系统的集成和操控,以及形成芯片量产,都还需要时间。因此,短时间内,量子芯片无法取代经典芯片,成为市场的主流芯片。但是,量子芯片的技术方向值得我们关注,因为这也是"换道超车"的一个途径。目前,我国的领先优势较大,这些核心技术就是我们的"底气",有了这些技术才能把握未来。

2. 数字创新与数字劳动

近年来,数字技术、数字技能、数字工匠、数字匠人、数据匠人、数字创新、数字劳动、数字生产力、数字经济等概念开始流行起来。我国的数字经济发展也已经按下"快进键",成为全球产业竞争的制高点,并成为现代城市经济发展的重要引擎。构成数字经济发展的基本动力源——数字劳动,正源源不断地为先进生产力发展添柴加薪:科学家们通过数字劳动正在从事具有重大突破性和前瞻性的研究;一大批科技人员正在通过数字劳动,将大批实验室产品转化为市场产品;在一排排高新写字楼里,集聚着人数众多的白领,为培育独角兽企业付出艰辛的数字劳动;甚至在大城市的各大医院,医生们正在通过数字劳动,给远程病人做精准智能化的器官移植手术;在社区,数字劳动已成为大批创业者智联智造的主要劳动形式。数字技术正全面融入日常生活和经济发展,数字经济浪潮中,没有人是旁观者,各个领域的劳动者都参与其中。

与传统生产劳动相比,数字经济时代的劳动是什么样式呢?它有哪些特征?有哪些改变未来的作用呢?进一步问,数字经济时代,数字创新劳动如何进行价值评估呢?数字经济时代的生产劳动使传统的生产劳动与非生产劳动、物质劳动与非物质劳动的界限变得模糊。我们如何认识和反思这种新型"社会劳动",解释数字经济时代生产关系的转化,探究数字劳动价值创造的新变化及其矛盾的本质呢?这无疑为马克思主义政治经济学提出了大量课题。也就是说,变革传统生产关系,适应数字生产力的发展,是数字经济时代坚持历史唯物主义、坚持和发展马克思劳动价值论的重要议题。

作为经济学概念的数字经济,它是继农业经济、工业经济之后的主要经济形态,是以数据资源为关键要素,以现代信息网络为主要载体,以信息通信技术融合应用、全要素数字化转型为重要推动力,促进公平与效率更加统一的新经济形态。也就是说,数字经济是人类通过大数据(数字化的知识与信息)的识别—选择—过滤—存储—使用,引导、实现资源的快速优化配置与再生,实现经济高质量发展的经济形态。更大范围看它也属于知识经济的范畴。

数字经济发展速度快、辐射范围广、影响程度深,正推动着生产方式、生活方式和治理方式深刻变革,成为重组全球要素资源、重塑全球经济结构、改变全球竞争格局的关键力量。我国上海作为国际化大都市,也在全面规划数字经济的智联发展,加速推进长三角数字经济产业集群的协同创新,提升城市数字竞争力。在《上海市数字经济发展"十四五"规划》中提出,到2025年底,上海数字经济发展水平稳居全国前列,增加值力争达到3万亿元,占全市生产总值比重大于60%,若干高价值数字产业新赛道布局基本形成,国际数字之都形成基本框架体系。数字经济核心竞争力不断提升。数字经济核心产业增加值占全市生产总值比重达到15%左右,规模以上制造业企业数字化转型比例达到80%左右,数字经济新动能和经济贡献度跃上新台阶。数字经济企业活跃度显著提高。每年新增1万家以上数字经济新兴企业主体,一批高价值的新产业新业态新模式不断涌现,多元市场主体创新活力不断增强。

翻开人类文明发展的史册,从原始荒蛮时代的自然力劳动、铁骑时代自觉制作生产工具的劳动、蒸汽机时代机械力牵引的劳动,到电力时代的自动机劳动,再到智能化时代的数字劳动,我们会发现,随着生产工具不断更新,人类对劳动范畴的认知愈来愈丰富深刻,愈来愈趋于自觉。早在古希腊罗马时期,亚里士多德就提出了两个重要范畴:"制作活动"与

"实践行动"。这是早期人类对生产概念和实践概念的最初表达。制作就是质料与形式的结合，制作活动是人类为自身需要而进行的自觉生产活动的特征之一，也是人类实践行动的主要内涵。实践行动是对制作活动的意义抽象。这两个概念代表了人类对劳动范畴的最初抽象。应当说，亚里士多德的思考，对我们今天关于数字劳动范畴的理解，有着实质性的启发。既然劳动是形式对质料的创造与改变，是生产实践活动的创造性显现，那么传统的质料或劳动对象就是"原子"，而数字劳动的质料或对象就是信息（"比特"）。

应当看到，随着计算机、互联网、社交媒体及人工智能时代的到来，人类劳动形式呈现异质多样趋势，劳动的本质也经历了三次重大变化，即单纯的对象化劳动、雇佣关系宰制下的异化劳动、社会主义共享劳动。当然，智能化生产力的发展，仍未消除资本主义社会的劳动异化现象——劳动者与劳动成果相分离的问题。虽然异化劳动在社会主义中国已经从制度上获得根本解决，但在资本主义社会里，劳动异化现象仍然惊心动魄。比如，数字劳动效率的测定中，无偿劳动时间被潜移默化地拉长，高频率"加班"偷偷占据了劳动者休闲生活时间，而平台算法系统，建构复杂劳动秩序，对劳动者进行压迫式索取等现象仍然存在。

2021年，人民出版社出版了英国学者克里斯蒂安·福克斯的专著——《数字劳动与卡尔·马克思》，福克斯在书中不仅提出了当代马克思主义政治经济学批判问题，而且提出了历史唯物主义劳动范畴如何创新发展的问题。他运用大量的实证案例分析，结合马克思的劳动价值论、剩余价值论的原理，揭示了21世纪人类劳动范畴发生的新变化、新形式，为我们了解当代资本主义的劳动与资本逻辑，思考劳动经济学、劳动社会学、劳动伦理学等理论问题提供了重要的分析工具。

书中提出的两个观点值得我们重视。第一，研究21世纪的资本范畴，应当首先回到解剖21世纪劳动范畴的基点上。劳动范畴是理解资本范畴的重要前提，劳动与资本有着实存的内生关系。劳动是资本的血液，没有劳动，资本不复存在；资本是劳动的货币形式，没有资本，劳动只是"自然法"存在的生命证明。第二，晚期资本主义信息技术时代，数字劳动呈现出了"休闲时间与无偿劳动""数字劳动力商品与生产剩余""资本逻辑与劳动者精神解放""人的自由与电子监控""岗位劳动与国际分工"等矛盾与焦灼。①

它启示我们，时代变了，劳动价值论和剩余价值论的确遇到新的难解问题。例如，在资本主义社会，数字劳动往往遮蔽了更为残酷的剥削，使劳动者难以维护自身的合法权利；再如，劳动主体异化程度加重，反而带来了无产阶级革命意识的麻痹；此外，数字劳动的社会必要劳动时间更难以确认。解答这些难点问题需要理论上的不断探索和创新。

当前，数字经济深刻影响着人们的生存方式，数字技能业已成为人们学习、工作、娱乐、交流等必备的能力。数字劳动对劳动者的知识和技能提出了全新的要求，于是有了"数字技能"的概念。欧盟可持续发展委员会在2017年《教育工作小组：生活与工作中的数字技能》这份报告中指出，数字技能成为21世纪每个人都必备的生存能力，使人们能够在学习、工作、娱乐中自信并能够创造性地使用数字技术。2021年10月，习近平总书记提出"要提高全民全社会数字素养和技能，夯实我国数字经济发展社会基础"。同年11月，中共中央网信办发布报告《提升全民数字素养与技能行动纲要》，报告明确了2025年全民数字技能达到发达国家水平和2035年基本建成数字人才强国的发展目标。

3. 数字创新劳动

数字劳动的实质就是创新劳动，劳动者数字技能的重要方面就是创造力或创新技能。劳动有体脑之分、物质与精神之别。但在数字经济中，精神劳动赋予了物质劳动更深的意义：看不见的劳动，比看得见的劳动更彰显人的生命之流的冲力。创新力、想象力在数字劳动过程中发挥着重要作用。

既然数字劳动就是创新劳动，那么研究这种创新劳动——数字创新劳动，就首先要研究数字创新。数字创新既是数字劳动的结果，也是数字劳动的必要手段。所谓数字创新，是指创新过程中采用信息（information）、计算（computing）、沟通（communication）和连接（connectivity）技术的组合，并由此带来新产品、改进生产过程、变革组织模式、创建和改变商业模式等。

数字创新概念有两层含义：一是指数字技术创新，二是指数字技术背景下的各种创新，诸如流程创新、组织创新、市场创新和商业模式创新

---

① 克里斯蒂安·福克斯. 数字劳动与卡尔·马克思 [M]. 北京：人民出版社，2021：120.

等。按上述理解，数字创新包含三个核心要素。第一，要有数字技术。例如，大数据、云计算、区块链、物联网、人工智能、虚拟现实技术等数字技术，本质上都是信息、计算、沟通和连接技术的组合。第二，要有创新产出。例如产品创新、流程创新、组织创新和商业模式创新均包含在数字创新的产出中。第三，要有创新过程。数字技术创新过程和一般创新过程的关键区别在于，它强调创新过程中对数字技术的应用。

数字创新的实现过程就是人的数字创新劳动。数字创新劳动是以数字创新为核心的劳动形态，它具有以往创新劳动所不具备的新特征。

首先，数字劳动的始基是数字化的信息，以光速在全球传输没有重量的比特，比特具有抽象性和虚拟性，呈现出创新劳动的虚拟化特征。数字创新生态系统中的主导者和参与者在线上实现交互，个体和组织两类创新主体之间的合作模式日显多样性、可塑性、虚拟化，给整个知识产权制度、创新伦理责任、成果共享制度带来了全新挑战。依靠虚拟现实技术，虚拟信息空间大量涌现。以双边平台、多边平台、生态社区、创新社群为代表的新型创新组织，充分显示出强大的创新生命力，从科层结构到网络结构，从封闭式创新到开放式创新，从计划性创新到涌现式创新，正在颠覆创新劳动的组织形态。数字劳动是全球信息网络技术产业链国际分工的结果，往往一件数字劳动的品牌产品制造，是多国参与生产分工的集合体。因此，数字劳动呈现出全球化特质。

其次，大数据、云计算、区块链、人工智能等技术正在改变人流、物流、知识流、资金流和信息流，推动创新要素流动方向和流动速度的革命性变化，为企业创新提供全新的边界条件。驿站式劳动空间加之便捷的个人笔记本电脑，令劳动者可以在旅游风景区、家庭休闲地、高铁、飞机、咖啡厅等场所灵活多样地延续着劳动内容，使得创新劳动要素呈现数字化。美国麻省理工学院著名学者尼古拉斯·尼葛洛庞帝在《数字化生存》一书中，将"比特"理解为数字信息存在（being）的最小单位，正如人体内的DNA一样，是数字化生存（being digital）的存在状态。"比特"没有颜色、尺寸和重量，但正是这种以"比特"为基因的数字劳动，正在改变着人类整个生存世界。

再次，人机交互和深度学习正在改变创新过程，平台组织和网络组织的创新协同正在使线性创新成为过去，创新合作者之间的创意交互、流程重构、商业共创正在为产业创新提供全新空间，使得创新劳动过程呈现出智能化。智能化也意味着精准性。数字劳动离不开大数据分析及计算,流量和痕迹是精准控制与管理数字生存世界的根据。

最后,传统企业组织有明确的组织边界、固定的组织形态、稳定的科层结构和标准的绩效体系,这些特征是企业同时追求外部交易成本和内部控制成本最小化而演化出来的结果。数字技术的发展正在改变科斯的经济学假定,组织间的交易成本可能趋向于零,内部科层治理成本则可能呈现出指数级上升,这就逐渐瓦解了科层组织的优势,企业组织的边界走向消亡,使得创新组织形式呈现偏平化和边界模糊化。比如,阿里巴巴、腾讯、小米等企业,借助大数据、云计算、人工智能等技术,使得交易双方的信息越来越对称,组织从科层控制走向民主治理,组织结构从垂直走向扁平。"企业是平的",组织平面内的个体从雇员向合作者演变,组织之间从竞争者向合作者演变,形成全新的协同创新组织形态。

但另一个倾向是,数字创新劳动的组织形式又存在寡头垄断甚至完全垄断的特征,产业组织的内涵也在被颠覆。阿里巴巴、腾讯、百度、Facebook(现改名为 Meta)和亚马逊等几乎都呈现寡头垄断甚至完全垄断特征,它们各自形成了独特的"产业经济体",一个产业或多个产业几乎被 1~2 个经济体控制,以平台组织为内核的生态型经济体,其周边围聚着百万级、千万级规模的各类行业的中小微企业,形成了以平台领导者为网络核心节点的生态系统之间的竞争。它们就如同一种特殊的聚合体,聚合体内部主要有两类角色:平台领导者和平台互补者。平台领导者搭建了平台,通过网络效应在周边集聚了上千万的买卖双方,而且平台领导者自身也可能会参与买卖。平台互补者则通过提供互补产品与服务、互补资源与能力,为整个生态系统赋能。

这样的组织是否有利于创新呢?这需要辩证地看待。其负面作用是,平台互补者创新力量往往会被平台主体扼杀。"大树底下不长草",依附于平台的中小型平台互补者被大型平台企业锁定,他们花几年时间研发出来的全新产品,上市一周就可能被仿制甚至被买断,或者因为模仿成风导致低价竞争,创新被扼杀。当然,从正面效应看,平台领导者与互补者也会形成创新共同体。平台企业像一把大伞,为中小企业创新遮风挡雨。比如,今天的小米为供给侧的制造业创新赋能,产生了一批强大的创新型产品提供商。同时,因为企业会认识到企业的生存更依赖于创新,所以企业必然会利用互联网的特点和优势构建新型组织方式让经济体内部的组织充满创新活力，总之，如果数字治理制度设计得好，就能给创新生态系统赋能；相反，如果设计得不好，也可能扼杀整个系统的创新活力，从而影响到创新劳动价值的创造。

# 第五章　创新劳动的道德基础

## 一、创新劳动的伦理关系

1. 劳动伦理学对创新劳动伦理的关注

劳动在创造人的同时，也创造了人这个道德主体，以及由此而展开的各种伦理关系。就此而论，劳动是思考伦理道德问题的基点，劳动伦理应该是伦理学研究的"元问题"。遗憾的是，伦理学研究似乎对这个基础性问题关注不够，以至于劳动逐渐淡出伦理学的视野而变成一种简单的劳资计算。同时我们对创新劳动的伦理学更是研究不够。今天的劳动已经远远超出体力与脑力、简单与复杂这样的二元形态而呈现多样性，尤其创新劳动越来越在劳动中起到重要作用的今天，重拾劳动伦理以及创新劳动伦理有着特别的意义，这不但有益于解决劳动本身的伦理问题，更有助于在全社会形成"尊重劳动""尊重创新""热爱劳动""劳动光荣""勤劳奋斗"的良好社会风气，尤其是在当代劳动方式的变革如何促进人的全面发展等方面有着深刻的伦理学基础。

尤其应强调的是，创新劳动在劳动中的比例越来越高，创新劳动的重要性越来越突出，在这种情形下，如何构建创新劳动的伦理关系，更是值得我们思考的课题。劳动过程就其简单要素来说，是创造使用价值的有目的的活动，它是人类生活的一切社会形式所共有的，也是一切伦理关系作为真正人的关系的基础。自从有了社会劳动，就产生了劳动关系，也就有了规范和调节这种劳动关系的伦理原则。劳动伦理学的兴起就反映了这样的社会需求。

劳动伦理学是以人们劳动活动、劳动过程中的道德问题为其研究对象的一门学科。它探讨劳动与人类自由和幸福的关系，强调劳动创造了人类自由，劳动是迈向幸福的桥梁，是实现幸福的基本条件。同时劳动关系不是抽象的关系，在不同社会形态呈现不同的特征，社会主义劳动关系和劳动者有自己的特征与要求。劳动伦理学也以职业选择与价值实现为题,阐述职业选择与价值取向、职业分工的性质和特点、劳动伦理学中的价值范畴、职业岗位与价值实现等方面的问题。从社会的角度,对有关劳动者的劳动态度作了道德上的分析和评价,其中包括劳动态度的定义和性质、劳动态度的社会道德意义、社会主义劳动态度的道德评价等。除个人劳动外,劳动伦理学还要考察集体劳动中劳动者的相互关系、劳动集体的道德职能、劳动集体的经济效益和道德效益问题,因为在考察劳动关系时必须同时考察经济效益与道德效益这两个方面。劳动集体具有道德教育、道德调节、价值导向和道德激励等多种功能。同时劳动伦理也针对性地探索管理劳动和知识劳动这两个特殊劳动领域的一系列伦理问题。创新劳动是知识劳动中重要的组成部分和核心,因此,劳动伦理研究对我们深化创新劳动认识具有重要作用。

创新劳动的伦理问题一个重要的方面就是创新劳动的权利与义务关系问题。权利与义务的统一是现代法治社会的基本要求,也是现代伦理的基本准则。劳动是劳动者的第一权利,原生态马克思主义的核心和实质,就是主张用劳动来解释人的权利和社会合理性,人类的一切权利的根源在于劳动,人类社会的任何合理性之根据及其最终解释都是劳动。人人可以通过劳动获得幸福、实现价值,这正是社会理性和道德追求,社会应该有效地构建起人人通过诚实劳动获得幸福和实现价值的体制和机制。其中之一就是尊重劳动。尊重劳动,首先意味着平等地尊重每个人的劳动。这不仅指尊重其劳动成果,而且是尊重其劳动权利和劳动形式,保证劳动者能够按照付出的劳动量获得相应的报酬,任何蔑视和践踏他人劳动权利和劳动成果的行为都是有违我们最基本的伦理道德原则的,特别是有违人道主义原则。

当然,劳动者在享有劳动权利的同时应该履行劳动义务。劳动义务是劳动者的天职,是从人作为人与其他动物的区别中产生出来的,也是从人与人的关系中产生出来的,是人类得以"生生不息、世世繁衍"的道德条件之一。2019年6月30日,《光明日报》发表了一篇题为《基于权利的劳动伦理重塑》的文章,文章提出了劳动者权利与义务的分配应遵循三大原则:一是贡献原则,即一个人的权利与义务要对等,同时与贡献成正比;二是平等原则,即每个人不论贡献如何都应该完全平等地享有基本权利(即人权)与履行基本义务;三是差别原则,即每个人因其贡献差别而得到相应所得。劳动者劳动权利与义务一致,各国宪法均有类似表述,即有劳动能力的公民从事劳动,既是行使国家赋予的权利,又是履行对国家和社会所承担的义务。"诚实劳动"、履行劳动过程中应该遵守的基本义务必须提高到一个关乎社会秩序公正的高度来认识。换言之,只有我们每一个人都在社会体系中各安其分、各敬其业,才能创造一个公正的社会环境。①

随着社会的进步,劳动的道德意义和创造意义将越发被凸显。根据我国宪法,劳动义务包括两方面含义:其一,我国公民作为生产资料公有制的主人,应当具有参加社会劳动的高度自觉性和光荣感;其二,我国公民必须以劳动作为自觉谋生的手段,在积极争取国家和社会提供的就业机会的同时,努力通过自谋职业、自愿组织就业等方式自觉创造就业机会,并在劳动岗位上认真履行各项劳动义务。对不愿意履行劳动义务的劳动者,应当让其承担后果,由用人单位依法解除劳动合同,对其领取失业保险金予以限制。更重要的是,社会主义的劳动伦理树立了从劳动义务到义务劳动的价值指向。义务劳动是一种道德上的更高要求,是对劳动的经济功能的超越,是在更高层次上彰显劳动的道德价值和伦理意义,因此它是一种倡导性义务而非强制性义务,我国劳动法就提出,"提倡劳动者参加社会义务劳动"。②

早在延安时期,通过大生产运动、劳模运动、劳动立法及传媒文艺的推动,在抗日根据地的军民中就形成了"自力更生、艰苦奋斗""劳动光荣、科技重要""劳动互助、劳动合作""劳动保护、劳资两利"的劳动伦理精神。延安时期的劳动伦理精神对于促进劳动光荣理念的确立,推动劳资关系和谐稳定,促使由"国家责任伦理""企业经营伦理""劳动职业伦理"构成的中国特色劳动伦理构建具有重要价值。2015年2月15日,习近平总书记在陕西考察工作时强调:"老一辈革命家和老一代共产党人在延安时期留下的优良传统和作风,培育形成的延安精神,是我们党的宝贵精神财富……要继续从延安精神中汲取力量。"

为了战胜由于国民党封锁所造成的严重经济困难,保障抗战物资的供给,1939年2月,中共中央在延安召开生产动员大会,毛泽东发出"自己

---

① 李建华. 基于权利的劳动伦理重塑 [N]. 光明日报, 2019-06-30 (15).
② 《中华人民共和国劳动法》第六条:国家提倡劳动者参加义务劳动,开展劳动竞赛和合理化建议活动,鼓励和保护劳动者进行科学研究、技术革新和发明创造,表彰和奖励劳动模范和先进工作者。

动手，克服困难"的号召，并题词"自己动手，丰衣足食"，提出"发展生产，保障供给"的总方针及"艰苦奋斗、不屈不挠""坚决执行屯田政策"等指导方针。各机关学校部队积极响应，掀起了大生产运动，党中央和边区领导以身作则参加生产劳动。

延安时期，大生产运动、劳模运动与劳动立法有力促进了劳动伦理精神建构，同时，新闻传播与文学艺术实践也对其起到了重要的感性推动作用。1942年5月，在延安文艺座谈会上，毛泽东提出"文艺为工农兵服务"的方针。艾青的长诗《吴有满》、丁玲的报告文学《田宝霖》、陈学昭的自传体小说《工作着是美丽的》，以及秧歌剧《兄妹开荒》《变工好》《刘二起家》等，在促进文艺与大众结合中推动了大生产运动和劳模运动。劳模形象在春联、年画、窗花中代替了财神爷，老百姓的崇拜对象由"传统权威"转移到"现实劳模"，崇尚"劳动光荣"的理念得以确立。新闻传媒与文学艺术成为延安时期劳动伦理构建最有力的推动，"劳动光荣"理念通过传媒文艺在边区得到最生动、最广泛的传播。

## 2. 创新劳动与分配正义

分配正义是政治哲学和伦理学领域的永恒话题，也是劳动伦理的核心问题。近代以来，西方伦理学家基本上抛弃了德性论的分配正义理论，转向了权利论的分配正义理论，这就是在劳动权的保护中实现分配正义。美国政治哲学家、伦理学家罗尔斯在权利论的基础上，把如何分配问题转化为如何保持分配的程序与背景正义，强调从每个人的自由平等的发展需要的角度解决分配正义问题。他提出两条正义原则，即平等原则与差别原则。平等原则即每个人都有平等的权利主张，享有完备体系下的各种平等自由权；差别原则，包括机会平等和补偿原则。这意味着分配正义的实现都是基于自由平等的权利的制度安排。无论何种分配的正义诉求，都不能只是程序的和形式化的，而只能是个人实实在在的劳动和国家的制度设计，而个人劳动是最根本的。

社会主义制度的分配原则是按劳分配。按劳分配是实现分配正义的最佳途径，也是极具道德正当性的途径，其实现形式可以而且应当多样化。党的十九大报告明确指出，我们要"坚持按劳分配原则，完善按要素分配的体制机制，促进收入分配更合理、更有序。鼓励勤劳守法致富，扩大中等收入群体,增加低收入者收入,调节过高收入,取缔非法收入"①。这意味着劳动在实现分配正义中的决定性作用。

社会主义按劳分配原则的一个重要理论发展,是通过对劳动力问题的研究,区分按劳分配与按劳动要素分配。在社会主义市场经济中既存在公有制经济成分,也存在私有制经济成分。私有制经济与公有制经济之间也存在着千丝万缕的联系,两种经济成分中的劳动者都是社会主义的劳动者,只是因分工不同而在两种不同性质的经济成分中从事物质生产和精神生产活动,出现了按劳分配与按劳动要素分配的区别问题。就学界多数人的共识来看,按劳分配中的"劳"是指劳动贡献,而按劳动要素分配中的"劳"是指劳动力商品。这种区分突出了这两种分配原则之间的本质不同,是两种不同性质的所有制经济在分配领域的体现。但这样的区分实际上也容易让人产生误解,即遵照按劳分配原则进行收入分配的劳动者是社会主义的劳动者,可以享有更有保障的各项权利,而遵照按劳动要素原则进行收入分配的劳动者则不能被称为社会主义的劳动者,也无法充分享有各项权利。为了消解这一冲突,有学者提出以劳动力产权概念代替劳动力商品概念,"按劳动力产权分配是按照劳动力在生产总过程中所表现出来的权利大小进行分配。企业职工即使不是企业的生产资料所有者,也是企业的劳动者,拥有劳动力产权,这种权益的实现是与企业生产经营过程紧密相连的"②。

尽管学界对从理论上弥合按劳分配与按劳动要素分配之间的冲突作出种种努力,但二者归根到底是两种不同性质的经济成分中的收入分配原则,提出以按劳动力产权分配来代替按劳分配和按劳动要素分配并不能实际地改变二者在现实收入分配中的本质区分,这也意味着在按劳分配与按劳动要素分配之间、在遵从两种分配原则的不同的社会主义劳动者之间,必然存在种种权利保障的差异。如何处理劳动与资本的关系,构建和谐的劳动关系,就成为我们要面对的重大理论与实践问题。

合理的利益分配机制是激发科研人员创新劳动的积极性、促进科技成果向现实生产力转化的重要保障。为释放科研人员转化科技成果的热情,国家出台了一系列法律、政策文件。2016年,中共中央办公厅、国务院办

---

① 习近平. 习近平谈治国理政:第三卷[M]. 北京:外文出版社,2020:36.
② 姚先国,郭继强. 再论劳动力产权:用"劳动力产权"概念超越"劳动力商品"概念[J]. 学术月刊,2001(3):54-61.

公厅印发了《关于实行以增加知识价值为导向分配政策的若干意见》，首先明确提出，为加快实施创新驱动发展战略，激发科研人员创新创业积极性，在全社会营造尊重劳动、尊重知识、尊重人才、尊重创造的氛围，实行以增加知识价值为导向的分配政策。

该文件提出的总体要求是，推动形成体现增加知识价值的收入分配机制，扩大科研机构、高校收入分配自主权，进一步发挥科研项目资金的激励引导作用，加强科技成果产权对科研人员的长期激励，允许科研人员和教师依法依规适度兼职兼薪，加强组织实施等。提出要在全社会形成知识创造价值、价值创造者得到合理回报的良性循环，构建体现增加知识价值的收入分配机制。

该文件还具体提出了实行以增加知识价值为导向的分配政策遵循的原则，主要有以下4项原则。一是坚持价值导向原则。针对我国科研人员实际贡献与收入分配不完全匹配、股权激励等对创新具有长期激励作用的政策缺位、内部分配激励机制不健全等问题，明确分配导向，完善分配机制，使科研人员收入与其创造的科学价值、经济价值、社会价值紧密联系。二是实行分类施策原则。根据不同创新主体、不同创新领域和不同创新环节的智力劳动特点，实行有针对性的分配政策，统筹宏观调控和定向施策，探索知识价值实现的有效方式。三是激励约束并重原则。把人作为政策激励的出发点和落脚点，强化产权等长期激励，健全中长期考核评价机制，突出业绩贡献。合理调控不同地区、同一地区不同类型单位收入水平差距。四是精神物质激励结合原则。采用多种激励方式，在加大物质收入激励的同时，注重发挥精神激励的作用，大力表彰创新业绩突出的科研人员，营造鼓励探索、激励创新的社会氛围。

2021年，人力资源社会保障部、财政部、科技部印发了《关于事业单位科研人员职务科技成果转化现金奖励纳入绩效工资管理有关问题的通知》，提出一系列新政策。比如，规定职务科技成果转化后，由科技成果完成单位，按规定对完成、转化该项科技成果作出重要贡献的人员，发放现金奖励。同时进一步明确，现金奖励计入所在单位绩效工资总量，但不受核定的绩效工资总量限制，不作为人力资源社会保障、财政部门核定下一年度绩效工资总量的基数，不作为社会保险缴费基数。该通知的出台，一是有利于落实以增加知识价值为导向的收入分配政策，建立健全职务科技成果转化收益分配机制，发挥市场在资源配置中的决定性作用，鼓励科研人员通过科技成果转化获得合理收入，使科研人员收入与实际贡献相匹配。二是有利于激发广大科研人员的积极性、主动性和创造性，激励科研人员潜心研究、攻坚克难，大力提升原始创新能力和关键领域核心技术攻关能力，多出高水平成果。三是有利于进一步促进科技成果转化，推动关键核心技术实现重大突破，为打好关键核心技术攻坚战、实现科技自立自强提供不竭发展动力。

3. 资本主义条件下创新劳动者的阶级属性

在资本主义条件下，创新劳动者是无产阶级，还是中产阶级、资产阶级，抑或是其他的新的阶层和阶级？这个问题在今天仍是中外学者讨论的热门话题。

马克思曾对资本主义社会的创新劳动者的社会地位有过深刻的分析和剖析，他用了"普遍智能"（general intellect，《马克思恩格斯全集》译成"一般智力"）这个概念。马克思在《1857—1858 年经济学手稿》中，有一段非常有名的论述，阐明了机器体系和"普遍智能"的关系。马克思说："自然界没有造出任何机器，没有造出机车、铁路、电报、自动走锭精纺机等等。它们是人的产业劳动的产物，是转化为人的意志驾驭自然界的器官或者说在自然界实现人的意志器官的自然物质。它们是人的手创造出来的人类头脑的器官；是对象化的知识力量。固定资本的发展表明，一般社会知识，已经在多么大的程度上，变成了直接的生产力，从而社会生活过程的条件本身在多么大的程度上，受到一般智力的控制，并按照这种智力得到改造。"① 在这里，"普遍智能"（"一般智力"）是物化于机器体系之中作为主要生产力的人类的一般社会知识；这种一般社会知识，对于马克思来说，主要是科学。马克思在《1861—1863 年经济学手稿》中还提出："科学通过机器，构造驱使那些没有生命的机器肢体有目的地作为自动机来运转。这种科学并不存在于工人的意识中，而是作为异己的力量，作为机器本身的力量，通过机器对工人发生作用。"一方面，作为固定资本之最适当形式的自动机器体系像吸血鬼一样，吸吮着工人的活劳动维持着自己的生命。马克思说："但是，科学在生产中的应用只是通过使劳动从属于资本，只是通过压制个人本身的智力和专业的发展来实现的。"另

---

① 马克思，恩格斯. 马克思恩格斯文集：第 8 卷 [M]. 中共中央马克思恩格斯列宁斯大林著作编译局，编译. 北京：人民出版社，2009：198.

一方面，物化到自动机器体系中的"普遍智能"也使得它似乎具有了灵魂：机器"通过在自身中发生作用的力学规律而具有自己的灵魂"①。

意大利自主主义马克思主义者弗朗哥·贝拉尔迪提出了"智识型无产阶级"（intellectual proletarian）和"认知无产阶级"（cognitarian）的概念。其中认知无产阶级"cognitarian"是一个新造术语，是"cognitive"（认知的、认识的）和"proletarian"（无产阶级、工人阶级）两词拼合而成，贝拉尔迪有时也把"信息工人"（info-workers）、"认知型工人"（cognitive workers）和"认知无产阶级"交替使用。关于"认知无产阶级"，贝拉尔迪有两个简洁的定义，其一是："认知无产阶级就是那些体现各种形式的普遍智能的人：他们为着生产各种产品、提供各种服务而处理信息。"另一个定义是："认知无产阶级是认知劳动（cognitive labour）之社会性的肉体存在。"从外在的身体表现看，不同的"认知劳动者"之间有很大的相似性。"认知无产阶级"的身体特征，突出表现在因聚精会神而紧绷的神经，和因紧盯着屏幕而疲倦的眼睛。但是不同的"认知劳动者"之间，工作内容其实很不一样。建筑设计师在屏幕前所做的工作，IT工程师在屏幕前所做的工作，侦探小说家在屏幕前所做的工作，他们所使用的劳动工具固然相同，其工作内容却很不同。简单体力劳动者之间的工作往往经过短期训练之后可以互换，而"认知劳动者"的工作因其独特性和创造性，是很难互换的。

对于"认知劳动者"来说，时间与价值量之间的关系是很不稳定的。很难以通常的时间标准来度量"认知劳动者"的劳动价值，因为不是所有工作时段在生产性、创造性上都是相等的，"认知劳动者"有时很长时间都不能生产出任何精神（非物质）产品，有时却能在短期内生产出高质量的精神（非物质）产品。因此，贝拉尔迪认为，从这个意义上说，马克思的抽象劳动概念应该得到修正，因为抽象劳动在马克思那里跟时间相关，却没有更多去考虑到其质量。②

虽然"认知无产阶级"具有无穷的创造力，是"新经济"的主要创造者，但是总体来说，贝拉尔迪对"认知无产阶级"的精神画像是相当负面的。"认知无产阶级"往往超时工作。贝拉尔迪分析其原因时指出，可以

---

① 马克思，恩格斯. 马克思恩格斯文集：第 8 卷 [M]. 中共中央马克思恩格斯列宁斯大林著作编译局，编译. 北京：人民出版社，2009：：363.

② 尼克·迪尔-维斯福特. 赛博无产阶级：数字旋风中的全球劳动 [M]. 南京：江苏人民出版社，2020：34.

用 20 世纪 70 年代以来工人阶级的政治失败来解释，但是这种解释还不够。他认为另一个重要原因是愈演愈烈的社会原子化所造成的社区与日常个人生活的无趣化，致使"认知无产阶级"把生活的唯一重点放到了工作上去。对于"认知无产阶级"来说，不超时工作，又能去干什么呢？还有，由于恶性竞争的发展和社会保障与福利的削减，"认知无产阶级"生活在无尽的焦虑和恐慌之中。而"认知无产阶级"把越多的时间用于获取消费资料，他们就越少拥有享受现实世界的时间。

除"认知无产阶级""认知型工人""信息工人"概念外，意大利另一位自主主义马克思主义者莫里兹奥·拉扎拉托提出了"智识型无产阶级"（intellectual proletarian）概念，美国经济学家理查德·弗罗里达又提出"创造性阶级"（creative class），英国劳工问题研究专家乌苏拉·胡维斯提出"赛博无产阶级（cybertariat）"，法国未来学家、分子生物学家若埃尔·德·罗斯奈和意大利理论物理学家、哲学家卡洛·罗威利提出"网络无产阶级"（pronetariat）的概念，美国管理学家彼得·德鲁克和美国未来学家阿尔文·托夫勒则使用"知识工人"（knowledge worker）这一称谓。无论如何，所有这些概念的出现都标示了创新劳动阶层的核心特点，那就是他们不再是从事简单体力劳动的产业工人，而是具有高认知能力和文化能力的知识劳动者，是先进生产力的代表，但也是资产阶级剥削和过度剥削的受害者，是恩格斯所说的"脑力劳动无产阶级"。在汉语语境中，也许我们可以将所有这些称呼统一在"知识无产阶级"这一术语之下。

随着数字技术和人工智能所开启的信息社会的来临，生产过程中的简单劳动将会越来越为智能化的自动机器所担负，简单的体力劳动者也将越来越为机器人所替代。信息时代"知识无产阶级"的工作更具有非物质劳动和精神生产的特点；在工作中，知识劳动者必须投注更多的信息、文化和情感内容。信息社会要求的标准工人是"有素质的劳动者"，是更多的"知识无产阶级"和更少的简单体力劳动者。如果说，在马克思所处的大工业时代，工人在生产过程中所扮演的角色更多是一种嵌在自动机器体系中的机件，生产过程不需要工人的灵魂在场的话，那么信息时代的生产则"把工人的灵魂转化为工厂的一部分"，要求工人"把灵魂带进工作"，成为"沟通的主体"。那些不能适应信息资本主义对知识劳动的要求、不能成为"沟通的主体"、不能"把灵魂带进工作"的纯体力劳动者，将被大批地残酷淘汰，成为劳动后备大军中的一员。而如果被淘汰出局的纯体力劳动者不能在失业期间迅速提升自己从事知识劳动的能力的话，那么可能就会长期甚至终生处于失业状态。无情的信息社会逼迫着无产阶级快速知识化。

人类渐次开始了消灭脑力劳动和体力劳动之分，开始了体脑结合和以脑力劳动代替体力劳动的新时代。当然这还不是马克思所设想的人类真正的历史时代。但是，按照马克思主义理论，人类从"史前史"进入真正的历史，进入共产主义社会的先决条件就是三大差别（即阶级差别、地域差别、脑力劳动与体力劳动之间差别）的消失。在大众智能型的信息资本主义社会演进过程中，由于越来越多的简单体力劳动为人工智能化的自动机器所承担，由于"知识无产阶级"大量出现，脑力劳动与体力劳动的对立将不再像在传统工业社会中那么尖锐。当然，正如传统工业社会中体力劳动和脑力劳动的尖锐对立是资本强制的结果一样，在信息资本主义时代这种对立的缓和，也是资本强制的结果。一方面是无产阶级的知识化，另一方面是知识分子的无产阶级化。这一双向的进程使得体力和脑力劳动两者的差距迅速缩小。"知识无产阶级"的大量涌现，即便是资本强制所致，其客观效果恐怕也正是未来的自由人联合体所乐见的。这印证了马克思一向的坚定信念：在旧社会的土壤中，必然会孕育着新社会的萌芽。

在全球资本主义时代涌现出来的"知识无产阶级"有文化，有能力，充满创造力，是先进生产力的代表。但从目前看，这一"知识无产阶级"似乎仍是一个"自在"的阶级，不是一个"自为"的阶级。他们中很多人还误以为自己只不过是时乖运蹇的小资产阶级、中产阶级，甚至资产阶级。但是新自由主义在信息时代的肆虐，将逐渐打破其幻想，帮助他们去除头脑中的意识形态迷雾。在这个时代，"知识无产阶级"首先要做的是以批判性思维认清自己的真实处境，也认清信息社会的阶级性质。对此了然于心，才谈得上以自觉的政治行动将自身锻造成一个"自为"的阶级。

在今天的解放之路上，作为脑力劳动者的"知识无产阶级"并不孤单。由于全球资本主义地域发展的不平衡，也由于今天资产阶级剥削形式的多样，从事纯粹体力劳动的无产阶级仍大量存在。而在可见的未来，"知识无产阶级"的历史任务不是把自己变成纯粹的体力劳动者，而是力图与现有的体力劳动无产阶级融合一体，与体力劳动无产阶级共同成长为更具组织力和创造力的更高层次的自为的"知识无产阶级"。

4. 创新劳动者的社会地位

2020年9月11日，习近平总书记在科学家座谈会上的讲话指出："劳动是人类生存和发展的基础。尊重劳动,尊重知识,尊重人才,积极发挥创新性劳动在创造财富中的决定性作用,是人类文明不断繁衍发展的动力源泉。"创新劳动的承担者有科学家、技术人员、工程师、企业家,还有千千万万个能工巧匠等大批普通劳动者。创新劳动者的社会地位是评价一个社会创新劳动受重视受尊敬程度的重要标志,也是衡量一个国家和地区是不是创新型国家和地区的标志之一。我们不去讨论历史上的创新劳动者的社会地位,仅仅看今天,"尊重创新劳动和创新劳动者"尽管已经成为社会的风尚并落实到具体的行动中,但这与我们的目标相比仍有很长的路要走。

2001年度国家最高科学技术奖授予了一位物理学家——黄昆。2005年,黄昆逝世后,《人民日报》记者曾经问到十几位当年参加高考的学生以及大学毕业生和机关干部:"你知道黄昆是谁吗?"有的说是"钢琴家",有的说是"电影演员",有的说是"搞美术的",有的干脆说"不知道是谁。从来没有听说过"。黄昆是谁?他是中国科学院院士,瑞典皇家科学院外籍院士,第三世界科学院院士,是世界著名的物理学家,中国固体物理学和半导体物理学的奠基人之一。黄昆既是我国在世界上享誉盛名的科学家,又是运用科技成果给公众带来生活享受的科学家,我们应当像熟识天上北斗、地上江河、衣食父母那样知道他,然而,我们的社会、传媒、舆论、公众却不了解他。

再以工程师为例,现在一谈到工程师,许多人都会自觉不自觉地想到科学家或企业家。从社会作用上看,工程师与科学家、企业家各有重要的社会作用,人们不应顾此失彼、抑此扬彼。现实情况是,社会在对待企业家、科学家和工程师的认知上常常是"不平衡"的。在理论研究和社会舆论方面,工程师的重大社会作用被严重忽视和低估了;在社会声望和社会影响方面,工程师工作的性质和意义也未能被社会充分了解和理解,工程师的社会声望被严重地"打折"和"转移"了。

1980年,英国发表了《芬尼斯通报告》(*The Finniston Report*)。该报告尖锐地指出,尽管工程师对社会福利和财富有很大贡献,可是,他们却缺少应有的承认。美国工程院的一项调查结果表明:许多人根本区别不出科学家、技术员和工程师,不能自然而然地把工程与技术创新联系起来。尽管"阿波罗飞船"实实在在是工程成就,然而许多人仍然把这些成就归功于科学家而不是工程师。在中国,这个现象也同样存在。在一些场合,人们常常把科教兴国的"科"看作科学，即认为科教兴国就是科学和教育兴国。而技术和工程不过是科学的附属品，技术不过是科学的应用，工程不过是技术的应用。与之相关，人们往往把尊重人才看作重视科学家，或者还包括敬佩杰出的发明家，但并不一定包括工程师。即使是高级人才，教授的名声常大于"高工"。在教育观念上，不少人自觉地认为，一流人才应学理，二流人才可学文，三流人才去学工。许多关于中学生职业志向的调查问卷显示，当被问到未来想做什么时，很少有学生说想当工程师，这些现象已经引起了我国工程界专家学者的忧虑。

尽管工程师是受人们羡慕的职业，但不可否认，当前无论在国外还是国内，工程师的社会作用常常不被了解和理解，工程师的社会声望也相对偏低，工程师还远未能成为对广大青少年有强大吸引力的职业。20世纪五六十年代，我国最优秀的学生争着学工科，"两弹一星"的成功就离不开那些我们自己培养的优秀的工科毕业生。而现在最好的学生都去报考金融、经济与管理等热门专业。即使勉强学习工程，工科专业毕业生的"流失"现象也非常严重。在中国，"学而优则仕"的想法仍普遍根植于人们心中，即使不走"仕途"，那些学金融、从事金融工作的群体，也存在着"赚大钱"的示范引导效应。尽管在历次国际工程教育年会上，众多专家一再呼吁"回归工科！"但"逃离工科"现象近年来仍愈演愈烈。这不仅仅是教育领域的问题，而且主要是源于整个社会的分配机制的"推力"作用。

许多人仍习惯性地把工程看成科学技术的应用，于是工程的"独立地位"就被忽视了，工程成了科学的"附属物"。在这种观念影响下，有些人只承认科学的创造性，而严重低估甚至否认了工程活动的创造性。在许多人的心目中，工程劳动只是一种乏味的、执行性的、没有创造性的劳动。抗日战争期间，浙江大学工学院学生因院长在社会上没有名气，要求撤换院长，时任校长竺可桢在他的日记中感慨地写道："……所谓知名人士无非在各大报、杂志上作文之人，至于真正做事业者则国人知之甚少。即如永利、久大为我国最大之实业，但有几人能知永、久两公司中之工程师侯德榜、傅尔分、孙学悟的呢！"[①] 这种传统文化积淀下来的观念至今在社会上仍有无形而强大的影响。在几千年的阶级社会中，无论是在东方还

---

① 蔡恒胜. 竺可桢校长和浙江大学——竺可桢日记史料札记（1936—1949）[M]. 杭州：浙江大学出版社，1999：123.

是在西方，生产劳动的实践活动一直是被轻视和被贬低的，传统思想和文化的积淀形成了一种"只重视理论而轻视实践"的无形力量。无论是古代还是近代，官员的地位都是最高的。即使是技术官僚也首先是通过科举成为官员，再被委派成为技术官僚的，这之前他们并没有接受工程教育。在当代中国，工程师也不是一些人最终的选择，一些人选择做工程师，是因为工程师也可以跃升为官员，学习工程也只是一个跳板。我国现代建筑学家、中国营造学社创始人朱启钤也痛感中国历代"道器分途、重士轻工"的传统观念负面影响之深。在这种强大的传统势力的"覆盖"和影响下，作为生产实践的工程活动和从事工程实践活动的工程师这个职业难免要受到某些轻视甚至贬低。

提高工程师的社会地位，绝不是为了工程师的一己私利，它事关对创新劳动的认可和尊重，事关产业兴衰和工程师队伍能否吸引优秀青少年的大事。这需要我们去阐明和宣传工程师的社会作用和贡献，使工程师像企业家和科学家一样在社会中获得应有的声望。我们不仅要关注普通工程师的社会作用，也要特别关注"工程大师"的作用。在我国，华罗庚等科学泰斗对于科学的发展和提高科学家的社会声望起着重要的作用，同样，我们也应该深入研究侯德榜、王选等杰出工程师的作用，充分发挥工程泰斗和工程大师的超常创新能力和卓越典范作用。

## 二、创新劳动的人际关系——协同创新

### 1. 合作与协同创新的协同学基础

与一般劳动一样，创新劳动中也存在劳动者之间的关系，狭义的劳动关系，是指用人单位与劳动者之间，依法所确立的劳动过程中的权利义务关系。广义的劳动关系，就是在劳动生产活动中形成的人与人之间的关系。人是社会关系的总和，劳动关系作为生产关系的重要组成部分，是在劳动过程中劳动者之间，以及劳动者与劳动力使用者之间形成的一种社会关系。创新劳动中参与创新的劳动者之间也一定存在着各种与创新劳动有关的关系。

从创新规律角度，研究创新劳动者之间的关系是考察创新劳动的必不可少的视野。这些关系中合作关系可以发展成协同关系，进而产生协同创新。协同创新是各个创新主体要素内实现创新互惠、知识共享、资源优化

配置、行动最优同步以及高水平的系统匹配度。协同创新不仅仅是一种科研组织方式,更代表着创新劳动者之间的协同关系。

协同学是 20 世纪 70 年代初由联邦德国理论物理学家赫尔曼·哈肯创立的。60 年代初,激光刚一问世,哈肯就注意到激光的重要性,并立即进行系统的激光理论研究。在深入研究激光理论的过程中,哈肯发现,在合作现象的背后隐藏着某种更为深刻的普遍规律。他在 1970 年出版的《激光理论》一书中多处提到不稳定性,为后来的协同学的创立准备了条件。1969 年哈肯首次提出协同学这一名称,并于 1971 年与格雷厄姆合作撰文介绍了协同学。协同学有广泛的应用,不仅仅在自然科学方面主要用于物理学、化学、生物学和生态学等方面,同时也在社会科学方面如社会学、经济学、心理学和行为科学等方面有更广泛的运用。

协同学是研究各种由大量要素或子系统组成的系统在一定条件下,通过要素或子系统间的协同作用,在宏观上呈有序状态,形成具有一定功能的自组织结构机理的学科。上述的要素或子系统既可以是自然界物理意义上的物质,也可以是社会意义上的人和组织,协同学主要研究系统内部各要素之间的协同机制,认为系统各要素之间的协同是自组织过程的基础,系统内各序参量之间的竞争和协同作用是系统产生新结构的直接根源。所谓自组织就是在没有外部指令条件下,系统内部各子系统之间能自行按照某种规则形成一定的结构或功能的现象。协同机理是首先有系统内部的涨落,由于系统要素的独立运动或在局部产生的各种协同运动以及环境因素的随机干扰,系统的实际状态值总会偏离平均值,这种偏离波动大小的幅度就叫涨落。然后当系统处在由一种稳态向另一种稳态跃迁时,系统要素间的独立运动和协同运动进入均势阶段时,任一微小的涨落都会迅速被放大为波及整个系统的巨涨落,推动系统进入有序状态。

协同学引申出很多理论,其中主要有协同动力论,它有三大要点:第一,在大量要素或子系统存在的事物内部,在平权输入必要的物质、能量和信息的基础上,须激励竞争,形成影响和相互作用的网络;第二,提倡合作,形成与竞争相抗衡的必要的张力,并不受干扰地让合作的某些优势自发地、自主地形成更大的优势;第三,一旦形成序参量后,要注意序参量的支配不能采取被组织方式进行,应按照体系的自组织过程在序参量支配的规律下组织系统的动力学过程。

创新劳动首先是通过个人的独立思考来进行的,尤其是科学劳动带有明显的个体性。一个新的发现或发明,往往是由某个人或某些人首先提出,然后才为多数人所接受、所采用,科学劳动的成果往往要标上个人的名字,社会因此承认并尊重科学发现者、技术发明者的特殊作用和特殊功绩。例如,科学论文、科学著作要署上作者的姓名,科学奖励要授予有突出贡献的个人,某些定律、定理、学说还要用科学家的姓名来命名,等等,这些都是合理的。但是,如果因此以为科学技术的发明创造纯粹是个人思维的产物,科学技术的成功全靠"个人奋斗",那就错了。

科学技术成果在本质上是集体智慧和协作的产物。创新劳动是人类作为整体探索自然与自身奥秘,以及改造自然的历史性进程,它需要人们在时代的课题面前协同努力。没有一个人可以离开他人的支持与合作而独自取得成功。牛顿曾说,如果我曾经看得远一些,那是因为站在巨人们的肩上。科学劳动是离不开集体智慧和集体协作的。离开了集体的智慧,就不可能有个人的独立思考和独创;离开了协作,就不可能取得科学技术的创新成果。马克思在《资本论》中指出,科学劳动是社会的一般劳动,"这种劳动部分地以今人的协作为条件,部分地又以对前人劳动的利用为条件"。无论哪个伟大的科学家,如果没有对前人劳动的利用和同代人的协作,是无法作出成果的。对于这一点,许多卓越的科学家是深有体会的。英国物理学家卢瑟福曾说过:"科学家不是依赖于个人的思想,而是综合了几千人的智慧,所有的人想一个问题,并且每人做它的部分工作,添加到正建立起来的伟大知识大厦之中。"[①]

恩格斯在谈到伟大人物的出现时说过:"恰巧某个伟大人物在一定时间出现于某一国家,这当然纯粹是一种偶然现象。但是,如果我们把这个人去掉,那时就会需要有另外一个人来代替他,并且这个代替者是会出现的,不论好一些或差一些,但是最终总是会出现的。"[②] 社会历史的发展是如此,自然科学的发展也是如此。在科学技术工作中,要求充分发挥个人的独创性。这也是由科学劳动的特点所决定的。在科学劳动中,总是需要科技工作者以个体的方式去阅读文献、资料,积累有关知识,进行观察分析,独立思考问题,提出自己的建议、方案等。在一定意义上说,如果没有个人独创性的发挥,也就不会有科学的发现和发明。但是,决不能因此

---

[①] 胡慧. 卢瑟福传[M]. 长春:时代文艺出版社,2012:56.
[②] 恩格斯致瓦尔特·博尔吉乌斯的信[M]//马克思,恩格斯. 马克思恩格斯文集:第10卷. 中共中央马克思恩格斯列宁斯大林著作编译局,编译. 北京:人民出版社,2009:669.

认为科学成果完全凭借个人智慧和个人劳动就可以得出。科学技术工作在本质上是集体工作，科学的发现和发明在本质上也是集体协作的产物。尤其是现代科学技术，任何一个重大课题的解决，都决不是某一个人的能力所能胜任的。互相合作和集体协作能够取得任何个人所无法取得的科学成就。

如何促进协同创新？未来协同创新的趋势是什么呢？其中一个答案就是：平台化。从近代以来直到20世纪末，图书馆和博物馆一直被认为是人类社会文明和智慧的摇篮。而现在，信息化的行业智慧平台和公共智慧平台则成为最受人们重视的基础设施建设。比如，维基百科是美国公众自发建立的知识平台。而且美国各个行业、各个大学也都在建设各个行业类似维基百科的国家行业智慧平台。类似的，我国有"知乎"等平台，构成中文互联网高质量的问答社区和创作者聚集的原创内容平台。"知乎"于2011年1月正式上线，以"让人们更好地分享知识、经验和见解，找到自己的解答"为品牌使命。截至2022年1月，知乎个人注册用户总数超过4亿，日活跃用户量达8000万，人均日访问时长4小时，月浏览量540亿。据2021年知乎用户调查报告，知乎本科及以上用户占比80.1%，中高收入及小康用户是知乎主力人群，占比76.0%。随着这些平台的建立，人们在平台上的学习、交流、互动，将会为创新提供更大的机遇和新方式。企业也是平台建设的重要力量。IBM早就建成了员工创新平台，可以在72小时之内在网上整合10万员工的9.3万个想法。在宝洁公司的合作创新平台上，公司自己的8500名研究人员，每个人都要结交150个网络科学家朋友。自2000年开始，宝洁50%以上的创新源于员工与网络科学家的合作。德国大众公司也建立了一个客户参与互动制造的平台。这就是全球创新平台，这些方式被称为"众包"。因此有人说，当企业进入半成品时代，创意不都是企业作出来的，而客户更有创造性，他们才是创新的主力军。

2. 集体智慧的创新模式

人类进入了互联网时代和智能时代，我们准备好了吗？在这个技术变革层出不穷的时代，我们所处的世界瞬息万变，而且变化的速度也正在急剧地加快。过去动辄适用一辈子的经验和方法正在销声匿迹，连过往的佼佼者也很难延用旧有的路子重复他们过去的成功。2013年，首届伊丽莎白女王工程奖颁给了互联网的早期开拓者们，这无疑是一个风向标。互联网的开拓创新不可能凭借一个人或几个天才的力量完成，它是集体智慧的结晶。高达100万英镑的奖金给了那些对人类有益的突破性创新的项目负责人。罗伯特·卡恩、温顿·瑟夫和路易斯·普赞率先开放了互联网基本架构标准；蒂姆·伯纳斯-李创建了万维网，大大扩展了互联网在文件传输和电子邮件外的应用；马克·安德森还是一名大学生时就与一名同学合作，共同开发了马赛克（Mosaic）浏览器（即网景浏览器的前身），并在全球范围内推广普及。

在互联网和人工智能时代，我们如何变得更聪明进而去应付更加复杂的劳动呢？社会、政府或管理系统如何解决复杂的问题呢？答案是靠集体智慧——《大思维——集体智慧如何改变我们的世界》这部著作给出了这个答案。该书的作者是被誉为英国创新之父的杰夫·摩根，现在是英国国家科学、技术及艺术基金会执行官，伦敦政治经济学院、伦敦大学客座教授。这部著作谈论的重点就是集体智慧。全书主要围绕着四个问题进行探讨：集体智慧的本质、集体智慧的选择、集体智慧的用武之地、集体智慧的未来发展之路。作者提出，集体智慧在未来将会成为一门学科，从创建基本的集体，即各类混合集合出发，构建出集体智慧的功能要素和支撑基石，通过组织原则，实现科学知识与情境知识相结合的演化策略，实现各个维度的智能。①

集体智慧，也称群体智能、群智，英文是 collective intelligence，英文 intelligence 即为智力、智能之意。面对一个问题，单一个体可能无法作出决策，或者所作出的决策往往会比多数人的决策来得不精准，于是就需要和利用集体智慧。集体智慧是一种共享的或者群体的智慧，是一种集结众人的意见进而转化为决策的过程。集体智慧是从多个个体的合作与竞争中涌现出来的，将更多人的智慧聚集起来，解决同一个问题，产生比个体智慧更好的效果。该书作者还提出，如何合理地组织众人，激发大家的智慧，集中到一个问题上，是当代重要的课题。

集体智慧是当代创新劳动的源泉。其实，集体智慧并不是现代文明的产物，它跟人类文明一样古老。集体智能在细菌、动物、人类以及计算机网络中形成，并以多种形式协商一致的决策模式出现。在面对一些重大问题的时候，人类很早就会组织起来，运用集体智慧来解决问题。到了现代，由于人工智能、社交网络的兴起，人类有了更多相互合作的形式和可

---

① 杰夫·摩根. 大智慧：集体智慧如何改变我们的世界［M］. 北京：中信出版社，2018：132.

能。集体智慧的组织形态也变得越来越多样化,从非常松散的结构到严密的结构都有。比如,有些网络平台可以让知识自觉地汇总起来,并不需要当事人有意识的合作。维基百科就是这类集体智慧的典型代表,每个人都能对词条进行上传、编辑和修正。再比如,大公司有明确的层级制度,不同的决策层分工也不同。公司不同层面的智慧组织起来,形成有效的合作,从而构成集体智慧。随着人工智能的兴起,集体智慧的外延也在扩大,它不单单是指人类智慧,还包括机器智慧。在人工智能时代,出现了将人和机器结合起来实现更大的集体智慧。谷歌地图就是一个很好的例子,谷歌公司一方面派出装有摄像头的车队,来自动拍摄谷歌街景;另一方面它会动员公众力量,通过谷歌地图制作工具,使每个人都能编辑和添加他们所知领域的地图。

今天的新技术也让集体智慧的呈现方式变得多样化。比如,美国星球实验室构建了历史上最大规模的卫星网络,可以让世界各地研究者在这个平台上持续不断地观测地球上的生态状况。它靠的是鸽子卫星,鸽子卫星的体积很小,只有一个鞋盒那么大。因此它的发射成本低,可以在不同地区多发射几颗,从而更有效地观察地球上的各种现象。获取数据和信息是智慧的重要组成部分,机器智能可以在全球范围内提供更系统、更持久的信息,也更方便人们集中处理。除此之外,记忆同样是智慧的一个重要基石。比如,随着图像识别、声音识别技术的发展,机器能更快速地分析网络中的信息。在机器智能发展的同时,人类智慧也在大规模地连接起来,形成更高级的集体智慧。这主要得益于互联网带来的便利,让全球不同地区、不同职业、拥有不同技能的人共同投入到一个项目中。

我们可以先设想一个场景:假设一百名乘客被滞留在一个偏远岛屿的机场中,所有的工作人员都莫名其妙地消失了,所有能源和移动网络都被切断了。乘客们只能自己寻找求生的办法。现在他们最好的选择就是团结起来,形成集体智慧,最终逃出困境。因此从发生机制上说,他们首先需要对现有的局面有一个基本的判断。比如,所有乘客能否通过语言进行交流?如果语言不通,就需要找到其他的沟通方式。再比如,这个岛屿适不适合人类生存,还是有巨大的危险?人们要依靠什么才能生存下来?有了这些基本判断之后,乘客们就需要分头在岛上到处走一走,观察、收集尽可能多的信息,并进行推理分析,评估一下当时的实际情况。记忆能力也同样非常重要。这些乘客们需要回想起自己学习过的求生技能。在这个过程中，还需要创造力。有了好的想法之后，还需要有运动协调等行动能力，将思想和行动联系起来。在这期间，乘客们可能相互猜疑，分裂成一个个小团体；也可能并肩作战。因此这期间还需要有共情能力。当人们有了可靠的信息，又有了顺畅的对话和协作之后，就需要有良好的决策能力，理解复杂事物、作出正确的决定。最后，还有一个综合能力，就是在上面所说的这么多种能力之间取得平衡。如果过于强调其中的某一项能力，就有可能产生问题。比如，如果太偏重记忆的能力，可能会被过去的信息困住。如果一味地推理思考，可能就会对直觉和情绪视而不见。

3. 协作创新体现的劳动精神

尊重劳动者的首创精神与弘扬技术协作精神都是中国特色社会主义劳动关系鲜明的特征。劳动合作精神早在延安时期就已经形成，当时在大生产运动中倡导"自力更生""艰苦奋斗"的同时，还形成了"劳动互助、劳动合作"传统。

1938年1月，边区合作社成立，并于次年10月召开第一次代表大会。1939年3月，《陕甘宁边区劳动互助社暂行组织规程》规定："劳动互助社，直接受乡政府之领导""凡属边区农民，无论男女老少，只要赞成并能遵守本社一切规定者，均得加入本社为社员"，由此，互助组、合作社等相继出现，边区形成了劳动互助的高潮。为了加强互助组织制度的建设，1941年，边区政府制定的《农业生产互助小组暂行组织条例》强调，"生产互助小组的宗旨，是依靠自力生产，互相帮助，并联合借款和运输，达到共同发展生产的目的"。尤其是互助公约、劳动公约的制定，使农民克服了散漫性，集体观念逐步加强，被毛泽东称为"延安经验"。

1943年10月，毛泽东在《切实执行十大政策》中，将劳动互助视为第二次生产制度革命，"这样的改革，生产工具根本没有发生变化，但人与人之间的生产关系变化了。从土地改革到发展劳动互助组织两次变化，这是生产制度上的革命"。[①] 1943年11月，毛泽东在《组织起来》中总结道："目前我们在经济上组织群众的最重要形式，就是合作社……除了这种集体互助的农业生产合作社以外，还有三种形式的合作社，这就是延安南区合作社式的包括生产合作、消费合作、运输合作（运盐）、信用合作的综合性合作社，运输合作社（运盐队）以及手工业合作社。"同时从

---

① 毛泽东. 毛泽东选集：第3卷［M］. 北京：人民出版社，1996：71.

"冲破教条主义、打破公式主义、公私两利方针、根据人民意见改进"等四个方面对南区合作社的经验予以总结，党的"从群众中来，到群众中去"工作方法由此产生。合作社给边区带来巨大变化，这种生产团体，一经成为习惯，不但生产量大增，各种创造都产生出来了，政治也会进步，文化也会提高，卫生也会讲究，风俗也会改变。由此，毛泽东称其是"人民群众得到解放的必由之路，由穷苦变富裕的必由之路，也是抗战胜利的必由之路"。

从延安时期的生产合作到新中国成立后的职工技术协作，劳动协作精神在我国的社会主义建设中形成、延续和发扬光大。而技术协作精神不仅体现了无私奉献和互帮互学，也体现了协同创新。20世纪60年代初，鞍山钢铁公司总结出一套具有鲜明特色的企业管理经验。1960年3月11日，中共鞍山市委向党中央作了《关于工业战线上的技术革新和技术革命运动开展情况的报告》，毛泽东在3月22日对该报告作了批示，在批示中，毛泽东高度评价了鞍钢的经验，提出了管理社会主义企业的原则，即开展技术革命，大搞群众运动，实行两参一改三结合，坚持政治挂帅，实行党委领导下的厂长负责制。并把这些原则称为"鞍钢宪法"，倡议在全国范围内推广。鞍钢宪法的核心内容是"干部参加劳动，工人参加管理；改革不合理的规章制度；管理者和工人在生产实践和技术革命中相结合"。这就是"两参一改三结合"，其中"三结合"就是"工人群众、领导干部和技术员三结合"。

毛泽东代表中央在批示中提出：鞍钢是全国第一个最大的企业，"过去他们认为这个企业是现代化的了，用不着再有所谓技术革命，更反对大搞群众运动，反对两参一改三结合的方针，反对政治挂帅，只信任少数人冷冷清清地去干，许多人主张一长制，反对党委领导下的厂长负责制，认为'马钢宪法'（苏联一个大钢厂的一套权威性的办法）是神圣不可侵犯的"。现在这个报告，"不是马钢宪法那一套，而是创造了一个鞍钢宪法。鞍钢宪法在远东，在中国出现了"。①

2014年1月17日，鞍钢"李超劳模创新工作室"成立。鞍钢股份冷轧厂首席技师李超，在鞍钢已是赫赫有名——他是鞍钢目前唯一一位获国家科技进步奖二等奖的工人。他还获得全国劳动模范、时代楷模等多个荣

---

① 李振成. 鞍钢宪法五十年回顾［M］. 昆明：云南人民出版社，2011：72.

誉称号。"李超劳模创新工作室"的成员堪称当代版的"三结合"样板。目前共有34人,由机械、电气、液压、操作、工艺各专业人员组成,其中,工程技术人员20人,管理干部6人,技师和高级技师8人。李超认为,"三结合"各展所长合作攻关,在推动技术进步方面大有作为。

李超所在的鞍钢股份冷轧厂装备完全是自动化、智能化的,工艺水平达到世界先进水平。在这样的工厂要推动技术进步,仅靠技术工人是不够的。在生产中,因为出现检查台钢卷"溢出边"现象,使冷轧板端面不齐,会影响外观质量、成材率。2016年底,"李超劳模创新工作室"对这一工艺难题立项攻关,"三结合"攻关团队进行了明确分工:每个班的操作工人都对每卷冷轧板型号、规格、"溢出边"情况等进行跟踪、记录,为解决问题提供第一手资料;工程技术人员根据操作工人提供的资料及他们的观察了解,从冷轧厂内部控制、设备精度及外部原料板型精度等7个方面进行分析,最后决定通过优化轧机入口切换模式,新增一个"解决联合机组检查台溢出边装置";在制造过程中,管理人员根据生产情况对人员进行合理调配,同时按照管理制度规定,对本厂不能生产加工的部件进行社会采购;技术工人则按技术要求加工出合格的零部件,对"解决联合机组检查台溢出边装置"进行安装。经过6个多月的联合攻关,检查台钢卷"溢出边"问题得到彻底解决。2017年12月,这一项目获国际发明展览会金奖。

4. 职工技术协作的兴起与示范效应

协同创新的有效执行关键在于协同创新平台的搭建。鞍钢的劳模工作室是一种方式,而职工技术协会也是重要的协同创新平台。职工技术协作活动诞生于20世纪60年代的沈阳,如今职工技协已经是我国各级工会组织的重要部门。职工技协活动是我国工人阶级的伟大创举,是广大职工发扬主人翁精神的具体体现。从它成立至今的六十多年来,各级职工技协组织塑造并践行着"艰苦奋斗,无私奉献,团结协作,开拓创新"的技协精神,积极组织广大会员开展多种形式的群众科技活动,在提高职工技术素质、推动企业技术进步、促进经济社会发展等方面发挥了积极的作用。

技术协作诞生的时代正是社会倡导义务劳动和无私奉献,大干快干社会主义的时代。正如有人评价的,命中无数的巧合,造就了一切偶然而又必然的历史。1959年初,鞍钢劳模王崇伦找到老英雄孟泰和盘托出组织全鞍钢能工巧匠开展大规模技术协作活动的设想。两位忘年交的劳动模范一拍即合。经过两人的精心筹划，鞍钢拥有了一支以劳动模范、先进人物为骨干的技术协作队伍，人数达1500多人。1961年初，沈阳市总工会举办毛主席著作学习班，吴家柱、林海丰和吴大有等来自企业一线的工人参加了这个学习班。全国劳模吴家柱是沈阳气体压缩机厂电器工程师，沈阳市劳模林海丰是沈阳拖拉机制造厂车工，沈阳市先进生产者吴大有是沈阳高压开关厂工人技术员。当时正值新中国遭遇三年困难时期，农业大面积减产减收。同时，苏联撕毁合同，撤走专家，扔下许多半截子工程，举国上下面临严峻考验。学习班上，毛泽东关于"众人拾柴火焰高"等论述，给了三人很大启示和激励。吴家柱找到林海丰和吴大有，三人一拍即合，决定开展合作，协作攻关，解决企业生产中的技术难题。在吴家柱的帮助下，沈阳拖拉机制造厂手工研磨变成了机械研磨；在林海丰的帮助下，沈阳气体压缩机厂磨床砂轮修整难题得到解决。

1961年6月，时任沈阳市委书记朱维仁向干部、劳模传达党中央号召：发愤图强，自力更生，艰苦奋斗，勤俭建国。吴家柱、林海丰和吴大有三人听后深受鼓舞，同时又感到三人力量太小，于是商定联合沈阳市劳模，将技术协作活动搞起来。他们找到沈阳变压器厂的王凤恩、东北机器制造厂的尉凤英、沈阳铸造厂的张成哲等沈阳市知名劳模。这些人听了开展技术协作的想法后都大为赞同，积极加入。很快，职工技术协作成员增加到十几人。队伍如滚雪球般发展，不久便突破了100人。家里容纳不了，吴家柱找到当时沈阳气体压缩机厂党委书记李赢洲。李赢洲大力支持，把专家室腾给他们用。从1961年7月起，这个职工自发的技术协作活动有了新场所。晚上和周日，上百人拿着图纸、设备模型、工卡量具等涌向这个活动室，大家或互相介绍革新成果，或提出课题研究解决办法。

1961年10月24日，沈阳市正式成立"沈阳市劳模、先进生产者厂际经验交流和技术协作活动委员会"，吴家柱担任主任。职工技协活动在沈阳市总工会的领导和支持下，蓬勃开展起来。时任中央书记处书记彭真称赞道："你们沈阳开展的群众技术协作活动是真正的共产主义风格，真正的群众路线……全国要向你们学习。技协活动要在全国开展起来。"[①] 由此开始，这项活动逐渐向全国推广。

20世纪60年代末，受到"文革"的影响，职工技协活动基本处于停

---

① 王中力. 职工技协论 [M]. 太原：山西人民出版社，2001：21.

滞状态，直至1978年，工会工作和技协活动开始复苏。同年11月，中华全国总工会制定了《群众技术协作组织条例》，中国工会第九次全国代表大会第一次把职工技协活动正式写入了工会章程，标志着职工技协工作正式成为工会工作的重要组成部分。改革开放以来，经济人逐利性的空前释放，推动了中国经济的飞速发展，取得了举世瞩目的成就。但我们可以用市场经济自身的力量，动员起全社会每一个经济人的创造热情，却无法动员起每一个人的奉献热情。技协的真正价值在于，它为我们提供了一种市场自身无法孕育，而社会发展又迫切需要的一种精神力量或道德守望。职工技协的创始人之一吴大有后来长期担任沈阳市总工会技协主席一职，1992年笔者出版了第一本专著《创造行为与创造技法》，他在百忙之中欣然给该书写了序言。序言中，他写道："我从多年职工技术协作活动的实践中，深深感受到职工群众中蕴藏着极大的创造潜能，它是我国社会主义建设的巨大财富和宝贵资源，技术协作精神就是最好的催化剂……"①

## 三、科学史上的协同创新

### 1. 现代科研的性质与协同创新的必然性

在科学史上，大量的重大成就都是协作创新、协同创新的产物。例如在第二次世界大战期间，英国病理学家弗罗里联络了包括化学家、生物学家、细菌学家等二十多人，组成了一个青霉素研制组，经过一年多的努力，将弗莱明在十一年前发现的青霉素成功地实现了向实用临床药物的转化，青霉素药物同原子弹、雷达一起，被人们称为第二次世界大战期间的三大发明。

上述协作是不同学科的专家之间的协作。当然，也有不同特长的科学家之间的协作。例如杨振宁和李政道，他们在数学计算和分析才能上各有特长，合作进行了几年研究，提出了在弱相互作用中宇称不守恒的理论。为了证实这个理论，他们请擅长于实验的吴健雄做实验进行验证。他们之间的协作，取得了重大的成就。同时还有不同辈分的科技工作者之间的协作。老中青结合，各自发挥长处，既有丰富的经验又有旺盛的精力，既富有创造精神又不莽撞，更显出集体协作的优越性。

---

① 王滨. 创造行为与创造技法［M］. 沈阳：东北工学院出版社，1992：1.

在现代，直接合作的共同创新劳动日益成为科技工作的主要方式。美国科学家朱克曼曾对获得诺贝尔奖的科学家进行了多年的跟踪研究，并出版了名为《科学界的精英》一书，书中有这样一个统计数据：从1901年到1972年，共有286位科学家获得诺贝尔奖，其中有185人（近三分之二）是同别人合作研究取得成就的。具体而言，在诺贝尔奖设立后的第一个25年，合作研究获奖者占获奖人数的40%；第二个25年，这个比例为65%；第三个25年，这个比例上升为79%。①

　　这些数字表明，在科技工作中协作的趋势在不断加强，合作研究日益成为科技工作的主要方式。在诺贝尔奖的历史上，一位科学家单独获奖的情况是很罕见的。诺贝尔奖通常不是授予一位科学家，而是授予两位或三位科学家，或者一个团队。这些科学家在一起相互帮助借鉴、学习、交流和思想碰撞，从而激发创造力，实现协同创新。

　　在19世纪中叶以前，世界范围内科学研究的规模都较小，科研用仪器简陋，科学劳动方式的个体性比较明显。从19世纪中叶以后，这些情况发生了变化，出现了集体合作式的研究。1871年，麦克斯韦在英国剑桥大学创建了卡文迪许实验室。这个实验室先后集中了一批有才干的科学家，为科学事业作出了巨大贡献。1881年，爱迪生在美国建立了有一百多名科学家、工程师、技术人员、技术工人参加的科学技术发明工厂——门罗公园实验室（门罗公园研究所），在那里诞生了很多重大发明。大约同时，美国的另一个发明家贝尔成立了贝尔电话研究所，后改称贝尔实验室。这个研究所也在发明史上留下了浓墨重彩的一笔，作出了大量重大的发现和发明。19世纪中叶以后到现在，集体研究的方式蓬勃发展起来，科学研究越来越集中于各种科研机构、工业实验室和高等学校。随着科学技术的发展，探索的课题越来越广泛，越来越复杂，许多项目往往需要不同学科的大量人员的参加才能得到解决。于是，集体直接协作的共同劳动成为现代科学劳动的重要方式。

　　自然界是一个统一体，是一个多层次、多结构、多序列的整体。人类为了征服自然、改造自然，仅仅依靠学科的高度分化是不行的。正像在现代化战争中需要很多的兵种，只靠某一个兵种是打不赢战争的，必须多兵种协同作战。现代科学技术劳动也是一样，它要求人们采取多学科"立体

---

① 哈里特·朱克曼. 科学界的精英［M］. 北京：商务印书馆，1982：144.

作战"的方式对自然界进行综合性探索。高度分化的各门学科互相交叉，互相渗透，互相影响，形成了统一的科学体系，出现了科学整体化的趋势。每门学科都是整个科学整体的有机组成部分，其发展都不是独立进行的，而是越来越依赖于其他学科乃至整个科学的发展。单科突击、孤立发展已越来越困难，必须有各门学科的协调配合。

现代科学技术的整体化和综合探索的趋势，需要学科交叉、优势互补，从而进一步加强了科技工作中协作的趋势，使集体协作成为现代科学技术发展的必由之路。20世纪30年代以来，出现了高度综合性的科研项目，需要各种专业人员共同协作。协作的规模越来越大，范围越来越广。一台现代大型加速器的运转，需要一二千名科学家和工程师参加工作。美国的阿波罗登月计划，总共有120多个大学和研究机构参加，动员了2万家公司，投入了42万人力。为了适应现代科学技术的发展，近几十年来，人们对科学劳动的组织结构进行了必要的改革，如建立跨学科的综合研究组织，高等学校建立跨学科的教学和科研机构，组织多学科联合攻关，等等。

现代科学技术发展中协作趋势的加强，要求科技工作者具有协作精神。只有明确意识到科学技术发展的协作趋势，自觉培养群体意识和协作精神的人，才能适应现代科学技术发展的要求。许多科学家就是由于他们善于同别人协作才取得成功的。维纳等人创立控制论就是一个例子。维纳本来从事纯数学研究，20世纪30年代，他和墨西哥生理学家罗森勃吕特共同组织了一个科学方法讨论会，参加的人有物理学家、工程师、医生、数学家等，他们从各门学科各个方面提出问题进行讨论，取长补短，互相启发。第二次世界大战期间，维纳又同一些科学家、工程师、心理学家一起，直接参加了防空系统的有关预测理论研究和控制装置的开发工作。

正是在这样多学科合作的条件下，维纳将通信、自动控制机械和生物体的某些控制机制进行类比、综合和概括，研究了机器和生物体中信息传输、变换、处理和控制的一般规律，并用数学方法加以总结，提出了关于在动物和机器中控制和通信的科学——控制论。1943年，维纳和罗森勃吕特、别格罗联合发表了《行为，目的和目的论》一文，提出了控制论的基本思想。1946年，维纳又召开了几次有各方面专家参加的学术会议，对控制论展开讨论。1947年，维纳写出了著名的《控制论》一书。因此，控制论的诞生是集思广益、集体协作的结果。

当代协同创新的范围越来越大，涉及合作的人员、专业和部门也越来越多，其本质是企业、政府、知识界、大学、研究机构、中介机构和用户等为了实现重大科技创新而开展的大跨度整合的创新组织模式。因此，我们可以说，当代协同创新是通过国家意志的引导和机制安排，促进企业、大学、研究机构发挥各自的能力优势整合互补性资源，实现各方的优势互补，加速技术推广应用和产业化，协作开展产业技术创新和科技成果产业化活动，是当今科技创新的新范式。

2. 几个诺贝尔奖获得者的协同创新

1955年春天，美国物理学家巴丁领导的超导研究小组遇到了困难，他意识到要引进量子场论来解决难题，而这不是他所擅长的。于是，他向正在美国从事研究工作的中国物理学家杨振宁求助。当时杨振宁与另一位中国物理学家李政道合作进行的关于弱相互作用下宇称不守恒原理的研究正处于关键时刻，无法分身，因此杨振宁向巴丁推荐了精通量子场论的物理学博士库珀。1955年9月，库珀来到伊利诺伊大学香槟分校巴丁领导的研究小组。

47岁的巴丁当时已是著名的物理学家。7年前，在贝尔实验室，他与另两位美国物理学家布拉顿、肖克莱组成的"三驾马车"合作发明了世界上第一支晶体管，并于1956年共同荣获诺贝尔物理学奖。当然，他们的合作最后也出现问题，在1951年，巴丁由于和肖克莱性格不合，就离开贝尔实验室，到伊利诺伊大学香槟分校任教。

在超导研究这个新的合作集体中，巴丁善于把握研究方向和进行实验；25岁的库珀刚刚获得博士学位，他擅长运用量子力学进行理论研究；而超导研究小组中的另一位主要成员施里弗当时正在巴丁的指导下攻读博士学位，他精于数学计算。他们三人优势互补，相得益彰，再次组成了超导研究的"三驾马车"，向着超导理论的核心问题发起攻关。

在库珀来后的第二年，在巴丁的领导下，库珀提出了被后人称作"库珀对"的超导电子对概念，施里弗则完成了一系列精确的计算，他们共同构建起了完整的超导微观理论，人们把这一理论以巴丁、库珀和施里弗三人姓氏的第一个字母命名为"BCS理论"。这一科学发现不仅具有理论上的意义，而且还帮助后来的科学家设计制造出多种超导合金。由于这一成果，巴丁、库珀与施里弗共同荣获了1972年诺贝尔物理学奖。巴丁也成为世界上第一个两次获得诺贝尔奖的科学家，截至2022年，也只有5人获此殊荣,但巴丁是至今唯一两次获得诺贝尔奖的物理学家。

比较而言,科学历史上,另外的"三驾马车"就没有那么和谐了。2016年,美国激光干涉引力波天文台(Laser Interferometer Gravitational-Wave Observatory)——LIGO实验室宣布人类首次探测到了引力波。2017年,LIGO实验室的韦斯、索恩和巴里什三位科学家被授予诺贝尔物理学奖。除了韦伯的共振技术外,在探测引力波领域还存在着激光干涉技术。它最早是由美国麻省理工学院的韦斯设计的。1975年,韦斯和来自美国加州理工学院的物理学家索恩一起出席了美国国家航空航天局的一次会议。通过在这次会议上的交流,索恩对韦斯提出的探测引力波实验表现出了极大的兴趣。

1977年12月,在索恩的牵头下,他们向美国加州理工学院提交了建造探测引力波实验室的申请。韦斯提议让英国格拉斯哥大学的德雷弗加入实验团队。当时,受韦伯的影响,德雷弗已经在格拉斯哥大学建造出了一台引力波探测器。在1978年至1983年,德雷弗分别在美国加州理工学院和英国格拉斯哥大学建造了引力波探测器。1983年,德雷弗辞去了英国格拉斯哥大学的工作,成为加州理工学院的专职教授和实验的领导者。然而遗憾的是德雷弗并不是一个好的领导者。1986—1987年,LIGO的经费已经达到约260万美元。但与此同时,LIGO内部的组织结构却出现了分裂。从整个LIGO的建设过程来看,最激烈的争论反而是来自LIGO内部,即LIGO领导权之争——这也被外界称为是由韦斯、索恩和德雷弗组成的"三架马车"之间的争论。

一开始,LIGO的"三驾马车"在管理上采取的是一种协商一致的管理模式。在分工上,索恩主要负责LIGO项目的公关工作。至于技术实施层面的工作,则主要由德雷弗和韦斯负责,韦斯擅长数据分析,而德雷弗的动手能力更强。韦斯主张建造一个巨型探测器,而德雷弗希望建造一个中型探测器,之后再对机器逐渐升级。特别是因为LIGO是在德雷弗之前建造的40米原型机基础上建设的,所以德雷弗认为整个LIGO项目就是他的。基于上述理由,LIGO的"三驾马车"间的冲突集中在了韦斯与德雷弗之间。

面对二人的争论,索恩能做的就是不断在其间进行调和。但这个过程是痛苦的、缓慢的。主要原因就在于德雷弗不愿意改变他的研究风格——他拒绝合作。这导致了表面上看,LIGO的组织形式是"三驾马车",但是由于研究范式上的根本差异，LIGO 的这架"马车"毫无效率。三个人之间的矛盾在 1983 年达到了顶峰。到了 1986 年，在向 NSF（美国国家科学基金会）的报告会上，索恩也不得不承认 LIGO 面临的最大问题不是技术问题而是管理问题。到了 1987 年，NSF 正式聘用加州理工学院的沃格特以职业经理人的身份担任 LIGO 项目的负责人。此后，"三驾马车"的组织形式彻底解体。1992 年，德雷弗被 LIGO 解雇，而韦斯和索恩则一直留在 LIGO 实验室里主导该实验，直到 2016 年 LIGO 首次探测到引力波。来自加州理工学院的巴里什教授于 1997 年至 2006 年担任 LIGO 项目主管，领导了 LIGO 建设及初期运行，建立了 LIGO 国际科学合作，把 LIGO 从几个研究小组从事的小科学成功地转化成了涉及众多成员并且依赖大规模设备的大科学，最终使引力波探测成为可能，对 LIGO 探测器和重力波的观测作出了决定性的贡献。遗憾的是，德雷弗于 2017 年 3 月 7 日在苏格兰爱丁堡去世，未能得到诺贝尔奖的嘉奖。

在科学探索的征途上，科学家之间需要有协作和竞争的精神，通过协作与竞争，可以促进科学的发展。科学发展到现代，各学科交叉融合，研究和实验的技术手段也日益复杂。某一个人的知识和能力是有限的，在大多数情况下，已经很少再能看到 20 世纪以前那种靠某一位科学家的个人奋斗就可以取得重大突破的事例了。在这种情况下，就特别需要科学家之间和研究团体内外的互相协作，优势互补，共同攻关。

1881 年 6 月，法国政府决定向巴斯德颁发一枚勋章，以表彰他在工业微生物学和医学微生物学领域的开创性贡献。可是他写信给政府说，我希望你们在赞赏我的发明时，不要忘记我的助手的劳苦和智慧，否则这枚勋章并不能使我快乐，后来他获得了十字陆军勋章，而他的两名青年助手同时获得其他勋章。他的行为体现了尊重他人劳动、正确处理科研关系的准则。费米领导的芝加哥大学团队形成的科研集体，与他们在集体内部存在的相互协作关系是分不开的。在这个集体内，注重的是共同的科学兴趣，欣赏的是各自的杰出才智，他们既是师生，又是挚友和朝夕相处的同事；他们以费米为核心，不为科学发明权而争夺，只是为了一个共同的科学目标而团结奋斗，结果这个集体在科学研究上取得了骄人的业绩。

有时在学术争论中，由于受到别人的启发、责难而获得了科研成果，也应对别人的劳动表示尊重。法国科学家普鲁斯特和贝索勒为探索"定比定律"发生过激烈的争论，整整争论了 9 年，1806 年，普鲁斯特终于发现了化合物分子的定比定律而成为胜利者，从而获得很高的荣誉。但在荣誉面前，他一再表示感谢对手贝索勒——由于他的种种质疑，才使自己更深入地去研究定比定律，这一半功劳应记在贝索勒身上。贝索勒也为在争论中终于找到真理而高兴，他写信祝贺普鲁斯特，称赞他的科学功劳，丝毫没有嫉妒、挖苦的情感。

1953年3月，英国生物物理学家克里克、美国生物学家沃森合作完成了脱氧核糖核酸（DNA）结构的双螺旋模型，并提出了DNA作为遗传物质的复制机制。1953年4月25日，英国《自然》杂志刊登了克里克和沃森的论文《脱氧核糖核酸的结构》。这篇论文虽然只有短短的一页纸，却震动了全世界的生物学界，成为20世纪生命科学领域具有里程碑意义的重大成果。这一年，沃森年仅29岁，拿到博士学位还不满两年；克里克37岁，一年后的1954年才拿到博士学位，他们从事DNA的研究仅仅15个月。

其实，当时研究DNA分子结构的人还有美国著名化学家鲍林、英国生物化学家威尔金斯和富兰克林等，他们开展DNA的研究比克里克和沃森早得多年，而且实验技术条件、经验、声望也远远超过克里克和沃森。那么，为什么克里克、沃森能超过他们后来居上呢？有许多人感到不可理解。

克里克和沃森一方面善于借鉴他人已有的研究成果，另一方面又拥有鲍林、富兰克林、威尔金斯所不具有的优势，特别是他们二人的合作，成为他们取得成功不可缺少的因素。克里克和沃森从1951年11月开始合作研究DNA分子结构。这一合作，对二人的分子生物学研究生涯有着关键性的影响。沃森曾专门研究过噬菌体，擅长遗传学；而克里克则对X射线晶体衍射进行过深入研究，这使他们能够取长补短、优势互补。

沃森作为基础扎实、训练有素的生物学者，能够准确地把握和分析各种资料与现象，给予合乎分子遗传学的解释；而克里克作为一名具有一定物理学基础的生物学"新兵"，不受传统遗传学和生物学观念的束缚，以一种全新的视角来思考问题，而且善于从相互矛盾的各种实验结果中区分"树干"与"枝叶"，果断地削去枝叶，露出树干，在分析的基础上，为自己和他人提供研究的指导方针。更难能可贵的是，按照克里克自己的话说，他们"在工作时，并非沃森专管生物学部分，我分担物理学部分；而是二人一起工作，并且换来换去，时常互相批评。这样，使我们与其他也在致力于这一研究的人相比,占了很大优势"。① 克里克、沃森这两个直言不讳、锋芒毕露的年轻人,在不同思路的交流与碰撞中迸发出创新的智慧火花,照亮了他们的前进道路,减少了在混沌中徘徊与摸索的曲折过程,得以在 DNA 结构的探索中捷足先登。同时,他们二人具有强烈的竞争意识,鲍林、威尔金斯、富兰克林等人的研究进展激励着他们加紧工作、取得突破。

鲍林、富兰克林等的研究也为克里克、沃森提供了借鉴。他们或协作,或竞争,极大地促进了 DNA 的研究,并导致了 20 世纪 50 年代初生命科学具有划时代意义的重大突破,完成了由传统遗传学向分子生物学的飞跃。

3. 协同创新劳动的组织方式

广义的协同创新不仅仅是指部门之间的合作创新,也指劳动组织方式的变革。协同创新是一项复杂的创新组织方式。传统的社会组织及其活动边界正在"消融",人类可以利用 ICT（information and communications technology,信息与通信技术）更快捷和方便地共享及传播信息和知识,并实现交互,知识的构件化和模块化更加方便了全球化、个人的创新和群体的协作。每一个普通人都能成为创新主体,协同价值及用户创新凸显。

今天协同创新的组织构架,就是打造出以大学企业研究机构为核心要素,以政府金融机构中介组织创新平台非营利性组织等为辅助要素的多元主体协同互动的网络创新模式。通过知识创造主体和技术创新主体间的深入合作和资源整合,产生系统叠加的非线性效用。

2014 年 5 月,习近平总书记视察上海,明确要求上海要努力在推进科技创新、实现创新驱动发展战略方面走在全国前头、走在世界前列,加快向具有全球影响力的科技创新中心进军。2015 年上海正式发布《关于加快建设具有全球影响力的科技创新中心的意见》。其中就提出探索建立科研院所创新联盟,以市场为导向、企业为主体、政府为支撑,组织重大科技专项和产业化协同攻关,构建从单兵作战到协同创新的模式和机制。上海拥有学科门类较为齐全、信息资源较为丰富的区域优势。尽管政府在共享平台建设上作了不少努力,但由于条块分割的局限性,系统之间、地区之间的交流不通畅,学校之间、学校与企业之间的联系不紧密,造成重复研

---

① 王滨. 大众科学史 [M]. 上海:上海科学普及出版社,2018:185.

究、贵重设备与资源难以得到共享。上海近年来的科技合作与协同创新程度有下降趋势，《中国区域创新能力报告》显示，2013年上海科技合作综合指数为42.52%，排全国第八，而2010年为55.58%，全国第三。从某种意义来讲，上海既不缺资金，也不缺资源，缺少的是合作与交流的文化氛围。协作也是一种红利，加强横向交流，盘活现有资源，也能释放出更多潜在的资源。2019年2月18日，《粤港澳大湾区发展规划纲要》正式发布。其目标之一也是协同创新，即粤港澳三地携手打造协同创新体系，科创资源加快集聚，"具有全球影响力的国际科技创新中心"正加速建设。2019年11月，粤港澳大湾区科技协同创新联盟应运而生，为建设粤港澳大湾区国际科技创新中心贡献科技力量。

2011年教育部实施了一项重要计划——"高等学校创新能力提升计划"（简称"2011计划"）。自2012年启动实施，四年为一个周期，旨在建立一批"2011协同创新中心"，大力推进高校与高校、科研院所、行业企业、地方政府以及国外科研机构的深度合作，探索适应不同需求的协同创新模式，营造有利于协同创新的环境和氛围。协同创新中心有以下四种类型。

（1）面向科学前沿的协同创新中心，以自然科学为主体，以世界一流为目标，通过高校与高校、科研院所以及国际知名学术机构的强强联合，成为代表我国本领域科学研究和人才培养水平与能力的学术高地。

（2）面向文化传承创新的协同创新中心，以哲学社会科学为主体，通过高校与高校、科研院所、政府部门、行业企业以及国际学术机构的强强联合，成为提升国家文化软实力、增强中华文化国际影响力的主力阵营。

（3）面向行业产业的协同创新中心，以工程技术学科为主体，以培育战略新兴产业和改造传统产业为重点，通过高校与高校、科研院所，特别是与大型骨干企业的强强联合，成为支撑我国行业产业发展的核心共性技术研发和转移的重要基地。

（4）面向区域发展的协同创新中心，以地方政府为主导，以切实服务区域经济和社会发展为重点，通过推动省内外高校与当地支柱产业中重点企业或产业化基地的深度融合，成为促进区域创新发展的引领阵地。

随着信息技术发展和知识社会的到来，面向知识社会的创新2.0形态凸显了政府在开放创新平台搭建和政策引导中的作用以及用户在创新进程中的主体地位，"政"和"用"的地位更得到重视，推动科技创新从"产学研"向"政产学研用",再向"政用产学研"协同发展的转变。

中国企业的崛起之路,正是体现出我们对创新模式的探索历程,在时代呼唤下,协同创新成为必然趋势。纵观世界,随着"互联网+"时代的到来,信息技术促成了交易成本的下降和信息不对称问题的改善,让创新者之间的合作更加密切、范围更加广泛,极大推动了创新要素和资源的整合,也由此对企业的创新效率提出了更高的要求。与此同时,受制于自身资源、人力成本等因素,企业传统封闭式创新低效率、高成本的弊端日渐显现,已无法满足消费市场日益多元化的需求。因此,联结多元创新主体沟通、协调、合作与协作,并能提升创新绩效的协同创新,业已成为企业把握时代趋势的必然选择。

美国硅谷之所以能够成为"世界创新中心",关键就在于区域内的企业、大学、研究机构等形成了扁平化和自治型的"联合创新网络",来自全球各地的创新创业者都能以较低的创新成本,获取较高的创新价值。面对协同创新的演变,专家指出,"高速发展的信息化时代呼唤跨国界、跨区域、跨学科的协同合作。未来的创新趋势,将是单一企业创新向联合创新、产业创新转变;企业主导创新向多主体参与创新转变,而生生不息的创新生态系统则是协同创新的终极形态"。[1]

国内大型企业纷纷"闻风而动",中国家电行业领军者海尔则迈出了领跑行业的关键一步:在构建起立足全球的"10+N"开放创新体系、线上搭建 HOPE 平台等基础上,率先正式提出了打造以"共创共赢共享"为核心的创新生态。海尔通过 HOPE 开放创新平台,汇集了全球创新者和专家的智慧,搭建起连接企业、高校、科研院所等资源的社群网络,可解决超过 1000 个领域的问题。

### 四、创新劳动中的道德规范——负责任创新

1. 大众汽车软件造假事件

作为欧洲最大的汽车制造商,大众集团坐拥大众、奥迪、保时捷、宾利、兰博基尼、斯柯达、布加迪和西雅特等众多高价值品牌,在全球拥有 60 多万员工,发展成为庞大的商业帝国。然而,2015 年大众汽车出现了因

---

[1] 沈平,王丹. 制造业数字化转型与供应链协同创新[M]. 北京:人民邮电出版社,2022:105.

软件造假而引发的重大公共事件,轰动了整个世界制造业。

2015年9月3日,大众集团在与美国加州空气资源局(CARB)以及环保署(EPA)的会议上,公布了2009—2015款四缸柴油车使用了排放舞弊软件,该软件可检测车辆是否处于检测状态之下,如果是,则将激活软件实施作弊,如果软件感应出车辆是处于日常驾驶状态,则将自动关闭,因此其日常排放的氮氧化合物浓度高于检测舞弊结果。即其造假的直接驱动力是降低成本,保住销售市场。为使柴油车尾气排放检测中的氮氢化物含量达标,大众通过造假软件区别检测和正常行驶环境,临时降低有害气体排放,以节省用于尾气处理的尿素喷射系统的成本,减少喷射系统的油耗和车用尿素的消耗。

前奥迪研发主管彼得·默滕斯在一篇文章里痛批大众,乃至所有传统车企,让公众听到了来自前大众内部高管的批判性建议。其文章标题是《终将血流成河——我们都睡着了》。彼得在文章中指出,职业经理人制度下大众集团的软件研发存在着很多弊端,包括过度追求利润、外包程度过高等。彼得的抨击直击大众心灵深处:花钱就是对的吗?软件创新是人海战术能解决的吗?很难想象这些尖锐的追问,会从传统车企的高管嘴里说出来!

柴油车尾气排放造假事件一经美国环保署曝光,瞬间将大众推至风口浪尖,直面"道德和政治灾难",也产生了多米诺效应。大众已经承认全球涉及的问题柴油车多达1100万辆,包括德国本土的200万辆。大众公司不但在美国面临180亿美元的天价罚单和司法调查,德国、韩国和澳大利亚等国政府也宣布将重新检测大众相关车型的排放情况,今后很长时间里,大众还必须不断面对各种集体诉讼、赔偿和召回的要求,长期建立起来的声誉受到了严重损害,其负面影响是持久的。

大众新任首席执行官表示,将对受到影响的1100万辆车进行召回和修复,对1100万辆"作弊柴油车"进行修复是一种代价高昂的弥补方式。大众集团已为此划拨65亿欧元(约合464.52亿元人民币),但这笔费用仍不足以偿付罚款以及潜在的法定损失。根据伯恩斯坦分析师的预估,该制造商仅在美国市场所面临的罚款就至少达74亿美元。而在全球范围内,用于赔偿及修复车辆的花销可能高达400亿欧元(约合2858.60亿元人民币)。再有就是股票方面,仅在大众排放作弊造假被曝光的前两天,大众的股票就暴跌31%,市值蒸发2385亿元人民币。随后,股价持续暴跌超过41%。

软件造假事件除管理层面的问题外，也涉及了技术人员与技术创新的关系问题，作弊软件毕竟是人的"聪明才智"发挥的结果。这样的创新劳动是无效的甚至是负面的，大众公司从道德层面甚至法律层面都需要承担责任。人们进行技术创新的根本目的是为人类造福，促进社会福祉增加，还是帮助资本家赚钱（当然也不排除考虑为自己赚钱）而违背道德和法律去欺骗民众呢？这一古老问题又一次活生生地摆在我们面前。对于此次排放门事件，大众给出的调查结果是："这并非高管们的决定，而是几个工程师的个人行为。"大众集团旗下的奥迪品牌前CEO施泰德在慕尼黑法院接受庭审时，却表现得一脸无辜，反而将锅甩给了大众的工程师们。施泰德说，自己担任CEO的时候，一直努力在公司内部推行公开透明的企业文化，敦促所有员工都要分享信息，一旦有员工发现不端行为都应该上报。至于柴油门的作弊行为，施泰德说这完全是工程师的问题，因为工程师们没有向他报告全面的信息，只是披露了一些零碎信息，所以阻碍了他调查柴油门事件。

但大部分民众觉得这纯粹是一种官方辞令，就好像个别企业或事业单位出了问题或事故，就把责任推到临时工身上，说是临时工的个人行为一样。大部分善良的人认为，工程师做好自己的本职工作就可以了，没有人会拿自己的前途去冒着锒铛入狱的风险，而且得不到任何好处地为大众公司卖命。如果真如大众公司高管所说是工程师所为，则涉及一个重要的话题，那就是工程师的创新劳动如何界定其伦理边界，如何用技术伦理来规范其创新行为。

在当前，以人工智能为代表的这一轮新技术具有巨大的潜力和价值，无疑能够成为一股"向善"的力量，继续造福于人类和人类社会。但任何具有变革性的新技术都必然带来法律的、伦理的以及社会的影响。例如，互联网、大数据、人工智能等数字技术及其应用带来的隐私保护、虚假信息、算法歧视、网络安全、网络犯罪、网络过度使用等问题已经成为全球关注焦点，以算法为代表的人工智能系统在重构媒介空间关系的同时，也深度嵌入了人类劳动实践，从去劳动化、去交往化、去情境化等层面实现了劳动的"重新再造"，并形成了包括劳动监控、数据蔽视、算法管理等在内的控制行为和控制逻辑。由此引发全球范围内对数字技术及其应用的影响的反思和讨论，探索如何让新技术带来个人和社会福祉的最大化。

因此，人工智能伦理开始从幕后走到前台，成为纠偏和矫正科技行业狭隘的技术向度和利益局限的重要保障。从最早的计算机到后来的信息再到如今的数据和算法，伴随着技术伦理的关注焦点的转变，技术伦理正在迈向一个新的阶段。人工智能伦理是国际社会近几年关注的焦点话题。OECD成员国采纳了首个由各国政府签署的AI原则，即"负责任地管理可信AI的原则（principles for responsible stewardship of trustworthy AI）"，这些原则之后被G20采纳，成为人工智能治理方面的首个政府间国际共识，它确立了以人为本的发展理念和敏捷灵活的治理方式。无独有偶，我国新一代人工智能治理原则也于2019年发布，提出和谐友好、公平公正、包容共享、尊重隐私、安全可控、共担责任、开放协作、敏捷治理等八项原则，以发展负责任的人工智能。

2. 大数据杀熟背后的资本逻辑与技术支持

算法应用日益普及深化，在给经济社会发展等方面注入新动能的同时，算法歧视、大数据杀熟、诱导沉迷等算法不合理应用产生了一系列伦理问题，其导致的问题也深刻影响着正常的传播秩序、市场秩序和社会秩序，给维护意识形态安全、社会公平公正和网民合法权益带来挑战。

以大数据杀熟为例。所谓大数据杀熟，简单来说就是，同一件商品或者同一项服务，互联网厂商显示给老用户的价格要高于新用户。大数据杀熟是少数网络平台利用算法优势，暗行算法霸权的"薅羊毛"行径。数据科学家凯西·奥尼尔在《算法霸权——数学杀伤性武器的威胁》一书中指出，我们应该警惕不断渗透和深入我们生活的数学模型——它们的存在，很有可能威胁到我们的社会结构。他认为，数据和算法的关系就像枪械和军火，数据没有价值观，是中立的，但来自人类行为的输入，难免隐含偏向，而算法创造的数据又对人类行为产生反作用，从而导致更多的不公。

在了解大数据杀熟之前，我们需要了解资本的逻辑，即资本是逐利的，它如何做到的呢？有个概念就是价格歧视（price discrimination）。所谓价格歧视，实质上是一种价格差异，通常指卖家向不同用户提供不同的收费标准，即便是同一款产品，价格上也存在差异。举个例子，店家卖一支笔，A能接受的最高价是8元，B能接受的最高价是10元。如果商家把价格定为8元，就少挣了B的2元；如果定价10元，A就不会买。于是，商家和平台开始费尽心机，搜集用户的各项数据，找到每人对每件商品的"最高承受价格"。也就是说，商家把这支笔以8元的价格卖给A，以10元的价格卖给 B，看人下菜碟，从而将自己的利益最大化。这可以理解为我们常说的杀熟。

但问题是商家和平台怎样才能找到商品的"黄金价格"呢？在以前，只能靠商家仔细观察、默默揣度不同用户的消费能力。在现在，随着电商平台、大数据、云计算等新兴技术的广泛应用，用户的各项数据都被拿来分析。这些直接的操盘手就是那些程序构架的设计者和算法创造者这些软件工程师，通过手中掌握的无价资源——大数据，商家可以把价格设置得越来越完美，最大限度地割消费者韭菜。这就是我们常说的大数据杀熟。

大数据杀熟到底有多厉害？诺贝尔经济学奖得主、耶鲁大学教授罗伯特·希勒曾对 Netflix 做过一个实验。Netflix 即美国奈飞公司，简称网飞，是一家会员订阅制的流媒体播放平台。希勒通过研究发现，如果 Netflix 仅依据种族、收入、邮编这些传统因素来定价，可以在原有水平上把利润提高 0.3%。但如果收集人们线上平台使用数据，并以此作为定价依据，可以把利润提升至 14.6%。

对于消费者来说，大数据杀熟是自己的头号敌人，但很多时候，我们看不惯它，却又无法摆脱它。有人提出货比三家，尽量少使用浏览器，断开各应用平台之间的关联。也有人提出将计就计，充分利用平台的检测机制，顺应算法来套取部分优惠。还有人把希望寄托在区块链上，区块链技术的应用一方面可以保护自己的数据信息，另一方面，区块链的不可篡改性会让数据信息成为一个个不可争议的事实，消费者能看到更透明的信息。当消费者的隐私意识逐渐崛起，当业内竞争加剧，当区块链技术进一步发展，当监管更加严格，也就意味着，大数据杀熟行为要到头了。

买机票、订外卖、订酒店等在线业务，早已经成为消费者的"吃雷"重地。据报道，北京的韩某某使用手机在某电商平台购物时，中途错用了另一部手机结账，却意外发现，同一商家的同样一件商品，注册至今 12 年、经常使用、总计消费近 26 万元的高级会员账号，反而比注册至今 5 年多、很少使用、总计消费 2400 多元的普通账号，价格贵了 25 块钱。

如今，随着数据竞争日趋白热化，大数据杀熟也迭代升级，杀熟引发的数据风险越发引人关注。杀熟一代，大多是卖高价给老客；杀熟二代，则是个性化推送下的精确杀熟。相较于以往显而易见的差异化定价，如今消费者在下单时，会收到复杂算法临时生成的各类优惠券、价格组合，实际上，不同账号的价格差异比以前更大。

大数据杀熟迭代升级的表现如下。第一，根据地理位置定位，如果你附近商场少，那么就给你看到的商品加价，你周围商场少，比价就不方便，生意搞黄的可能性就低，因此加价你也得买。前几年，美国就有过"如果附近没有肯德基，就给用户显示更高的披萨价格"的案例。类似地，如果发现你住在"富人区"，卖给你的东西就贵一些。第二，根据你的消费记录，判断你是花得起钱的那种，那就给你加价。第三，根据你以及你的朋友们使用搜索引擎搜索的词、时间、频率，判断你是"随便看看"还是"心里长草"甚至是"心急如焚"（比如家庭成员得急病之类），从而给你（以及你的整个社会关系圈）调整报价。第四，通过控制商品的可见性，引导你的消费选择。举例来说，某人在某网商那里买电脑，根据CPU/显卡天梯图一个个算性价比；但是比着比着，你会发现自己能看到的商品越来越少了。以显卡为例，刚开始只列大牌子都十几页；后来哪怕取消全部搜索条件都只剩3~5页了，重启浏览器也没用。但是这3~5页都是某人倾向于购买的型号，价格也恰好在其预期价位附近浮动。这说明商家根据这个人选中浏览、比较的各种产品型号等参数，知道了其偏好和目标，然后只给他看符合其意愿的。

可见，杀熟二代中的"熟"，已经不是"熟客"，而是被平台充分掌握个人信息的"熟人"。基于算法的个性化推送会打造过滤气泡和信息茧房，这些产品匹配则将剥夺消费者依法享有的选择权。隐私信息丢了，公平交易的权益没了，消费者就此成为平台算法的"掌中之物"。请问设计这个算法的劳动是有道德的创新劳动吗？设计软件的人为什么想到这个大数据杀熟手段呢？客观上因为不同消费者对价格敏感度不同，支付意愿有差异，相比起统一定价，差异化的定价行为更能提高商家利润。因此互联网入口出现垄断，杀熟便会成为一种"自然反应"。也有业内人士称大数据杀熟是"挖东墙补西墙"的过程，把老用户身上额外多收的费用补贴给新用户，同时来支付平台运营成本。杀熟的价格变动幅度一般在10%以内，再多就是明显的价格欺诈了。

对此，我们为何难以维权呢？北京市消费者协会在发布大数据杀熟问题调查结果时指出，大数据杀熟具有隐蔽性，维权往往难以举证。调查结果显示，经营者通常以商品型号或配置、享受套餐优惠、时间差异等为理由，进行自辩，同时不对外公布具体算法、规则和数据。因此，消费者在遇到类似问题时，往往面临维权举证难题。且上述调查的另一组数据显示，遭遇大数据杀熟后，仅有 26.72% 的被调查者选择向消协或市场监管部门投诉。行政处罚必须足够严厉，方可对平台产生威慑；也只有进一步完善相关法律法规，才有可能对消费者的数据实施更有效保护。

数据本身没有价值倾向。但大数据杀熟明显走上了歪路，依据用户画像及消费习惯进行精准溢价，本质上就是欺诈，大数据"计算"变成了大数据"算计"。面对算法社会的来临，我们应当如何发现"算法之美"，构造安全、公平、透明、可问责的算法，从而迈向信任算法的社会呢？

宏观上，算法治理是一项复杂而长期的工程，需要算法设计者、算法使用者、相对主体（在不同的算法应用场景下，可能受到算法影响的利益相关者）、立法者、监管者、媒体等协同合作构筑良性的技术运行生态，逐步建立平衡个体利益和社会福利的运行环境。当然社会更迫切需要的，是对算法推荐服务建章立制、加强规范，着力提升防范化解算法推荐安全风险的能力，促进算法相关行业健康有序发展。2022 年 1 月 4 日，《互联网信息服务算法推荐管理规定》颁布实施，算法霸权、大数据杀熟等现象将会被终结。另一项法规《在线旅游经营服务管理暂行规定》也于 2020 年 10 月 1 日起施行，也是从法规上来制止大数据杀熟行为。

3. "负责任创新"伦理的提出

"责任"是创新实践活动或者说创新劳动中的重要伦理议题与内嵌价值。其伦理基础就是"责任伦理"。"负责任创新"可以视作"责任伦理"思想的当代拓展。1979 年，曾师从海德格尔的德国哲学家汉斯·约纳斯出版《责任原理——现代技术文明伦理学的尝试》一书，首次提出"责任伦理"的概念，自那以后，"责任伦理"在世界范围内产生了广泛影响。汉斯·约纳斯的"责任原理"主张大自然拥有内在价值，因此，人对大自然和未来人的存在负有本体责任。在对现代技术的可怕"权力"发出警示的基础上，借助于康德的绝对命令形式，约纳斯论证了当代人对未来人和"存在"的责任是一种出于义务的、积极的前瞻性责任；这种责任以未来为导向，即人们应该对其行为（特别是科学技术行为）的"可预见的后果"，甚至是"不可预测的后果"承担责任。在书中，他追问道：在我的赌博中，我可以拿别人的利益作赌注吗？我可以把别人的全部利益置于危险之中吗？他回答说，人类无权毁灭自己，永远不可以把"人类"的生存置于危险之中。我们有保护未来的责任。① 在现代技术展现出毁灭性一面的前景下,以责任原理为基石产生的面向整体和未来的责任伦理学获得了高度关注和快速发展。

责任伦理要求人们对自然生命与人类自身有着不可推卸的义务和责任,"在行为有很大风险时,绝不可将作为整体的人类存在或本质当作赌注"。然而,由于历史和理论的局限,"责任伦理"虽然唤醒了人们对人类"存在"风险的责任意识,提出了"恐惧的启迪",但其基调更多的是一种抽象的形而上学责任观。它最终就让位于负责任创新这一更为宏大和与时俱进的概念。

"负责任创新"(responsible innovation,RI)的概念出现于 21 世纪初,2003 年,它首次由德国学者海斯托姆提出,其后,一系列相关的跨学科研究引起了欧美国家的广泛关注,并逐渐形成负责任创新的研究热潮。国内学者在引进这一概念时,存在着两种翻译方式,即"负责任创新"或"责任式创新"。影响更广泛的是欧盟委员会于 2011 年在《地平线 2020》报告中将这一概念引入,并作为欧盟战略发展的重要倡议来发布。报告所用概念是"负责任研究与创新"(responsible research and innovation,RRI),因此负责任创新在国内外学术界也称为"负责任研究与创新"。欧盟委员会官员冯·尚伯格给出的定义是:"负责任研究与创新是一个透明交互的过程,在这一过程中,社会参与者和创新者彼此相互交流、反馈,充分考虑创新过程及其市场产品的(伦理)可接受性、可持续性和社会可期待性(desirability),使科学技术进展适当地嵌入到我们的社会中。"②

2013 年,欧盟委员会宣布启动"地平线 2020 框架计划"(Horizon 2020),"负责任研究与创新"成为人们关注的焦点,并被欧盟作为"软法"(soft-law)纳入研究框架计划当中。同时,作为"地平线 2020 框架计划"中一个贯穿各个领域的主题,"负责任研究与创新"旨在激励成功的创新,使研究和创新成果符合社会价值观、需求和期望,并要求包括民间社会团体在内的所有利益相关者相互回应并采取行动,为一系列社会挑战(如气候变化、社会老龄化等)提供解决方案。2014 年,欧盟发布报告《负责任研究与创新:欧洲应对社会挑战的能力》,报告指出,"负责任研

---

① 汉斯·约纳斯. 责任原理:现代技术文明伦理学的尝试 [M]. 方秋明,译. 香港:世纪出版有限公司(香港),2013:31.

② 唐莉,李瑞昌. 全球科技治理与负责任创新 [M]. 上海:上海人民出版社,2021:123.

究与创新"需要在公众参与、性别平等、科学教育、科学成果的开放获取、伦理和治理等6个关键维度内运作。

"负责任创新"理论,倡导将以"责任"为核心维度的伦理价值嵌入到创新活动中,使创新过程及其结果能够符合社会期待与道德标准。其最大的贡献是进一步拓展和丰富了责任伦理的内涵和意义。"负责任创新"将一种抽象的责任意识拓展到了行动层面,在保留了责任伦理"前瞻性"内核的基础上,"负责任创新"不仅涉及如何采取措施预防、规避风险与危害,更蕴含着积极、主动承担责任的理念。即不仅要回答何谓负责任创新,还要回答如何才是负责任创新,"谁能对创新的结果负责,如何负责","哪些群体可能从中受益,又有哪些群体会受到影响"等问题,这都是"负责任创新"所包含的内容。

"负责任创新"的概念将科学研究、技术创新与责任明确联系在一起,这也促使人们重新评估和反思在"面向未来,不确定性、复杂性和集体努力"语境下作为社会归属的"责任"概念。同时,"负责任创新"的新颖之处在于:它不再将伦理与社会问题视作新兴技术发展的束缚,而是将重点置于"技术发展的目标是什么""个人和社会希望从科技发展中获取怎样的收益""如何影响和参与这种积极的研究行为"等问题的评估和社会发展方向的主动塑形上。"负责任创新"不仅要求对科学和创新的"不确定产品"(包括它们有意或无意的潜在后果和影响)进行反思与审议,而且还要反思和审慎对待其目的和动机。此外,"负责任创新"中的"责任"也不仅局限于科研人员群体,科研机构(如大学、研究所等)、创新团体、企业界、政策制定者和研究资助者等群体都应树立社会责任感与责任意识,并在科技创新活动中自觉承担保护生态环境、保障人类安全等社会责任。根据"负责任创新"的理念,在创新劳动过程中,"负责任"可以将预测(anticipation)、反思(reflexivity)、包容/协商(inclusion)和反馈/响应(responsiveness)这四个方面作为行动框架。

负责任创新理论成长于实践的土壤之中,其最终目标是能够有效地指导创新实践的过程,促进创新实现其社会与伦理价值。当前的负责任创新理论是欧美发达国家的科技进程与历史文化传统的共同产物,在中国语境下直接照搬这一理论不可避免地会遭遇实践中的各种困难。原因在于,中西方之间不仅仅存在经济水平、科研创新能力等发展程度上的差异,在文化心理、价值观、制度环境等社会人文维度也存在着深刻的区别。因此,这个概念引入中国需要与中国的创新劳动实践结合。创新的相关主体在践行 RI 理论的诸多规范时要根据中国国情和现实，稳健、灵活地开展"负责任创新"实践。

首先，应该鼓励探索适合中国国情的行动框架。一方面，理论的演化需要以实践为资源，我们需要立足于中国的经济、政治、历史、文化等现实基础，就关涉社会整体利益或具有伦理敏感性的技术创新问题开展广泛的公共讨论与理性反思，从而明确中国语境下的"责任"概念内涵有何特殊性，其履行方式有哪些与西方不一样的要求；另一方面，实践要以理论为指导，并且反过来推动理论进行修正。我们需要鼓励、提倡创新的相关主体以一种谨慎的方式积极开展负责任创新的实践，通过创新过程中的具体反馈来检验 RI 理论成果在中国的可行性，进而结合这些反馈对负责任创新的实践框架进行修正。由此，在理论与实践相互的适应性调整中，我们有望建立起符合中国国情的负责任创新模式。

其次，应鼓励促进创新进程的多主体参与。RI 责任的履行主体是包括科学家、企业、政府、公众等不同社会群体在内的利益相关者整体，他们同时也是 RI 的责任对象的一部分。也只有当所有的利益主体都能够参与到负责任创新的过程中时，我们才能够确保创新是对全体利益相关者负责的。因此，创新的多主体参与，是保障更全面的利益诉求得到表达、对创新过程进行有效规约的核心要求之一。

在我国，政府和企业是创新的主要投资者，同时政府也是创新的主要监管机构，而科学共同体是创新成果研发的主要行为主体。与之相比，公众对于创新的参与力度还十分有限，公众缺乏参与创新问题讨论的机制；就公众自身而言，也存在参与意识薄弱、科学素养有待进一步提升等局限。因此，在保障创新的多主体参与方面，一方面，要采取措施保障公众对创新的参与权与知情权。加强对普通大众的宣传教育，在增强其责任意识与参与意识的同时，提升其科技素养，提高其参与创新问题讨论的能力，同时国家应当重视公众参与重大议题讨论的制度建设，为民众参与创新提供有效渠道。另一方面，加强不同主体之间的交流、协商与合作，也是负责任创新在中国得以成功落实的重要条件之一。我们不仅需要制定措施保障多主体"能够"参与创新，更需要确保不同主体以合理的、正确的方式参与创新。

再次，需要建立覆盖责任行为全程的监督管理机制。RI 责任在履行时间上的前瞻性要求责任主体在责任行为尚未实际发生时便要考虑到可能产生的影响，而连续性则要求这种履行责任的过程一旦开始便不可间断，因而 RI 责任实际上是一种覆盖了责任行为全程（从事前到事后）的整体性责任。这也就意味着其中不仅包含了事前维度的道德责任，也包含了事后维度可能产生的法律责任。当前 RI 责任概念的一大局限便在于，这种责任的履行过程缺乏明确的主管与制裁机制，仅凭个人的道德觉悟与零散的制约体系很难确保负责任创新的要求被严格遵守。

为了克服这一局限，政府部门与其他公共机构应当重视关于负责任创新的制度建设与政策设计，通过机制化的手段来推动负责任创新理念的贯彻执行。RI 责任并非完全不受政策和法律的制约，许多具体领域内的监管机制都可以间接地与 RI 责任的履行相关联。其问题在于，这些特定的制度、条例、法律法规等通常是针对特定领域内的特定问题而确立（例如医学生理学领域的伦理审查机制等），而非直接以"责任"价值为追求目标。目前国内并不存在一个专门的、适用于普遍情形的 RI 监管体系，即使是遵守了这些制度规范的创新行为，也只能被看作"合法的"或"合乎成文的伦理规范的"，而不一定就是"负责任的"。

概括而言，"责任"是一个包含多个组成要素的系统性概念，负责任创新理论体现了一种责任边界不断扩展的倾向，其背后是一种鲜明的理想主义精神。这种精神要求责任的相关主体在进行创新劳动时，尽可能地将更多人和事物的更广泛的利益融入创新的过程中。然而与此同时，责任边界的拓宽，将不可避免地导致具体实践中责任分配的困难。如何才能在理想化的道德要求与现实的创新实践之间寻找到一个平衡，是政、产、学、研、社会公众等社会各界亟须思考和开拓的方向。

4. 人工智能技术伦理原则

"科技向善"理念之下，我们社会迫切需要倡导面向人工智能的新的技术伦理观，2019 年，腾讯研究院和腾讯 AI Lab 联合研究形成了一份人工智能伦理报告——《智能时代的技术伦理观——重塑数字社会的信任》，该报告的鲜明特色是提出了人工智能时代的新技术伦理需要做到 AI、个人、社会三者之间的平衡。这份报告无疑是人工智能时代创新劳动伦理实践的先行探索。这种伦理观包含以下三个层面。

第一个层面是技术信任。人工智能等新技术需要价值引导，就 AI 而言，虽然技术自身没有道德、伦理的品质，但是开发、使用技术的人会赋予其伦理价值,因为基于数据作决策的软件是人设计的,软件开发者设计模型、选择数据并赋予数据意义,从而影响我们的行为。因此,这些软件代码并非价值中立的,其中包括了太多关于我们的现在和未来的决定。更进一步,现在人们无法完全信任人工智能,一方面是因为人们缺乏足够的信息,对这些与我们的生活和生产息息相关的技术发展缺少足够的了解;另一方面是因为人们缺乏预见能力,既无法预料企业会拿自己的数据作什么,也无法预测人工智能系统的行为。因此,我们需要构建能够让社会公众信任人工智能等新技术的规制体系,让技术接受价值引导。

作为建立技术信任的起点,腾讯提出了自己的人工智能等新技术的发展和应用需要遵循的伦理原则。首先是要秉持"负责任研究与创新"(responsible research and innovation)、"科技向善"等理念,然后遵守"四可"原则,用以引导负责任地发展和应用人工智能技术,确保将来形成友好、和谐、共生的人机关系,使其可以造福于人类社会。

"四可"可翻译为"ARCC"(available, reliable, comprehensible, controllable)。主要包括如下方面。

(1)可用(available)。发展人工智能的首要目的,是促进人类发展,给人类社会带来福祉,实现包容、普惠和可持续发展。为此,需要让尽可能多的人可以获取、使用人工智能,让人们都能共享技术红利,避免出现技术鸿沟。可用性还意味着以人为本的发展理念、人机共生、包容性以及公平无歧视,要求践行"经由设计的伦理"(ethics by design)理念,将伦理价值融入到 AI 产品、服务的设计当中。

(2)可靠(reliable)。人工智能应当是安全可靠的,能够防范网络攻击等恶意干扰和其他意外后果,实现安全、稳定与可靠。一方面,人工智能系统应当经过严格的测试和验证,确保其性能达到合理预期;另一方面,人工智能应确保数字网络安全、人身财产安全以及社会安全。

(3)可知(comprehensible)。人工智能应当是透明的、可解释的,是人可以理解的,避免技术"黑盒"影响人们对人工智能的信任。研发人员需要致力于解决人工智能"黑盒"问题,实现可理解、可解释的人工智能算法模型。此外,对于由人工智能系统作出的决策和行为,在适当的时候应能提供说明或者解释,包括背后的逻辑和数据,这要求技术透明和算法透明,而不是一味追求技术保密。换句话说,技术透明或者说算法透明不是对算法的每一个步骤、算法的技术原理和实现细节进行解释,简单公开算法系统的源代码也不能提供有效的透明度，反倒可能威胁数据隐私或影响技术安全应用。相反，在 AI 系统的行为和决策上实现有效透明将更可取，也能提供显著的效益。此外，可知还意味着在发展和应用人工智能的过程中，应为社会公众参与创造机会，并支持个人权利的行使。

（4）可控（controllable）。人工智能的发展应置于人类的有效控制之下，避免危害人类个人或整体的利益。短期来看，发展和应用人工智能应确保其带来的社会福祉显著超过其可能给个人和社会带来的可预期的风险和负面影响，确保这些风险和负面影响是可控的，并在风险发生之后积极采取措施缓解、消除风险及其影响。长期来看，虽然人们现在还无法预料通用人工智能和超级人工智能能否实现以及如何实现，也无法完全预料其影响，但应遵循预警原则（precautionary principle），防范未来的风险，使未来可能出现的通用人工智能和超级人工智能能够服务于全人类的利益。

人工智能技术伦理的第二个层面是个人幸福。创新劳动要谋求个体幸福，确保人人都有追求数字福祉、幸福工作的权利，在人机共生的智能社会实现个体更自由、智慧、幸福的发展。人工智能时代，各种智能机器正在成为人类社会不可或缺的一部分，和我们的生活及生产息息相关。这给人类与技术之间的关系提出了新的命题，需要我们深入思考智能社会如何实现人机共生（human-computer symbiosis）。其伦理原则包括如下两个方面。

第一，保障个人的数字福祉，人人都有追求数字福祉的权利。一方面，需要消除技术鸿沟和数字鸿沟，全球还有接近一半人口没有接入互联网，老年人、残疾人等弱势群体未能充分享受到数字技术带来的便利。另一方面，减少、防止互联网技术对个人的负面影响，网络过度使用、信息茧房、算法偏见、假新闻等现象暴露出了数字产品对个人健康、思维、认知、生活和工作等方面的负面影响。因此，我们要呼吁互联网经济从吸引乃至攫取用户注意力向维护、促进用户数字福祉转变，要求科技公司将对用户数字福祉的促进融入到互联网服务的设计中，例如 Android 和 iOS 的屏幕使用时间功能、Facebook 等社交平台的"数字福祉"工具、腾讯视频的护眼模式对用户视力的保护等。

第二，保障个人的工作和自由发展，人人都有追求幸福工作的权利。目前而言，人工智能的经济影响依然相对有限，不可能很快造成大规模失业，也不可能终结人类工作，因为技术采纳和渗透往往需要数年甚至数十年，需要对生产流程、组织设计、商业模式、供应链、法律制度、文化期待等各方面作出调整和改变。虽然短期内人工智能可能影响部分常规性的、重复性的工作，但从长远来看，以机器学习为代表的人工智能技术对人类社会、经济和工作的影响将是深刻的。人类的角色和作用不但不会被削弱，相反会被加强。未来二十年内，90%以上的工作或多或少都需要数字技能。人们现在需要做的，就是为当下和未来的劳动者提供适当的技能教育，为过渡期劳动者提供再培训、再教育的公平机会，支持早期教育和终身学习。

人工智能技术伦理的第三个层面是社会可持续。社会的可持续需要发挥好人工智能等新技术的巨大"向善"潜力，人们要善用技术塑造健康包容可持续的智慧社会，持续推动经济发展和社会进步。

技术创新是推动人类社会发展的最主要因素。而这一轮技术革命具有巨大的"向善"潜力，将对人类生活与社会进步带来突破性的提升，也将抵制造假、"向恶"的种种行为。在 21 世纪的今天，人类拥有的技术能力，以及这些技术所具有的"向善"潜力，是历史上任何时候都无法比拟的。换言之，这些技术本身是"向善"的工具，可以成为一股"向善"的力量，用于解决人类发展面临的各种挑战，助力人类可持续发展目标的实现。与此同时，人类所面临的挑战也是历史上任何时候都无法比拟的。联合国制定的《2030 年可持续发展议程》确立了 17 项可持续发展目标，实现这些目标需要解决相应的问题和挑战，包括来自生态环境的，来自人类健康的，来自社会治理的，来自经济发展的，等等。

## 五、创新劳动的法治环境

### 1. 创新对法治环境的诉求

创新劳动是充满艰辛的劳动，创新劳动成果是通过创新者、创新团队和各类相关劳动者的辛勤努力和付出智慧与汗水才最终完成的，其劳动应该被尊重，更应该被法律保护。这种尊重和保护不仅仅是道义、伦理和名誉上的，也不仅仅是从创新成果背后商品的价格和利润上反映出来的，还有法治意义上的。为了鼓励创新和持续创新，我们更需要对创新成果的知识产权进行保护，尤其是专利权。专利是指国家主管当局依法授予发明人的一种专有权或独占权。创新者利用专利技术进行垄断，这是正当、合法的竞争手段。

专利制度可以追溯久远，欧洲中世纪时，由于发明人的技术得不到保护，不仅使发明者失去积极性，同时发明也难以获得更大的利益，因为谁都可以用这个技术。后来欧洲的手工场出现了所谓行会保护制度，比如制镜行业中的行会就自行规定，制镜技术不能传给国外的商人，如果发现行业内部有人私自将这一技术传授给他人，那么行会就会雇人追查，并将泄密者暗杀。世界上最早建立专利制度雏形的国家是威尼斯共和国，国王以个人签名的方式授予发明人一定时间对发明的独占权，其批准的第一件专利的时间是1444年。伽利略发明的"扬水灌溉机械"于1594年取得了20年的专利权。当然这还不能算严格意义的专利制度。英国在1624年颁布《垄断法》，这被公认为世界上第一部正式而完整的专利法。当时处于中世纪后期的英国十分落后，为了发展国内产业，英国国王为引进技术的个人颁发一种专利证书（letters patent），授予其使用该技术的独占的垄断权，该证书盖有国王大印，是国王对臣民的告谕，任何人都可以打开看。此外，美国于1790年、法国于1791年、俄国于1812年、德国于1877年、日本于1885年相继实行了专利制度。

专利的英文patent的原意为"公开"，因此，专利一词的基本含义有两个，一是公开，二是垄断。就是说，我用法律保护你的技术，使你对这个技术拥有产权，即你对这个技术具有占有权、处置权和收益权，但作为回报，你作为发明人必须公开自己的技术，让社会知道。随着历史的演进，现代专利制度与中世纪国王的特许已不能同日而语。但专利一词的基本含义仍未改变。现代专利制度要求发明人在获得专利之前，必须首先向专利机关提出申请，由专利机关将申请案向社会公开。发明人在获得专利权后，即可以垄断该项发明的利用。除法律另有规定者外，在专利有效期内非经专利权人许可任何人都不得以生产经营为目的使用该项发明，否则即构成侵权。

专利不仅仅是对发明人创新劳动成果即发明成果的承认或者对发明人的尊敬，更多的是因为一项发明具有巨大的潜在的商业价值，发明的代价可能仅仅是人的头脑和创造性的劳动，但如果这种发明在法律的保护下安全地"独霸天下"，成功实现了产业化和商业化，那得到的回报可能是巨额的金钱，因此美国前总统林肯讲过一句名言："专利是给发明加上利益之油。"一个拥有专利的企业，也就拥有了垄断某种产品的特权，它不仅可以在保护期内独家生产，获取高额利润，也可以通过许可证贸易获得巨额授权使用费。因此，在市场经济时代，发明专利的开发、申报、控制、交易等已经成为自主创新的一个重要手段和实现自主创新的一个必要标志，企业拥有专利数量的多少已经成为企业的核心竞争力。专利之争正是当今创新劳动时代的一个真实反映。

美国高校的教授和学生能在科研与商业之间比较自由地穿梭，与美国1980年推出的《拜杜法案》有关。《拜杜法案》是美国关于科技创新领域一套核心的知识产权法律制度安排。这个法案的大意是联邦政府提供的资金资助的研究成果，所有权归联邦政府，但允许做科研的研究机构或学者获得商业开发权，并且可以获得商业开发所赚得的利润。除了《拜杜法案》，美国在科技创新方面还有一系列的知识产权法律，包括同样在1980年签署的《史蒂文森-怀特勒创新法案》，它后来演变为联邦技术转换法案。这套法案明确规定，当联邦政府的钱投入到一定程度后，就必须成立有专职人员负责的技术转换办公室，负责实验室的研究成果的商业转换。这些法律和规定，都是从国家高度对发明创造的产权作出比较妥善的界定，从而极大地推动了科技的商业转化。相比而言，我国相关的规定还有提升的空间。

尽管从理论上来说，良好的专利制度能够激发创新的动力，保护创新者的前期投入，但在保护创新劳动的同时，专利制度与创新体系本身是存在一定冲突的。因为专利从根本上就是法定的垄断权，这种垄断如果被滥用，则必然妨碍后续创新的开展，甚至操纵市场，以及被政治化，成为国与国之间"卡脖子"的工具。因此，关键的问题是如何在专利保护与创新激励之间保持适当的限度与互动。

高通是近20年在全球营运最成功的美国高技术公司之一，今天成长为市值1646亿美元（2021年）的美国高通，在历史上也曾经强烈反对过诺基亚、摩托罗拉等垄断GSM制式标准的通信巨头。即使在今天，一台智能手机可能涉及的需要授权的专利数超出想象。正是通过高通的强制反向授权，使得设备商能获得一站式授权而减少处处触雷。因此，也有人为高通的许可收费制度辩护，认为韩国、中国新崛起的手机厂商大多受益于此。所谓"反向授权"，即有专利的厂商想购买高通专利时，必须将自有专利同步授权给高通，这样其他购买高通专利的厂商可以免费使用他人专利。

但问题的关键是，如果一个企业不打算后续创新，那么它可能安于一站式授权，同时也只能获得微薄利润；如果一个企业积极后续创新，那么高通的强制反向授权就接近于对这些后续创新的"巧取豪夺"。通过滚雪球式的反向授权，高通成为无线通信标准的核心，其垄断意图之明显、手段之高明，远超当年的诺基亚。简单来说，高通模式就是利用专利建立垄断地位，然后又利用垄断强化专利优势，最终盘踞行业核心，这就是过度利用专利制度，建造专利丛林的典型。

高通拥有大量的无线通信技术标准必要专利，涉及 2G、3G、4G 等标准。所有设备厂商按照标准生产手机等无线通信设备，都无法规避这些专利，必须向高通缴付专利许可费。同时借助在高端基带芯片上的垄断地位，高通的专利许可定价方式和比例都具有极大的任意性。比如，华为手机如果使用高通的芯片，那么华为自己拥有的专利会无偿反向许可给高通，高通的芯片卖给其他手机生产厂商时，其他手机厂商将不再向原手机厂商支付专利费，华为也不能去法院起诉侵权。

事实上，高通按整机价格收费、打包定价、歧视性定价等做法，都反映出其在这一领域说一不二的独家垄断地位。这样的垄断强势必然干预和影响下游竞争，而下游厂商没有任何博弈地位，只有被动地接受要价和重新平衡自己的成本。因此，面对高通对专利的控制策略，问题已不是某些国产中低端品牌手机是否还有利润空间的问题，而是"一人天下"对市场环境的隐患，它不利于下游产业的整体创新与竞争。

尽管专利所获得的垄断地位豁免于反垄断法，但是滥用这样的垄断地位，仍有可能受到反垄断法的追究。由于垄断者的逐利倾向以及专利授权的有期限性，大多数垄断者在没有外部约束的情况下会尽量攫取最大利润，这就会滋生所谓"滥用"。问题在于，相对于商品的成本和收益总有衡量尺度，专利的定价则很难控制。

2005 年，欧盟接到诺基亚、爱立信等六家公司的投诉后，曾对高通专利授权定价过高展开反垄断调查，经过四年的调查，这桩官司最终因为各家厂商的和解撤诉而终止。高通存在许可费率过高问题，高通在 WCDMA、LTE 等标准中的专利份额已下降，却依然延续 CDMA 的标准进行收费。中国 IT 企业在 4G 标准制定中积极参与，取得很多核心专利，但是在高通构造的体系中，这种价值得不到体现。主流业界对专利许可费的共识是累计不超过产品售价的 10%，但高通一家就达到 5%。2013 年，中国手机企业利润均值不足 0.5%，而实际上，高通所持有专利只是众多手机专利中的一部分，这显然有失公平。

2013年，高通芯片和许可费收入总计248亿美元，其中将近一半来自中国，许可业务收入占总收入的30%，但利润占比达到70%，为芯片业务的两倍。据了解，高通的精明之处，是并不靠芯片赚太多钱，而是依靠低价格让竞争对手无法获取机会，依靠芯片市场垄断地位，高通可以靠搭售专利赚钱。要想生产高端手机，只有向高通采购芯片，下游厂家为了购买高通芯片，不得不同意高通的专利费要求。

高通还搭建了一个交叉许可的专利平台。一方面，依靠和其他专利持有者的专利交叉许可，高通可以向客户提供没有法律纠纷的"安全"产品，所有相关专利都被高通整合，能够避免专利纠纷，高通芯片自然更受欢迎，其他芯片生产商则难以匹敌；另一方面，高通却不向交叉许可的专利持有者缴纳费用。

2015年2月10日，我国国家发展改革委开出中国反垄断历史上金额最大的罚单——美国高通公司因垄断行为被罚60.88亿元，并被责令整改。这一罚单不仅改写了中国反垄断历史，更是在全球范围率先改变了高通实行二十余年通行全球的专利收费模式。在西方国家对高通反垄断调查进展缓慢的情况下，为什么这家全球互联网"芯片"巨头在中国"认罚"60亿多元呢？可以说中国已成为高通公司全球最大、最重要的市场之一。尽管绝对数额60亿多元的罚款是所有新闻的大标题，但对高通来说最有威慑力的处罚来自其在中国专利收费模式的强制变更。即便如此，业界对中国手机制造业是否能真正受益于此，仍然争论不一。即使我国国家发展改革委要求高通按整机批发净售价的65%收取专利许可费，对高通全球100%收费模式似乎给予了重大一击，但从高通仍决定继续扩大在华业务规模一事来看，其显然仍享丰厚利润。

2. 打破专利丛林法则

美国加州大学伯克利分校著名专利法专家卡尔·夏皮罗曾提出一个重要的规律——专利丛林法则。简单说就是专利像丛林一样生长，阻碍了技术的发展。他认为，知识产权权利有许多重叠的地方，开发新技术的人必须在专利丛林中披荆斩棘，才能获得自己所需的全部专利技术的使用许可，企业为了对新技术进行商业化必须突破这个知识产权网络的重围。由于专利被累积起来，并且它们为不同人所有，所以，一些具有基础性作用并且极其重要的专利就会对此技术的开发和产业化带来很大的负面效应，专利丛林法则使技术发展僵化，甚至阻碍技术的革新。

20世纪90年代以后，关于专利丛林的问题在全球越来越突出。为了鼓励创新和研发投入，专利法保护授予专利持有者排他的所有权。近几十年来，各国都非常重视专利和技术对国民经济的驱动，全社会进入到大量申请关联专利、保护性专利和微小专利的时期。结果上游的专利技术被垄断以后，下游的专利技术很难发展，尤其是那些具有基础性的技术被垄断以后，问题更加严重。这就形成了今天所面临的专利丛林法则。专利丛林法则会对技术创新产生两大障碍：一是步步地雷，使得后续创新几乎无法开展；二是漫天要价，使得后续创新成本畸高。

与专利丛林法则相关的另一问题是专利池或集中授权问题。有一些企业或律师专门买入或收集一些微小专利的代表授权，统一寻找可能涉及侵权的产品，到处进行侵权诉讼。专利丛林法则和专利集中授权问题，已经成为全球学术界和业界讨论的热点，包括世界知识产权组织、欧盟专利局、美国国际贸易委员会等都曾就此发布研究报告。

在关于高通的处理决定中，我国国家发展改革委要求高通自行披露已到期的专利清单，这也涉及由于专利丛林引起的检索困难问题。由于专利的膨胀申请，使得某个领域的专利库中的专利数量非常庞大，专利之间互相重叠交叉，后续技术创新人员以及技术的使用者很难把自己可能要侵权的专利检索完整，检索成本也十分可观。专利制度成了无形的蜘蛛网，不知何处就藏着等待上钩的猎手，从某种程度上也影响和制约着创新的源泉的涌流。这是专利制度发展到一定阶段的弊端和恶劣一面，最先发展专利制度的美欧近年来也都开始审视和检讨这些问题。

在信息经济时代，越来越多的产业依赖于技术创新，主要的价值和利润也来自发明和创新。未来，专利产业很可能成为其他实体产业的上游产业。随着专利产业发展壮大，会涌现出各个领域的专业专利公司，如美国高通公司一样，它们以专利创造和应用为根本任务，大规模"加工、制造"专利将成为这个产业的常态，并必然制约和影响着下游实体产业。因此，专利的滥用问题需要认真对待和解决，这对全世界的工业产业具有极其重大的意义。

反垄断是破除这种滥用的工具，但并不充分。从根本上检讨专利制度，特别是行业基本标准的垄断授权，其保护年限、范围和方法等方面都有可探究之处。另外，我国国内近年来专利授权数猛增，质量和应用性也有堪忧的一面。更应当担心的是，再过几年同样会出现如欧美一样的专利丛林和专利滥用的问题。对于一家高科技企业来说，其命脉无疑是手上所持有的专利，而它们的盈利方式要么是在自家产品上实现技术变现，要么是向其他公司收取专利费用。然而这看似正常的商业模式背后却逐渐产生了在行业滥用专利的乱象——专利流氓。被称为"专利流氓"的这类公司的主要盈利方式是运用手中的专利向其他公司"敲竹杠"，而且这些专利绝大部分是通过收购专利方案，或者分析科技巨头的发展方向进行抢先注册，而在对方使用该专利时便起诉赔偿。

如今专利流氓事件在国际上已经屡见不鲜了，作为高科技公司老大哥的苹果也是难逃被"敲竹杠"的命运。2021年8月11日，苹果在2019年不得不应对Corellium公司提起的专利侵权诉讼，最终以达成和解告终。而在2020年，名为潘奥普蒂斯（PanOptis）的公司对苹果提起专利诉讼，同年8月法院的裁定是：苹果侵犯了潘奥普蒂斯的五项专利技术，需要支付5.06亿美元专利使用费，而2021年4月，经复审重新确认，"故意"侵犯潘奥普蒂斯专利一事又被推翻了。在2014年，潘奥普蒂斯就LTE技术专利侵权问题，试图与华为联系，但遭到了拒绝。此后，潘奥普蒂斯更是将华为告上了法庭。2018年8月，华为被判对潘奥普蒂斯公司的五项专利造成了侵犯，因此，美国得克萨斯东部地区法院对华为作出了赔偿潘奥普蒂斯将近1050万美元（折合人民币7200万元）的裁决。潘奥普蒂斯的专利是从爱立信、LG、三星电子等众多科技巨头手中购买的，它也没有执业实体，常年从专利诉讼之中获利。①

除苹果公司、华为公司之外，手机行业的另一巨头三星也未能幸免，在2011年5月，三星公司就被判向西班牙Fractus公司支付了数千万的专利侵权赔偿，不得不说，这些"专利流氓"行为在很大程度上扼杀了许多企业的创新能力。除国际化大型企业华为外，我们国内的科技公司也不断遭遇到这样的问题。随着近几年在海外影响力的逐渐提升，国内的一些科技公司也成为了某些别有用心机构的目标之一。就拿OPPO来说，早在2018年就曾面临过一家"专利流氓"西班牙公司Fractus的诉讼；意大利的一家专利经营公司Sisvel也起诉OPPO关联公司专利侵权，要求判决全球专利费率和禁售令，并且在其他国家以同样的理由对OPPO进行起诉；

---

① 管荣齐，管萃竹. 专利诉讼前沿判例精解［M］. 北京：法律出版社，2021：231.

不仅如此，自 2020 年 1 月起，夏普便先后在日本东京、德国慕尼黑等地发起多起针对 OPPO 的专利侵权诉讼，其中主要涉及到手机通信技术相关的 WLAN 专利、LTE 相关专利等。

面对这样的无理由的"专利流氓"行为，OPPO 自然不会坐以待毙，而是坚定地以法律捍卫自己的权利，OPPO 公司先是在和 Fractus 的诉讼中获得了胜诉，紧接着荷兰海牙国际法庭也作出判决：Sisvel 在荷兰起诉 OPPO 涉及的专利权利要求 4 和权利要求 8 无效，同时还需承担本案的所有诉讼费用。

值得注意的是，在 2021 年的 7 月，我国台湾地区智慧财产及商业法院便对夏普诉 OPPO 专利侵权案作出判决，不仅驳回了夏普的全部诉讼请求，还要求夏普承担全部诉讼费用。另外在 2021 年 10 月 8 日 OPPO 还与夏普达成了专利交叉许可协议及合作，据悉，该协议涵盖了双方终端产品实施通信技术标准所需的全球专利许可。这也就意味着，双方将结束自 2020 年以来在多个国家及地区的专利诉讼和争议。这数起胜诉可谓是给众多"专利流氓"当头一棒，让他们真切地领教了一把中国科技企业的实力。

而这接连胜诉背后的原因，自然与 OPPO 自身强大的专利"防火墙"密不可分，首先作为全球领先的科技品牌之一，OPPO 不但注重保护自身以及第三方的知识产权，同时还一直致力于产业界良性的专利授权合作，目前 OPPO 公司已与高通、爱立信等业界龙头企业缔结了深度的知识产权合作协议。

除此之外，OPPO 一向注重知识产权积累，为建立自身强大的专利"防火墙"打下了坚实的基础：数据显示，2019 年 OPPO 的 PCT 专利申请提交量为全球第 5，连续两年跻身 WIPO 国际专利条约申请数量排行榜前十；截至 2021 年 6 月 30 日，OPPO 在全球已经申请超过 65000 件专利，授权数也在 30000 件以上，其中发明专利申请数在 58000 件以上，占所有专利申请的 90%。而且在世界知识产权组织（WIPO）2020 年发布的国际专利条约申请数量排行榜中，OPPO 亦凭借自身的硬实力跻身全球前十。

利益当前，不论在哪个行业竞争中，"弱小既是原罪"已经成了商业世界的丛林法则，对手机厂商更是如此。决定企业命脉的核心技术，特别是专利技术倘若掌握在他人手中，很容易就会成为受人觊觎的"肥羊"。OPPO 在应对"专利流氓"的数次诉讼也很好地验证了这个道理，科技企业构建专利"防火墙"已经刻不容缓，这样才能在未来发展中更好地应对各种不确定性的挑战,不得不说OPPO为国内企业做了一个良好示范,一个企业要想走出去,既要走得远,还要走得好,必须有点硬实力和黑科技,且知识产权一定要牢牢掌握在自己手中。

# 第六章 创新劳动的社会土壤

## 一、创新劳动教育与文化环境

### 1. 新时代劳动教育观

我们可以在一般意义上说,劳动是人类这个群体的整体本能,但落实到具体的每个个体上,对待劳动的认知和从事劳动的能力有着很大的差异,即人们对待劳动的价值观、对劳动的意愿和态度等都是差异巨大的,否则为什么会出现"不劳而获""能者多劳""一夜暴富"这样的词呢?为什么还有忽视劳动的现象,轻视体力劳动,尤其是看不起普通劳动者的现象呢?曾几何时,劳动最光荣是我国的价值共识,但是随着人们生活质量的不断提高,人们的劳动观也在潜移默化地产生变化。这说明劳动是需要教育的,尤其在各类学校对学生进行劳动教育更是极其必要。在一般劳动教育基础上才有创新劳动的教育。

国无德不兴,人无德不立。担当民族复兴大任的时代新人,必须具有热爱劳动、服务人民的思想道德。因此劳动教育,不仅仅是劳动技能教育和劳动意识教育,更重要的是劳动观教育,劳动教育不仅需要教育学生如何劳动,掌握劳动技能,还要通过实践体验劳动的快乐,更要通过教育使学生树立社会主义劳动观,树立劳动道德,培养爱劳动、尊重劳动的思想品质,养成热爱劳动、尊重劳动人民、珍惜劳动果实的良好习惯,进而树立马克思主义劳动观、社会主义价值观,消除轻视体力劳动、鄙视普通劳动者、不劳而获、投机取巧、用金钱衡量劳动价值的剥削阶级思想。因此,劳动教育既是目的也是手段,通过教育提升学生的劳动能力、思想品德和政治觉悟。

明确了劳动教育的目的和内容,还要明确劳动教育的指导思想,劳动教育观的基础是劳动观和教育观,劳动教育是以教育观和劳动教育观为指导的,劳动教育观是教育观和劳动观的具体展现和运用,是关于劳动教育的总体观点,包括对劳动教育的教育方针、目的意义、教育内容、教育手段等的理论概括。

进行劳动教育首先要有正确的且要树立和弘扬的劳动观。所谓劳动观,是指人们对劳动的根本观点和所持的态度。人们在劳动中所处的生产关系、社会制度、道德要求等不同,就会形成不同的劳动观。劳动观指导着劳动教育观,中国共产党历来重视劳动教育,不断塑造着社会主义劳动教育观,新中国成立前夕通过的《中华人民政治协商会议共同纲领》,就把"爱劳动"作为即将成立的新中国全体国民的一项重要公德,而且把"理论与实际一致"确立为基本教育方法,规定各类学校都要"注重技术教育"。新中国成立后,党和政府强调教育必须为社会主义革命和国家建设服务,培养德智体全面发展、具有社会主义觉悟的建设者和伟大祖国的保卫者。新中国的劳动教育属于德育的范畴,是学校思想政治教育的重要内容,是社会主义性质的。

1957年2月,毛泽东在《关于正确处理人民内部矛盾的问题》中提出:"我们的教育方针,应该使受教育者在德育、智育、体育几方面都得到发展,成为有社会主义觉悟的有文化的劳动者。"邓小平在1978年4月召开的全国教育工作会议上重申了这一方针,他指出:"我们的学校是为社会主义建设培养人才的地方。培养人才有没有质量标准呢?有的。这就是毛泽东同志说的,应该使受教育者在德育、智育、体育几方面都得到发展,成为有社会主义觉悟的有文化的劳动者。"①

面对21世纪的挑战和新世纪素质教育新要求,党和国家在坚持教育与包括生产劳动在内的社会实践相结合的同时,把"美育"纳入教育方针。在1999年全国教育工作会议上,我国提出的教育方针是:坚持教育为社会主义为人民服务,坚持教育与社会实践相结合,以提高国民素质为根本宗旨,以培养学生的创新精神和实践能力为重点,努力造就"有理想、有道德、有文化、有纪律"的,德育、智育、体育、美育等全面发展的社会主义事业建设者和接班人。这一教育方针强调了学生健康的重要性,重申了教育要与生产劳动和社会实践相结合的原则。

在新时代,我们党更加强调劳动教育,充分认识到劳动教育在培养社会主义建设者和接班人中的重要作用。习近平总书记关于"中国的伟大发

---

① 邓小平. 邓小平文选:第2卷[M]. 北京:人民出版社,1994:103.

展成就是中国人民用自己的双手创造的,是一代又一代中国人接力奋斗创造的","以劳动托起中国梦","美好生活靠劳动创造","劳动成为幸福的源泉"等一系列重要论述,为新时代社会主义劳动观教育指明了方向。劳动观教育的核心是培养劳动价值观,这就需要我们立足新时代视野和语境来塑造国民尤其是学生的劳动价值观,激活社会主义劳动观教育的现实功用,融入社会主义劳动观教育的具体实践,以此体现劳动光荣、劳动者伟大的价值追求在新时代劳动观教育中的重要地位和作用。

2018年9月10日,习近平总书记在全国教育大会上提出,要把劳动教育纳入社会主义建设者和接班人的要求之中。习近平总书记指出:"在党的坚强领导下,全面贯彻党的教育方针,坚持马克思主义指导地位,坚持中国特色社会主义教育发展道路,坚持社会主义办学方向,立足基本国情,遵循教育规律,坚持改革创新,以凝聚人心、完善人格、开发人力、培育人才、造福人民为工作目标,培养德智体美劳全面发展的社会主义建设者和接班人,加快推进教育现代化,建设教育强国,办好人民满意的教育。"[①] 习近平总书记首次将"劳育"从"德育"中独立出来,与德智体美"四育"并列,完整提出"培养德智体美劳全面发展的社会主义建设者和接班人"的教育方针。将劳动教育纳入新时代"培养什么人"这一"教育首要问题"的总体要求之中,把劳动教育的地位和意义提到了前所未有的高度。

"培养什么人、怎样培养人、为谁培养人"是教育方针必须明确的根本问题。新时代党的教育方针以59个字简单明了而又全面准确地回答了上述三个基本问题,明确了"为谁培养人",即教育必须为社会主义现代化建设服务、为人民服务;"怎样培养人",即教育必须与生产劳动和社会实践相结合;"培养什么人",即培养德智体美劳全面发展的社会主义建设者和接班人。这是既遵循教育一般规律,又根据新时代教育发展的形势任务而对教育工作提出的总要求和总遵循,使培养什么人、怎样培养人、为谁培养人的方向更加鲜明、内容更加完善、要求更加明确。尤其是突出了教育的完整内容和教育的正确途径方法。德智体美劳五育并举,是教育方针重大而明确的指向规定。这一指向规定既是针对一些学校事实上实行的不完全教育的弊端,也是针对当前社会和当代青少年的特点和某些不足,更

---

① 本书编写组. 习近平总书记教育重要论述讲义[M]. 北京:高等教育出版社,2020:24.

是面向未来发展对教育提出的要求。

2021年4月29日，全国人大常委会修订的《中华人民共和国教育法》，对新时代党的教育方针作出最新表述，全面体现了习近平新时代中国特色社会主义思想，特别是关于教育系列重要论述的要求，规定了新时代教育的性质、目标、任务和实现路径，将党的教育方针落实为国家法律规范。教育与生产劳动和社会实践相结合，体现着理论与实践相统一、脑力劳动与体力劳动相结合、使受教育者全面发展的内在要求。

2. 劳动教育的实施方案

2020年3月20日，中共中央、国务院印发《关于全面加强新时代大中小学劳动教育的意见》（以下简称《意见》）。《意见》结合时代和实践的新发展，明确了新时代劳动教育的指导思想、基本原则，从劳动教育的基本内涵、总体目标、课程设置、内容要求和评价制度等方面"全面构建体现时代特征的劳动教育体系"。这是对新中国成立以来党的社会主义劳动教育思想的继承与发展。

《意见》首先提出，劳动教育是中国特色社会主义教育制度的重要内容，直接决定社会主义建设者和接班人的劳动精神面貌、劳动价值取向和劳动技能水平。长期以来，各地区和学校坚持教育与生产劳动相结合，在实践育人方面取得了一定成效。同时也要看到，近年来一些青少年中出现了不珍惜劳动成果、不想劳动、不会劳动的现象，劳动的独特育人价值在一定程度上被忽视，劳动教育正被淡化、弱化。对此，全党全社会必须高度重视，采取有效措施切实加强劳动教育。

《意见》指出，以习近平新时代中国特色社会主义思想为指导，全面贯彻党的教育方针，落实全国教育大会精神，坚持立德树人，坚持培育和践行社会主义核心价值观，把劳动教育纳入人才培养全过程，贯通大中小学各学段，贯穿家庭、学校、社会各方面，与德育、智育、体育、美育相融合，紧密结合经济社会发展变化和学生生活实际，积极探索具有中国特色的劳动教育模式，创新体制机制，注重教育实效，实现知行合一，促进学生形成正确的世界观、人生观、价值观。

《意见》还从操作层面全面地构建出体现时代特征的中国劳动教育体系。包括如下五个方面。

第一，把握劳动教育基本内涵。劳动教育是国民教育体系的重要内容，是学生成长的必要途径，具有树德、增智、强体、育美的综合育人价值。实施劳动教育重点是在系统的文化知识学习之外，有目的、有计划地组织学生参加日常生活劳动、生产劳动和服务性劳动，让学生动手实践、出力流汗、接受锻炼、磨炼意志，培养学生正确劳动价值观和良好劳动品质。

第二，明确劳动教育总体目标。通过劳动教育，学生能够理解和形成马克思主义劳动观，牢固树立劳动最光荣、劳动最崇高、劳动最伟大、劳动最美丽的观念；体会劳动创造美好生活，体会劳动不分贵贱，热爱劳动，尊重普通劳动者，培养勤俭、奋斗、创新、奉献的劳动精神；具备满足生存发展需要的基本劳动能力，形成良好劳动习惯。

第三，设置劳动教育课程。整体优化学校课程设置，将劳动教育纳入中小学国家课程方案和职业院校、普通高等学校人才培养方案，形成具有综合性、实践性、开放性、针对性的劳动教育课程体系。

根据各学段特点，在大中小学设立劳动教育必修课程，系统加强劳动教育。中小学劳动教育课每周不少于1课时，学校要对学生每天课外校外劳动时间作出规定。职业院校以实习实训课为主要载体开展劳动教育，其中劳动精神、劳模精神、工匠精神专题教育不少于16学时。普通高等学校要明确劳动教育主要依托课程，其中本科阶段不少于32学时。除劳动教育必修课程外，其他课程结合学科、专业特点，有机融入劳动教育内容。大中小学每学年设立劳动周，可在学年内或寒暑假自主安排，以集体劳动为主。高等学校也可安排劳动月，集中落实各学年劳动周要求。

根据需要编写劳动实践指导手册，明确教学目标、活动设计、工具使用、考核评价、安全保护等劳动教育要求。

第四，确定劳动教育内容要求。根据教育目标，针对不同学段、类型的学生特点，以日常生活劳动、生产劳动和服务性劳动为主要内容开展劳动教育。结合产业新业态、劳动新形态，注重选择新型服务性劳动的内容。

小学低年级要注重围绕劳动意识的启蒙，让学生学习日常生活自理技能，感知劳动乐趣，知道人人都要劳动。小学中高年级要注重围绕卫生、劳动习惯养成，让学生做好个人清洁卫生，主动分担家务，适当参加校内外公益劳动，学会与他人合作劳动，体会到劳动光荣。初中要注重围绕增加劳动知识、技能，加强家政学习，开展社区服务，适当参加生产劳动，使学生初步养成认真负责、吃苦耐劳的品质和职业意识。普通高中要注重围绕丰富职业体验，开展服务性劳动、参加生产劳动，使学生熟练掌握一定劳动技能，理解劳动创造价值，具有劳动自立意识和主动服务他人、服务社会的情怀。中等职业学校重点结合专业人才培养，增强学生职业荣誉感，提高职业技能水平，培育学生精益求精的工匠精神和爱岗敬业的劳动态度。高等学校要注重围绕创新创业，结合学科和专业积极开展实习实训、专业服务、社会实践、勤工助学等，重视新知识、新技术、新工艺、新方法应用，创造性地解决实际问题，使学生增强诚实劳动意识，积累职业经验，提升就业创业能力，树立正确择业观，具有到艰苦地区和行业工作的奋斗精神，懂得空谈误国、实干兴邦的深刻道理；注重培育公共服务意识，使学生具有面对重大疫情、灾害等危机主动作为的奉献精神。

第五，健全劳动素养评价制度。将劳动素养纳入学生综合素质评价体系，制定评价标准，建立激励机制，组织开展劳动技能和劳动成果展示、劳动竞赛等活动，全面客观记录课内外劳动过程和结果，加强实际劳动技能和价值体认情况的考核。建立公示、审核制度，确保记录真实可靠。把劳动素养评价结果作为衡量学生全面发展情况的重要内容，作为评优评先的重要参考和毕业依据，作为高一级学校录取的重要参考或依据。

3. 对创新劳动教育的强化

2020年7月，教育部印发《大中小学劳动教育指导纲要（试行）》，提出了普通高等学校劳动教育的要求，即强化马克思主义劳动观教育，注重围绕创新创业，结合学科专业开展生产劳动和服务性劳动，积累职业经验，培育创造性劳动能力和诚实守信的合法劳动意识。这表明，我国高度重视劳动教育对于创新创业教育的引领，确立创新教育在劳动教育中的重要地位。这既是切实加强新时代高校劳动教育工作的需要，也是培养创新创业型人才的必然选择。

创新劳动教育的目标当然是培养创新劳动者，或者通过继续教育使普通劳动者掌握创新技能，成为创新劳动者。其实，如果我们超越教育，从经济学和社会学角度看，从事创新劳动的劳动者也存在着生产再生产的过程，即创新劳动者的孕育、诞生和成长的过程。他们基本的思想道德品质和心理、身体素质，以及阅历、经验积累，乃至知识能力形成，特别是献身真理、献身祖国、献身人类的价值取向和敢为人先的革新精神，以及勇担风险、不怕失败的执着态度和持久的心理冲动与强烈的创新动机状态等，这些精神品质的培育也离不开教育。创新劳动力的生产再生产与重复劳动力的生产再生产不同，创新劳动对劳动者的知识、信息的学习与更新，对素质、修养的培育与提高，对创新精神、创新能力的充实与增强等有更高的要求，创新劳动者的这些能力也需要长期和不间断的培养才能够获得和保持。因此，创新创业教育是一个持续不断的过程，应贯穿于学前教育、初等教育、中等教育、高等教育、继续教育等各阶段，而不能指望在高等教育阶段毕其功于一役。英国、法国、日本、印度等国家都非常重视中小学阶段的创业教育，重视从孩提时代就培养学生的领导能力、沟通能力、商业和经济意识等。可见，我们不仅应在高校开展创新创业教育，而且应实行系统化的创新创业教育，把创新创业教育贯穿于各级各类教育之中，并对不同阶段、不同类型学校的创新创业教育进行分工，有计划、有重点地开展创新创业教育。

创新劳动教育是将创新教育与劳动教育相结合，这个结合一般不会形成单独的新的教育学科，而是形成以专业教育、创新教育和劳动教育为载体的系统化教育，即创新教育中融入劳动教育，或者是劳动教育中融入创新教育而形成的系统化教育。例如，某旅游学院对专业课"餐饮管理实务与运营"进行课程改革，探索将创新创业、劳动教育融入到专业教育之中，形成"专业+创新+创业+劳动"四位一体的融合教学新模式。[①] 无论以哪个为载体，都是对原有教育内容的深化，必将对现有的创新教育和劳动教育产生重大的促进作用，并推动二者的发展。目前由于劳动教育的范围较大，且已形成了相应的教育体系，因此，应该更加积极地探索在劳动教育中融入创新教育，这样不仅可以扩展劳动教育的内容，也使劳动教育深化并与时俱进发展。

在具体教育实践中，创新劳动教育需要重视以下四个环节。

第一，注重与实践的结合。与一般劳动教育一样，创新劳动教育也要走教育与生产实践相结合的道路。创新劳动教育的目的在于培育受教育者尊重创新劳动的价值观，以及提升对创新劳动的内在热情和劳动创造的积极性，提升创新能力，磨炼创新意志品质等，并最终塑造其创新精神和劳动精神，这些培养只有结合实践，尤其是生产实践才能实现。当前我国教育界在创新教育的方式方法上与以往相比有了较大的突破。比如大多数采用了 PBL（problem-based learning）教学法。PBL 可以翻译为问题式学习、

---

[①] 汪清蓉，陈忻，徐颂，等. 高校创新创业教育、劳动教育与专业教育的融合实践与反思 [J]. 高教学刊，2021（12）：42-45.

基于问题的学习、基于任务学习、基于项目学习、探究式教学法、发现式学习等。它打破了传统以授课为基础的教学和学习模式（LBL），它设计真实任务、项目、问题，学生处于问题情境中，自主探究、合作解决，获得问题背后的知识，且在获得知识的同时获得解决问题的能力。

按照这个教学模式，创新劳动教育就需要结合实际，这样受教育者才能感受社会需求，提出真实的课题，即创新劳动任务。创新劳动任务的引入，可以丰富学生学习知识的内容。劳动任务无论多么简单，也不同于书本知识，能够让学生转换思路，调整节奏，让单一的学习生活丰富起来。创新劳动的过程，本身就需要手脑的结合，需要工具的参与，需要接触各种实际的生活世界。这为学生提供了与以往课程学习不一样的新鲜视角，给学生提供各种新的尝试机会。创新劳动任务一般都带有明确的指向性，是一个真实的问题解决过程。项目学习常常是以小组形式进行的，且与竞赛结合，通过合作和竞争能够促进创新成果的产生和创新能力的提升。而丰富多彩的创新劳动实践，让学生将所学知识与生活世界建立联系，将更多的书本知识还原为解决实际问题的方法、原理，让学生明白学习的目的，看到学习对于自己发展的价值。教育主管部门在引领过程中，要针对区域经济和社会发展的需要，主动推进校企合作，协同平台建设，发挥教育单位本身和社会的共同育人责任。

第二，注重创新精神的培育。在培养人才创新本领的时候，不能忽略创新心理的培养。人的创新能力是智力因素和非智力因素共同构成的，创新需要有挑战精神和独立思考的品质，要敢于标新立异，有开拓精神；同时，人的爱心、责任心、自信心不足，也难以形成创新课题和创新设想，即使产生设想也不能成为行动，有行动也难以做到持之以恒；缺乏激情，创新没有动力，思维会僵化，行动会迟缓；没有责任心，创新风险容易失控，即便暂时取得成功也难取得持续进步。

优秀的精神品质作为一种文化基因有着历史传承性。中国共产党人的精神谱系、中华民族的精神谱系中，积淀着大量的涉及创新精神的内容，创新劳动教育也是传承这些精神的重要载体。2019年5月，党中央专门出台《关于进一步弘扬科学家精神加强作风和学风建设的意见》，要求在全社会大力弘扬科学家精神，即"胸怀祖国、服务人民的爱国精神，勇攀高峰、敢为人先的创新精神，追求真理、严谨治学的求实精神，淡泊名利、潜心研究的奉献精神，集智攻关、团结协作的协同精神，甘为人梯、奖掖后学的育人精神"。2020年9月11日,在科学家座谈会上,习近平总书记指出,"科学家精神是科技工作者在长期科学实践中积累的宝贵精神财富",并重点阐述了爱国精神和创新精神,强调"科学无国界,科学家有祖国",科技工作者要把自己的科学追求融入建设社会主义现代化国家的伟大事业中去,树立敢于创造的雄心壮志,努力实现更多"从0到1"的突破,不断向科学技术广度和深度进军。

新时代社会大力弘扬劳模精神、劳动精神、工匠精神,无疑促进了创新劳动教育的开展,这些精神都为创新劳动教育提供了宝贵的资源。劳模精神、劳动精神、工匠精神融入创新劳动教育,并使得这些精神一代代传承,才能铸造出新时代创新劳动者。2018年9月10日,在全国教育大会上,习近平总书记提出:"要在学生中弘扬劳动精神,教育引导学生崇尚劳动、尊重劳动,懂得劳动最光荣、劳动最崇高、劳动最伟大、劳动最美丽的道理,长大后能够辛勤劳动、诚实劳动、创造性劳动。要采取适应当前环境和条件的有效设施,加强劳动教育,组织好形式多样的劳动实践,让学生在实践中养成劳动习惯,学会劳动、学会勤俭。"[①]

第三,注重创新思维和创新方法的传授和训练。创新劳动不仅需要创新精神,有敏锐的发现问题的能力,有敢于提出问题的勇气,更要有创造意识、科学思维和创新方法,即善于解决问题,创造性地寻找答案的能力。真正的创新需要开放的思维、前瞻的思维、批判的思维、辩证的思维,是系统的、形象的、实践的。创新是指创新劳动者以现有的知识和物质,在特定的环境中,改进或创造新事物、新方法、新路径、新环境,并能获得一定有益效果的行为。创新不是以科学中的发现或技术上的发明作为其标准,而是以实现市场价值为其判别标准。在发现或发明的成果与将这些成果转化为新产品、新服务之间存在着巨大的差别,而恰恰是后者才能称作真正意义上的创新。而后者付出的劳动以及花费的代价比前者(即发现、发明)要大得多,困难得多。

因此,创新者仅仅有克服困难的勇气和意志品质还不够,还需要有灵活的方法。"自主创新,方法先行",随着创新实践的开展,人们对创新方法的研究日趋增多和加深,并在此基础上研究常用创新方法的原理、分类和作用机理,以便使其更好地服务于创新型社会的需求。TRIZ理论和创新

---

① 本书编写组. 习近平总书记教育重要论述讲义[M]. 北京:高等教育出版社,2020:65.

工具就是一个较好的应用典范，它的运用推广可以帮助创新劳动者快速发现问题、科学解决难题，实现节流增收，更为企业创新人才奔涌出彩找到了新舞台，成为科技助力经济高质量发展的新支撑。

第四，注重创业教育的开展。创业教育是创新劳动的综合训练，它既能培养人产生创意的创新思维能力、创新品质，也能培养人的商业头脑、组织与团队协作能力，以及执着于目标，锲而不舍，克服困难的意志和精神品质，从而培养开拓事业的本领。1947年美国哈佛大学商学院首次开设创业课程，至今，创新创业教育在国外已有半个多世纪的历史。20世纪80年代以来，在美国、英国、日本等国家以及联合国教科文组织、经济合作与发展组织等国际组织的推动下，创新创业教育成为一种世界性的教育改革趋势。创新教育和创业教育是两个既相互联系又有明确区分的概念。在创业教育中，将创新看作创业的基础和核心，把创新教育与创业教育相融合，提出了创新创业教育的概念。近年来，我国创新创业教育发展比较迅速，正在成为我国教育改革的重要方向和趋势。

创业教育是为了使人人都成为创业者吗？当然不是。创业教育专家布罗克豪斯认为："教一个人成为创业者，就如同教一个人成为艺术家一样。我们不能使他成为另一个凡·高，但是我们却可以教给他色彩、构图等成为艺术家必备的技能。同样，我们不能使他成为另一个布朗森，但是成为一个成功的创业者所必需的技能、创造力等却能通过创业教育而得到提升。"[①] 同样，我国高校开展创新创业教育，其目的不是使每个学生都去创业，更重要的是培养学生的创业精神和创业能力。国外有研究结果表明，创新创业教育不但可以提高学生的就业能力，而且可以提高其工作能力和工资收入。

在以往大多数的创业教育实践当中，我们更多地倾向于指导学生如何创办小型商业企业，视大学生创办多少公司为教育效果，忽视了大学生所创办企业的类型和所产生的社会效益及经济效益。因此，我们应该对科技创业教育及创新型创业给予更多的关注。创业教育要强调创新带动的创业，而不仅仅是商业模式带动的创业。在复制型创业、模仿型创业和创新型创业三个创业模式中，我们更要强调创新型创业。

如今，全球市值最高的企业中，苹果与谷歌都是以强劲的科技创新为

---

① 刘宝存. 确立创新创业教育理念 培养创新精神和实践能力 [J]. 中国高等教育，2010（12）.

重要的推动力，不断吸引着来自全世界各地的顶尖科技人才。我们翻阅谷歌发展历史会发现，它上线之初，并没有有效的盈利模式。但有价值的产品总是有价值的，很快，几个工程师用业余时间开发出来的广告系统让 Google 不到一年就实现盈亏平衡，A 轮 2500 万美元融资没有用完，就成功 IPO。令人不得不感慨：科技创新对企业的驱动远远比商业模式创新来得更纯粹，力量更大。因此乔布斯说："我的创新从来都与钱无关，而是与洞察力有关"，这值得所有人学习。当然，创业教育不能仅仅是课堂教育，还应探索多样化的创新创业教育模式，开展丰富多彩的创新创业教育活动。

4. 构建促进创新的文化环境

创新劳动是在社会环境中进行的，社会环境时时刻刻都在影响着创新劳动的实现，包括创新劳动的开展，创新劳动成果的数量、质量和价值等。社会环境的一个重要方面就是文化环境。促进创新劳动的社会氛围、创新劳动的价值观、价值认同等，都是构成创新文化环境的重要内容。创新劳动的最初成果是创新想法，创新想法来自社会实践，产生于创新思维，创新思维需要克服思维障碍，产生新颖、独特的方案，而思维方式本身就与文化相关。创新的氛围、创新人才的成长、创新成果能否被接受等都与社会文化息息相关。同时，创新劳动实践也铸就和形成社会创新文化，改变和塑造着这个文化土壤。

美籍奥地利经济学家熊彼特在其创新理论中指出，创新是创造出偏离常规的新组合，而这种组合的开发和推广人员为此将承担巨大压力。创新可能被社会排斥，最终遭到物理性防御或直接攻击，而在原始文化中，这种攻击来得更为凶猛。对新技术的抵制常被视为一种暂时的现象，且最终会不可避免地被技术进步化解，但熊彼特敏锐地意识到旧技术的力量和文化环境的保守性，并承认，"习惯一旦建立，就会像铁路路基一样牢固，不需持续更新和有意识地再生，便可以逐渐根植于潜意识层"[1]。由于技术创新失败是常态，我们在为某些改变世界的技术创新欢欣鼓舞时，却忽视了那些因技术原因或非技术原因，尤其是文化原因夭折的技术，淡忘了随之产生的社会紧张关系。

事实上，任何一种成熟的文化都必然会孕育出印有这种文化特殊印记

---

[1] 约瑟夫·熊彼特. 经济发展理论 [M]. 北京：商务印书馆，1990：7.

的创新产品和隐藏在其背后的创新劳动,创新劳动的深化与发展,其过程中的兴衰荣辱,总是与其文化母体提供的时代条件息息相关。就创新主体企业而言,一般来说,建立了创新文化的企业,就等于踏上了增长之路,无力创新的公司,或者没有创新文化的公司,在竞争的时代无疑会被淘汰出局。就区域创新而言,这里也存在文化因素,美国的硅谷作为一个区域,不仅仅是个别企业建立了创新文化,更是一个区域形成了创新文化。

以手机为例,世界上最早的手机是1983年在美国问世的摩托罗拉DynaTAC 8000X型手机。该手机重约1千克,可通话时间为半小时,销售价格为3995美元,是名副其实的最贵重的"砖头"。随后,"手机有致癌的风险"的传言开始弥漫于社会中,欧洲一些报纸也建议"未成年人需采取预防措施":例如,在拨号和发送短信时,手机与身体保持一定距离。但手机还是以迅雷不及掩耳之势介入了人们的生活,并影响了社会生活和社会文化的方方面面。事实上,手机从它诞生的第一天起就被赋予了文化的意义。那个笨重的"大哥大"曾经是财富和身份的象征。作为高新技术产品的初次亮相,即便其功能和造型都有很大的缺陷,在彼时彼刻又是价格不菲,但俨然成为时尚潮流与尖端科技的标志。这样一来,"大哥大"作为文化符号的意义便被自然而然地赋予了。手机短信的出现,是人类文化史上的又一次革命。手机短信第一次将文本传播的形式引入到一个与声像传播同等的平台参与了竞争,它不仅克服了文字传播时间上的限制,更是兼备了电话通信点到点私人交流的特点,而且由于是无声传播,比电话更好地排除了第三者的干扰,同时也避免了对第三者的干扰。

美国学者马克·波斯特在《第二媒介时代》一书中说,在互联网出现之前的媒体属于"第一媒介时代",是由文化经营、知识分子主导的自上而下的方式传播的;而在互联网出现后,则进入了第二媒介时代,特征是消灭了传播中心,传播者可以作为散点实现交流。① 手机的人际传播方式正是这种散点传播的典型一例。无线网络的普及,使每一部手机都可以是信息的终端,也就是说既可以成为信息的传播者,也可以成为信息的接收者。这种融合无疑正在逐渐改变着我们的生活,它意味着一种新的生活方式,而且随着这种生活方式被普遍接受,它必将对人类社会文化带来深远的影响。

---

① 马克·波斯特. 第二媒介时代 [M]. 南京:南京大学出版社,2000:32.

除技术领域外，文学艺术领域的创新劳动也是如此，即精神产品的创新也需要一种自由、宽松而友好的文化环境。创新需要尝试，要对各种方案、各种可能性进行大胆探索。各种方案、各种可能性是否可行、是否合理只有实践了才知道。试错是必要的环节，因此就需要社会有宽容失败的文化氛围。自由、宽松而友好的环境的一个重要体现，就是有理性的文艺批评受到鼓励和支持。正如鲁迅先生所说的那样："批评必须坏处说坏，好处说好，才于作者有益。"① 理性的文艺批评才能对文学艺术创新成果进行客观公正的评价，才能帮助文学家、艺术家认识自己的创新劳动的成败得失，帮助他们提高创新的能力水平，最终形成全社会的理性批判精神。

5. 创新劳动的积极心态

社会心态是人们对自身及现实社会所持有的较普遍的态度、情绪情感体验及意向等心理状态。一个人做事情也有做事情的心态，心态会决定我们做事情的思维、做事情的决心和愿付出代价的大小，即决定做事情的态度和行为方式。每个人的处境，并不受制于钱，而是受制于观念。就创新劳动而言，劳动者具有创新创业心态，尤其是创业心态极其重要，这种心态的反面则是所谓打工心态。劳动主体是创业心态还是打工心态，对劳动的性质和结果都会产生很大的影响。创业心态之所以在创新劳动中起着如此重要的作用，原因在于以下方面。

第一，创业心态是"解决问题"，而不是"解释原因"。打工心态是什么呢？面对任务或问题，打工者常说的一句话就是，"实在不能埋怨我""我尽力了""这实在太难了，换谁也不行"，然后开始"解释原因"；而创业心态则是，这个问题不解决我就无法前进了，无论如何，我一定要"解决问题"。

比如，有一个公司的部门经理要在一个行业论坛上做主题发言，准备PPT的时候，他让下属小张去找一组统计数据。过了几天，部门经理的PPT都写得差不多了，那位下属的数据还没有找到，经理着急了，催促小张。小张很无奈地解释：网上只能搜到零星的信息；联系某某专家，对方回复说没有；联系某某协会，人家说不能单独提供，只能买资讯报告，而资讯报告的费用又超过了公司的限额。

经理耐心启发他说，你再好好想想，有哪些渠道是我们还没想到的？

---

① 鲁迅. 南腔北调集［M］. 北京：人民文学出版社，2022：75.

过了一天，小张来找经理说，数据已经拿到了。"我联系了不少客户，正好有一个前些天刚买了这个资讯报告，我跟人家说，我的领导的演讲 PPT 就差这些数据了，如果可以提供，发言结束我们可以立刻把 PPT 发给你，含金量很高的！"这位部门经理很满意，不仅是因为数据拿到了，还因为下属开始有了创业心态：解决问题，而不是解释原因。

京东的创始人刘强东曾在哈佛中国论坛的演讲上说："人类快速增加的需求为创业者提供了巨大的机会，而创业成功的关键在于解决问题。"① 创业者要不断解决问题才是关键。为了解决问题，他会发动每一个脑细胞，试过每一种方法，用尽每一个人脉，然后在似乎到了山穷水尽之时成功搞定。解决不了问题，不存在去解释原因，因为创业行为就是这样一种心态决定的，不是给别人干活，是给自己干活。如果解决不了问题，你的主管不会在乎原因，主管的主管也不会在乎原因，最大的老板更不会在乎原因。他们只在乎结果。因为市场不关心谁为什么会失败，它只关心是谁最后赢了。只有幸存者，才有资格谦逊地把成果归功于运气。

第二，创业心态是聚焦长远目标，看淡眼前利益。拥有创业心态的打工者，和其他人的目标感也不一样。打工时间长了，大多数人会有一种虚幻的安全感，觉得领导分配任务，自己把手头这点事做好，每个月领薪水，回头互相攀比一下年终奖，就已经很好了。他们心里排前面的是工资、福利、职称，是上班路程远不远，公司大不大。他们懒得考虑长远，不关心自己是不是正在被趋势淘汰，被时代抛弃。

2018 年一位唐山收费站大姐的故事火遍网络。唐山市政府在这年将地方的各个路桥收费站取消了。取消路桥收费站这事可谓大快人心。但是收费站的工作人员就不乐意了，在人社局已经按照《中华人民共和国劳动法》给予他们经济补偿的情况下，他们仍要求政府给解决工作。其中一位大姐说：我今年36岁了，我的青春都交给收费站了，我现在啥也不会，也没人喜欢我，我也学不了什么东西了。听闻此话，有网友调侃道：姐姐，你才36岁啊！怎么就什么也学不会了呢？你既然可以理直气壮地说自己什么都不会，就应该承受什么工作都没有的结果呀！物竞天择、适者生存本是自然界的常态。30多岁，正是对社会认知和理解足够成熟，能够作出正确选择并承担后果的时候。有人却以30多岁为借口，作为自己什么也学不

---

① 刘强东哈佛演讲谈：这是最好的时代. www.aoji.cn//news/160281.html.

会、工作找不到的理由。这与从事创新劳动的劳动者心态相比，可谓是差了十万八千里。

LinkedIn，中文名"领英"，启动于2003年5月，是一个面向职场的社交平台，总部设于美国加州森尼韦尔市。被称为"硅谷人脉之王"的领英联合创始人雷德·霍夫曼说过，创业好比从悬崖一跃而下，在落地前装好一架飞机。每个创业者每天睁开眼睛，房租要交，工资要发，订单要抢，回款要收，分分秒秒都感觉在和时间赛跑。但是打工者没有这些紧迫的压力，于是通常在温水里成为那只被活活煮熟的青蛙。

第三，创业心态就是经营你自己这家"公司"。这个世界从来就不缺少机会，更不缺少好的平台，缺的是为了目标不惜代价去拼命解决问题、证明自己的有心人。什么叫有心人？微软中国公司前总裁、"打工皇帝"唐骏这样回忆他在微软工作的生涯：当年，我进入微软时，只是一个写源代码编软件的普通工程师。我只能认为自己在公司排名倒数第一，事实上我也就是倒数第一。但我工作时的心态，就仿佛我是公司董事会成员一般：我不仅做好自己的本职工作，还能提出问题，并给出解决方案。最重要的是，我还论证出方案的可行性。

一个人无论身在哪个平台，永远在经营一个以自己的名字命名的"公司"。公司的消亡从来都是因为停止成长，你这家"公司"也不例外，你的专业技能、行业经验、视野和格局，乃至同行的口碑和人脉，就是这个公司的无形资产。财务上，要产生正现金流才能叫资产。职场上，要产生正向价值才能叫资产。只有当你拥有创业心态，去面对你打工的职业生涯时，才能不停地成长，不停地增加你的无形资产。你这家"公司"才不会破产，才会持续扩大经营。你才会慢慢变得不可替代，变得富有竞争力和高价值，到那个时候，是自己创业还是继续打工，只是一个形式问题，因为你作为一名创新劳动者从来就在为自己工作。

## 二、创新劳动的精神诉求

### 1. 创新劳动精神的构成

创新文化落实到每一个从事创新劳动的劳动者身上，就需要他们不仅具备善于创新的创新思维和创新方法，还需要具备敢于创新的创新激情、创新精神、创新情感、创造意志等品质，需要对创新劳动给予高度的尊重，需要有独立思考、挑战现有规则的精神，需要有自强精神、家国情怀，有爱心、有耐心、有恒心等。这些都构成了创新劳动的精神诉求。当然，这些精神品质也是人们在创新劳动实践中逐渐形成的。归纳起来，创新劳动精神的构成主要包含如下方面：创新精神、工匠精神、劳动精神、劳模精神、科学家精神、企业家精神、创业精神。

近年来，弘扬中华工匠精神和传承中华工匠文化，已成为当代中国社会的普遍呼声。"天下大事，必作于细。""执着专注、精益求精、一丝不苟、追求卓越"的工匠精神既是中华民族工匠技艺世代传承的价值理念，也是我们开启新征程，从制造业大国迈向制造业强国的时代需要。因此，近年来，工匠精神常常与大国工匠的概念被结合起来使用，就是因为我们看到了从传统工匠文化到现代科技创新背景下的当代工匠文化的转化的重要意义。

在中国古代社会，工匠创造了优秀的物质文明，也创造了丰富的精神文明。工匠本应该得到人们的敬仰，但是工匠的社会地位普遍不高。另外，在学术领域，工匠议题也不常被学者关注。由此，本应该得到敬重的工匠以及工匠精神，却淡出了社会文化与学者的视野，以至于工匠、工匠文化和工匠精神成为社会文化系统里的"稀缺文化"，工匠文献、工匠研究以及工匠议题很少被学者作专题、系统和持久的研究。但无论社会如何发展，工匠创造的工匠文化不会被历史遗忘，工匠在不同时代艰苦探索与劳作的精神是不会消失的，中华工匠创造的工匠文明之光是永远照耀后世的。

2021年，中国艺术文化史学者潘天波所著的《好物有匠心——影响世界文明的中华匠人》出版，该书从工匠文化、工匠精神和工匠文明三大宏观视角着手书写中华工匠史，这种宏大题材又见之于细微笔墨之处，即从"讲故事"的视角展开研究。作者按历史时间顺序着重讲述了中国历史上最卓越的15个工匠的故事，用平民的视角和通俗的故事语言书写中华工匠文化，品读中华工匠精神，澄明中华工匠文明。① 潘天波还出版过《工匠文化三论》三卷本，分别是《工与士的交往》（上卷）、《工匠精神分析》（中卷）和《描绘器度》（下卷），三卷本大部头著作显示出作者对工匠文化的深度解读与细致思考。

---

① 潘天波. 好物有匠心：影响世界文明的中华匠人[M]. 南京：江苏凤凰美术出版社，2021：2.

2020年，网上有篇文章，题目是《耶鲁大学：我不喜欢中国留学生，更喜欢印度的，但我不是歧视！》，文章引述美国耶鲁大学校长的观点，即中国留学生社交能力不行，他们不喜欢融入团体。他们在课后只喜欢和本国人交流，很少跟其他学生交流，这样不利于交流合作，也不利于学术上的交流。而印度留学生则不同，他们性格活跃，特别喜爱跟别国的同学交流。这位大学校长建议：中国的留学生应该走出舒适圈，多学习英语，这样才有利于在课堂进行发言和讨论。这篇文章本身并没有太大的争议，但是，文章下面的网友评论区中，一位网友以调侃的语气说了这样一句话：一个是跟着你干活，一个是打算超越你，你认为教授会喜欢哪一个？仔细想想，这个网友的调侃实际包含了一个对中国人的深刻认识，即中国人做事情实际是有挑战精神的，即总想超越别人。无论这个文化或价值观是如何形成的，但不可否认一定是长期处于竞争环境中形成的。

挑战精神，是指一个人的行为以及态度，无论是创新的开始，还是创新的过程以及创新的结果，对创新者而言都具有挑战性。从创新内容上，创新劳动者要完成一项创新，无论是在思想、观念、理论还是在知识手段和实践上，都具有挑战性。挑战精神造就了创新劳动者的特殊品格，这些精神反过来也促进了人类的创新劳动实践。有一句名言：发现可能性的界限的唯一办法，就是越过这个界限，到不可能中去。而现在，我们很少有人能够越过这个界限，这也是创新文化氛围不足的重要原因。今天，当我们从社会文化环境建设角度营造促进创新劳动的环境，营造创新劳动光荣的价值观时，就要对这些创新劳动精神提出诉求，并有意识地在现实劳动者和未来劳动者身上去塑造这些精神。

除挑战精神外，创新劳动的取得还与创新者的激情有关。激情是一种强烈的、爆发性的、为时短促的情绪状态，对于创造和创新来说是必不可少的。激情也可以被定义为"对某事本身或做某事有强烈的热情或兴奋感"，在发现问题、解决问题或寻求机会时，它可以成为一种有效的辅助工具。激情也可能包括对无聊的厌恶，以及随之而来的深层需求，即接受新的挑战，并最终获得开发新事物的兴奋感。很多时候，我们缺少创新的首要原因是缺少创新激情，因为现实中我们的激情常常与功利环境对冲，功利环境难觅创新激情。其中最大的对冲在于我们有太多短期功利性目的。

美国畅销书作家丹尼尔·平克曾出版一本名为《驱动力》的著作，在书中，丹尼尔说明了激情对创新的重要性，他说："对于艺术家、科学家、发明家、学生和我们其他人来说，内在的动力——因为这件事情本身是有趣的、具有挑战性的、引人入胜的，而想要去做某件事的动机，对于高度的创造力来说是必不可少的。"[①] 丹尼尔同时也承认外部激励"可以很好地用于流程化的工作"，但他接着表示，尽管用奖金作激励或用解雇相威胁通常会提高常规工作的生产率（至少在一段时间内可以如此），但它不会激发创造力和创新。后者的动机需要来自个体内部，离不开对工作的激情。

没有激情，创造和创新很可能会从我们身边溜走。"一个没有激情的人仅仅是一位劳动力，而他其实具有某种可能性。"瑞士哲学家阿米尔说，"激情就像一块石头，等待铁器的一击产生火花。"激情能够帮助我们在困难和挫折面前坚持到底。一位充满激情的人不太可能被项目失败、缺乏支持、负面批评和其他挫折所吓倒。激情能使人克服外部障碍的干扰。创新实践中所流露出的热情也会帮助创新者吸引其他更多的人，激励他们考虑你的想法，鼓励他们与其他人一起探索你的想法，并实现其中的精华。

事实上，从莱特兄弟到波音，从乔布斯到比尔·盖茨，他们充满创造性的一生，都是内在的创造激情所推动的。乔布斯在谈到他的"苹果"创业史时曾说过，"我从来没有想把它做成最大的计算机公司，只想做成改变世界的计算机公司"。活着就是改变世界——这是乔布斯生前留给年轻人的一句名言。令人担忧的是，现在一些人，都只在意外在利益的诱惑和外在财富的刺激，这会引偏创新的方向。

创新需要有专业基础和广博的知识，但在一个浮躁、功利的社会，在一个遍地都是教你如何赚更多钱的讲座的社会里，不会有人沉下心来学习专业知识，甚至连一些学生都只是为了功利地应付考试而学习，很难会有创新。有学者说过，个人创新激情、冲动、执着，是全社会创新的"基因"。功利社会中，这些"基因"根本无处可觅，即便有，也早就被磨灭了。

美国旧金山金门大桥曾被评为世界上最美的桥梁之一，其主设计师和建筑师约瑟夫·施特劳斯还是一位很有激情的诗人，这座大桥的建设故事展示了由激情驱动的创造力和创新的力量。施特劳斯梦想着将旧金山的金

---

① 丹尼尔·平克. 驱动力 [M]. 北京：中国人民大学出版社，2012：124.

门大桥连接起来,并且他已经有了初步的行动方案。20年,在自始至终的怀疑主义的环境中,施特劳斯实现了他的梦想,领导了这座著名的桥梁的规划、设计以及施工建设。

从他的诗《伟大的任务完成了》中可以看出他的满腔激情:

在一千种希望和恐惧中展开,
被一千个充满敌意的预言家诅咒,
然而,它的脚步永远不会停留,
走过那些短兵相接的时候,
走过那些信心低落的时候,
独自站在世界角落的人,
终有一天会拿到自己的报酬。

曾有研究机构对企业创新现状进行调查,他们发现,员工各项能力对价值创造的贡献占比中,"激情"占了35%,"创造性"占了25%,"主动性"占了20%。而智力因素只占15%,"服从"的贡献率则为0。美国学者阿玛巴尔曾经说过,任何领域,个人和企业创新的实现都得益于创新三角形结构。即,有内在创新动机,而不是外在的经济刺激;有专业知识和超出专业知识的广博经验积累;还必须有与众不同的创新思维方式。而内在创新动机显然是最重要的因素。这其中也包括:并非基于经济考虑,而是源于人内心的"激情"。

2. 尊重劳动者的首创精神

尊重劳动者的首创精神,首先是尊重人的劳动,尊重群众的创新。尊重的原意是指尊敬、重视,古语是指将对方视为比自己地位高而必须重视的心态及其言行,现在已逐渐引申为平等相待的心态及其言行。尊重劳动表示尊重劳动者、劳动过程和劳动果实,还表示尊重劳动职业和给予劳动者崇高的地位,也包括对待不劳而获、一夜暴富等观念和做法的厌恶和抵制等,它是一种主观认知态度,也是一种情感和精神品质。尊重劳动也包括尊重创新劳动。当然,要真正做到并从心理上形成一种态度并不是简单的事情。这不仅与社会制度有关,也与全社会的价值观念、习俗、教育等有关。

尊重劳动、尊重劳动人民是马克思主义唯物史观的重要内容。尊重劳动者的首创精神是新时代中国特色社会主义劳动关系的鲜明特征。基层群众蕴藏着极大的改革动力和创新智慧,社会生活中存在的突出问题,人民群众看得最清楚、感受最深。尊重基层和群众的首创精神,是我国改革开放取得巨大成就的重要经验,也是推进改革的重要方法。

人民是历史的创造者,群众是真正的英雄。人民群众是推动改革、推动创新的主体。从我国改革开放进程看,我国农村改革是从安徽凤阳的"大包干"开始的,企业改革是从福建企业要求松绑开始的,市场调节是从集贸市场开始的,多种经济成分是从个体私营经济开始的,对外开放是从"三来一补"开始的,人民群众的首创精神是推动改革的原动力。邓小平同志说:"农村改革中的很多东西,都是基层创造出来,我们把它拿来加工提高,作为全国的指导。"①

从改革的根本目的看,我们的所有改革都是为了人民,改革要惠及人民,必须确立人民群众在改革中的主人翁地位,最大限度地发挥人民群众的积极性主动性创造性。因为基层群众不仅蕴藏创新动力,也蕴藏极大的创新智慧,他们渴望通过改革改善生产生活条件,过上幸福美好生活。社会生活和生产现场存在的问题,群众看得最清楚、感受最深。今天我们站在"两个一百年"奋斗目标的历史交汇点上,更是迫切需要广大劳动者大力传承和弘扬首创精神,大胆创新,开拓进取,谱新篇、走新路、开新局。

党的十八大以来,习近平总书记多次提到尊重人民群众主体地位和首创精神。2013年12月3日,习近平总书记在十八届中央政治局第十一次集体学习时的讲话中提出,党的十八届三中全会在总结改革开放历史经验时强调,要坚持以人为本,尊重人民主体地位,发挥群众首创精神,紧紧依靠人民推动改革,促进人的全面发展;在全面深化改革的指导思想中鲜明提出,要以促进社会公平正义、增进人民福祉为出发点和落脚点。

2018年4月23日,习近平总书记在十九届中央政治局第五次集体学习时的讲话中提出,要紧密联系亿万群众的创造性实践,尊重人民群众的主体地位和首创精神,作出新概括、获得新认识、形成新成果。2018年12月18日,习近平总书记在庆祝改革开放40周年大会上的讲话中提出,我们坚持加强党的领导和尊重人民首创精神相结合,坚持"摸着石头过河"和顶层设计相结合,坚持问题导向和目标导向相统一,坚持试点先行和全

---

① 邓小平. 邓小平文选:第3卷[M]. 北京:人民出版社,1993:78.

面推进相促进,既鼓励大胆试、大胆闯,又坚持实事求是、善作善成,确保了改革开放行稳致远。

2019年7月5日,习近平总书记在深化党和国家机构改革总结会议上的讲话中提出,坚持党的领导和尊重人民首创精神相结合。在谋划改革发展思路、解决突出矛盾问题、防范风险挑战、激发创新活力上下功夫,正确处理改革发展稳定关系,坚持党的领导和尊重人民首创精神相结合,注重改革的系统性、整体性、协同性,统筹各领域改革进展,形成整体效应。

2020年10月10日,习近平总书记在秋季学期中央党校(国家行政学院)中青年干部培训班开班式上的讲话中提出,要尊重群众首创精神,把加强顶层设计和坚持问计于民统一起来,从生动鲜活的基层实践中汲取智慧。要注重增强系统性、整体性、协同性,使各项改革举措相互配合、相互促进、相得益彰。2020年10月14日,习近平总书记在深圳经济特区建立40周年庆祝大会上的讲话中提出,要尊重人民群众首创精神,不断从人民群众中汲取经济特区发展的创新创造活力。2020年12月30日,习近平总书记在中央全面深化改革委员会第十七次会议上的讲话中提出,我们以人民为中心推进改革,坚持加强党的领导和尊重人民首创精神相结合,坚持顶层设计和摸着石头过河相协调,坚持试点先行和全面推进相促进,抓住人民最关心最直接最现实的利益问题推进重点领域改革,不断增强人民获得感、幸福感、安全感,全社会形成改革创新活力竞相迸发、充分涌流的生动局面。

2021年2月25日,习近平总书记在全国脱贫攻坚总结表彰大会上的讲话中提出,事实充分证明,人民是真正的英雄,激励人民群众自力更生、艰苦奋斗的内生动力,对人民群众创造自己的美好生活至关重要。只要我们始终坚持为了人民、依靠人民,尊重人民群众主体地位和首创精神,把人民群众中蕴藏着的智慧和力量充分激发出来,就一定能够不断创造出更多令人刮目相看的人间奇迹!2021年3月23日,习近平总书记在福建三明考察调研时指出,共产党做事的一个指导思想就是尊重群众首创精神,群众是真正的英雄。

3. 首创精神与主人翁精神

首创精神是对首创劳动价值的追求,它要求创新者敢于突破已经陈旧的观念、程式,运用创造性思维,产生创新成果。首创精神总是与人的自觉性相联系的,是人的自觉性、积极性的一种层次较高的表现形式。具体表现在科学发现、理论创见、文艺创作,以及生产劳动和学习生活、社会变革等方方面面。在社会变革和建设新社会的过程中,首创精神具有特别重大的意义。

群众的首创精神是与人民群众的主人翁意识或主人翁精神分不开的。"主人翁"的意思是指当家作主的人,出自赵翼《廿二史札记》。顾炎武的名言:"国家兴亡,匹夫有责",说的是一个国家的兴衰、存亡,与每一个人息息相关,每个人都要担负起应尽的责任。1919 年,毛泽东在《湘江评论》创刊词中写道:"天下者,我们的天下;国家者,我们的国家;社会者,我们的社会。我们不说,谁说?我们不干,谁干?"① 1959 年,王进喜在北京看到行驶的公共汽车背着"煤气包",感到莫大耻辱。为了让国家早日用上石油,他"宁愿少活 20 年",以身体搅拌泥浆压井喷的镜头,成为对主人翁意识最生动的诠释。

资本主义生产方式为发展私人企业的首创精神创造了条件,促进了劳动生产率的迅速提高;但同时又"空前残暴地压制人民群众的进取心、毅力和大胆首创精神"②。西方国家无论是"自由市场型"还是"经济协调型"劳动关系调整模式,均基于资本与劳动固有矛盾而形成以"谈判对抗"为特征的劳资自治,这样的体制是难以存在主人翁责任感和主人翁精神的。新中国成立后,工人阶级成为国家的主人,主人翁意识不断形成,进而形成了主人翁精神,当然,当时具体的工人并不一定都具备主人翁的政治素质,如何将工人从被压迫的劳动者塑造成国家的主人,需要在政治实践中锻造主人翁的品格。社会主义主人翁不仅意味着私法上的权利,更是公法上的光荣职责。从劳动者到主人翁的政治塑造,是向社会主义过渡的必然步骤。改革开放以来,中国劳动关系在承认劳资矛盾存在对立的同时,更加重视统一,尤其是基于"社会和谐与共同富裕"的中国特色社会主义本质特征,必然形成政府主导的以"合作互助"为特征的劳资自治,必然需要更加重视对"合作型"劳动关系协调模式的探索。尤其在承认劳资双方存在不同的利益目的前提下,寻找共同利益目标,通过主人翁责任感教育,在增强企业凝聚力、强化技术协调力、提高工人"有效努力"

---

① 中共中央文献研究室,中共湖南省委《毛泽东早期文稿》编辑组. 毛泽东早期文稿(1912—1920)[M]. 长沙:湖南人民出版社,2013:80.
② 列宁. 列宁全集:第 26 卷[M]. 中共中央马克思恩格斯列宁斯大林著作编译局,编译. 北京:人民出版社,1998:378.

中，让劳动者更为体面有尊严地劳动，让劳动者具备主人翁精神。

长期以来，我们有很多职工对"主人翁意识"理解有误，认为"主人翁意识"是一种非常崇高的不是普通人思想认识和行为能力所能达到的超凡脱俗的理想境界和道德操守。这是一种把主人翁意识大话和神话的认识，事实上，主人翁意识是一种与我们贴得很紧很近，和我们工作生活息息相关的非常通俗、朴实的思想意识和行为表现，这种意识和表现，我们每个人只要通过认识、学习都可以具有和身体力行。简言之，我们把所有的事情当作自己的事情来做，有一种强烈的发自内心深处的一定要把事情做好做完美的意识，就是主人翁意识。有了主人翁意识的人，不管做什么事且不管事情有多艰难，都会全身心地投入，并且这种顽强、奋发的力量不是来自外界压力或其他，而是出自自己内心迸发出来的一种激情，是一种自觉的追求，是一种责任的驱动，这就是主人翁责任。

习近平总书记强调："要尊重人民首创精神，甘当人民群众小学生，把蕴藏于工人阶级和广大劳动群众中的无穷创造活力焕发出来，把工人阶级和广大劳动群众智慧和力量凝聚到推动各项事业上来。"[①] 基于自身特征的首创精神体现着人们工作中的主动性和创造性，基于国情特色的首创精神是社会发展的原动力，也是市场竞争的必然要求。对于当代中国劳动关系协调的探讨实践更需突出国情，吸收借鉴延安时期"劳动互助、劳动合作"的精神精华，实现更具中国特色劳资和谐，更加坚定国家治理自信，在文化自信中实践价值的实现。

法约尔、泰勒、马克斯·韦伯并称为西方古典管理理论的三位先驱，其中法国管理实践家、管理学家亨利·法约尔，是从企业组织管理角度提出尊重员工首创精神的第一人。法约尔认为，人的自我实现需求的满足是激励人们的工作热情和工作积极性的最有力的刺激因素。对于领导者来说，"需要极有分寸地，并要有某种勇气来激发和支持大家的首创精神"。[②] 法约尔提出了著名的管理活动的五职能，即计划、组织、指挥、协调和控制，也提出了一般管理的 14 项原则，其中的第 13 项原则就是首创精神。即首创精神是指人们在工作中的主动性和创造性，是组织充满生气和活力的保证。法约尔认为："想出一个计划并保证其成功是一个聪明人最大的

---

① 习近平在庆祝"五一"国际劳动节暨表彰全国劳动模范和先进工作者大会上的讲话.www.qstheory.cn/2019-04-24/c_1124408808.htm.

② 亨利·法约尔. 工业管理与一般管理［M］. 北京：机械工业出版社，2013：128.

快乐之一,这也是人类活动最有力的刺激物之一。这种发明与执行的可能性就是人们所说的首创精神。建议与执行的自主性也都属于首创精神。"[①] 当然,企业纪律原则、统一指挥原则和统一领导原则等的贯彻,会使得组织中人们的首创精神的发挥受到限制。

日本企业的合理化建议制度起源于第二次世界大战的经济恢复时期。当时,日本政府借用美国创造工程学家 A. F. 奥斯本"日行一创"或"一日一创"的思想,掀起了一场声势浩大的"一日一案国民运动"。早在 1903 年,日本钟渊纺织工厂就在车间挂了一个"提案箱",让工人把生产中发现的问题反映上来,这个办法很快被其他工厂采纳。日本企业把职工的合理化建议称为"提案制度","日本建议制度协会"和"日本人际关系协会"曾对日本 500 家公司进行了为期一年的调查,结果表明,1983 年日本推行建议制度的企业达 60%,工人参与的人数约 250 万,全年所提建议 3600 多万条,平均每人提建议 15 条。在这些建议中,75% 被采纳,其中绝大部分最终得到了执行。从这些建议给公司带来的利益看,仅 1983 年,这些建议创造的总价值就达 2600 亿日元,而采纳建议的费用只有 120 亿日元,因此,这项投资的收入是成本的 20 多倍。有些企业在建议制度方面取得的成绩更为突出,日立公司每人每年提 100 多条建议,日立工厂的"提案箱"装饰得十分精巧,上面写着一句话:企业的活力来自每个人的智慧。日立工厂的每个车间都贴着一张合理化建议的统计表,以及一些被挑选出来的建议书。

## 三、营造劳动光荣的社会风尚

1. 创新劳动的道德境界——劳动光荣与劳动幸福

光荣,意思是荣耀;荣誉感,意味着自豪、骄傲。劳动光荣就是将劳动看作一种荣誉和荣耀。个人自主地充满热情和激情地投入其中,并从中得到快乐和荣誉感。这样的境界在创新劳动中体现得最为明显,因为创新劳动不是强迫就能够完成的,或者有金钱的诱惑就能够实现的,需要调动创造者的全身心的热情和自主精神。这就是为什么人的创造力发挥与人的个性和情感、意志力等有直接的关联。

---

[①] 亨利·法约尔. 工业管理与一般管理 [M]. 北京:机械工业出版社,2013:131.

创新劳动光荣首先来自劳动光荣的理念。劳动光荣一词最早来源于空想社会主义重要文献《太阳城》，其作者是文艺复兴时期意大利空想社会主义者托马斯·康帕内拉。康帕内拉因参与领导南意大利人民反对西班牙哈布斯堡王朝的斗争，于1599年9月被西班牙当局逮捕，度过了27年的监狱生活。康帕内拉1622年在狱中写成的《太阳城》一书，是具有深远影响的空想社会主义著作。《太阳城》是用对话体写成的。对话在一位热那亚的航海家和一个太阳城的招待所管理员之间展开。航海家曾经周游世界，在一次旅行即将结束时，在一个名叫塔普罗班纳的岛屿登陆，来到了太阳城。这是一个不为西方人所知的理想国，航海家详细描述了太阳城的一切。

太阳城的很多特征或体制，如财产公有、注重德行、哲人王领导下的共和政体、按需分配、公共教育、体力劳动与脑力劳动相结合、婚姻和生育以国家利益为原则，等等，与从柏拉图到莫尔的众多西方乌托邦者的蓝图很相近。航海家还介绍了太阳城的位置、坚固美丽的建筑、风俗等。康帕内拉在社会主义思想史上第一次提出了劳动光荣的思想。通过描述我们可以知道，在实施公有制的太阳城中，无论是从事农业、畜牧业、当兵，还是看门、做饭，都被认为是同等重要的，没有职业上的贵贱与歧视，谁的手艺好，谁的手艺绝，谁就会受到尊敬，这与我们今天所说的"三百六十行，行行出状元"不谋而合。同时，康帕内拉的这个思想，还解决了莫尔在《乌托邦》中无法解决的难题，即如果社会中人人平等了，谁去干体力活，谁去干脏活累活的问题。

莫尔提出保留奴隶的办法，但是康帕内拉不赞成这个办法，他非常痛恨现存社会中的过度劳动和游手好闲的人，因此，康帕内拉在《太阳城》中强调一切劳动都由全体公民共同负担，而且还强调所有劳动没有贵贱之分。在太阳城，只是根据人的身体状况分配不同的劳动，劳动都是光荣的，人们在劳动光荣思想的鼓舞下自愿从事各种有益的劳动，并且实行体力劳动和脑力劳动相结合。这个新思想初步接触到了由于所有制性质的改变继而劳动的性质也随之改变这样本质的问题。

劳动光荣和劳动幸福是相互联系的，在劳动与幸福的关系上，"人世间的一切幸福都需要劳动来创造"，这是习近平总书记对劳动幸福的精辟论述。劳动幸福首先涉及对什么是幸福的理解和对这种幸福的价值追求。哲学家关于幸福的观点有许多，无论是理性主义的幸福观、感性主义幸福观,还是中国古代的幸福观,它们对幸福的观点都是基于不同的立场和理解,因此,很难给幸福下一个明确的定义。比如,英国哲学家詹姆斯·穆勒认为,"幸福就是快乐和免除痛苦,不幸福是指痛苦和丧失愉快。"心理学将幸福定义为:"一个人自我满足后产生的情绪。"也就是说,幸福是一种主观感受,它会因我们对生活态度的转变而发生变化。人的幸福感应当是我们在日常生活中体会到的快乐情绪升华后的产物,它的产生也要基于一定的社会环境和物质基础。就像当我们在饥饿时,温饱得到满足就会自然产生幸福感;当身体处在舒适温暖的环境中,也会产生愉悦的情绪,因此,关于幸福是什么,在每个人的心中可能都有一个属于自己的答案。每个人对幸福的定义都不一样:幸福就是心安,幸福就是快乐,幸福就是健康,幸福就是平安……

然而在资本主义私有制条件下,劳动并没有给劳动者普遍带来幸福,反而更多的是带来不幸,因为劳动者的劳动成果本来应该属于劳动者自身所有,却被资本家无情地占有。在劳动过程中,劳动者和自身的劳动产品产生异化,劳动者的身心处于不自由的状态,阻碍了对幸福的获取。马克思主义幸福观超越了传统幸福观,具有重大的理论突破,其鲜明特征是强调了劳动是一切幸福的来源,劳动与幸福之间存在的关联性、个人幸福与社会幸福的统一性、物质幸福与精神幸福的一致性;认识到只有在自由自觉的劳动中,劳动者才能真正获得幸福;人民群众的幸福主要是靠人民群众自身创造等思想。

马克思主义幸福观并不排斥人们去追求物质幸福,但是它强调人们应当通过自己的劳动获取财富来改善自己的生活。马克思主义幸福观要求人们努力通过自己的劳动创造保障自己生存和发展的物质基础,并在劳动过程中完善自己的精神生活,实现物质幸福和精神幸福的统一。同时,劳动不仅仅产生幸福的果实,劳动过程本身也是幸福的,这是一种幸福体验或者说幸福过程。因此人们常说幸福劳动和劳动幸福。幸福劳动类似于诚实劳动、辛勤劳动等提法,强调劳动的过程中的幸福感和为了幸福而进行劳动的目的性;而劳动幸福常常指劳动创造了幸福。有时候,这两个概念混合着使用,但比较常说的还是幸福劳动这个概念。

劳动是财富的源泉,也是幸福的源泉。"劳动是世界上一切欢乐和一切美好事情的源泉。"这是高尔基对劳动的诠释,也是劳动的真谛。"生活即教育,社会即学校,教学做合一。"我国著名教育家陶行知先生的教育观,影响了很多人。立足当前,我国仍存在一些错误思潮,如拜金主义、享乐主义、个人本位等思想的侵蚀和社会蔓延,因此,深入研究并传播马克思劳动幸福理论势在必行。马克思劳动幸福理论是科学的世界观,研究马克思劳动幸福理论不仅能丰富马克思主义理论体系,推动马克思主义理论中国化进程,也能为新时代劳动幸福观指明方向,营造劳动至上的社会环境,彰显劳动者的主体地位。这种劳动幸福理论包括了实现幸福的手段、幸福的主要表现、劳动的具体形式等,体现了理论与实践的统一、过程与结果的统一,具备科学性、人民性、实践性的主要特征。

在《新时代劳动观》一书中,作者陶志勇提出幸福劳动至少包含五大特征,即我劳动我愿意、我劳动我喜欢、我劳动我做主、我劳动我受益、我劳动我美丽。具备上述特征的劳动将使人在劳动过程中享受劳动,在结果上也呈现一种幸福的状态——我劳动我幸福。[①] 按照这个标准,创新劳动更是幸福劳动的重要体现。创新劳动不仅创造了幸福,创造了美好生活,同样,创新劳动更是体现出我劳动我愿意、我劳动我喜欢、我劳动我做主、我劳动我受益、我劳动我美丽这样的判定标准。

2. 劳动光荣社会风尚的形成

2013年4月28日,在同全国劳动模范代表座谈时,习近平总书记提出,"一勤天下无难事",我们必须牢固树立劳动最光荣、劳动最崇高、劳动最伟大、劳动最美丽的观念,让全体人民进一步焕发劳动热情、释放创造潜能,通过劳动创造更加美好的生活。2017年10月,在中国共产党第十九次全国代表大会上,习近平总书记在报告中指出,弘扬劳模精神和工匠精神,营造劳动光荣的社会风尚和精益求精的敬业风气。2020年11月24日,在全国劳动模范和先进工作者表彰大会上,习近平总书记进一步强调,全社会要崇尚劳动、见贤思齐,加大对劳动模范和先进工作者的宣传力度,讲好劳模故事、讲好劳动故事、讲好工匠故事,弘扬劳动最光荣、劳动最崇高、劳动最伟大、劳动最美丽的社会风尚。

营造劳动光荣的社会风尚,这是新时代劳动观的重要内容之一。风尚,指在一定时期社会上流行的风气、习俗、风格、气节和习惯等,因此也称社会风尚。社会风尚也可以这样定义,它是指一个特定的社会中广大人民群众在思考什么、追求什么以及由此所产生的社会风气或社会时尚。

---

① 陶志勇. 新时代劳动观[M]. 北京:中国工人出版社,2021:162.

广义地讲，社会风尚是全社会所推崇倡导的一种健康、向上的道德风尚，如尊老爱幼、扶贫济困、勤俭节约、尊师重教、互爱互助、见义勇为等。在社会的发展进程中，一方面，社会风尚是由特定社会的道德内在决定的，是社会道德的外在的感性的呈现，它需要社会的营造；另一方面，社会风尚形成后，又会反过来影响一个社会的道德塑造。

社会风尚是如何形成的呢？我们可以以古代为例，在中国古代，士农工商，故称"四民"。士居四民之首。士人的道德风尚在很大程度上可以反映社会风尚的状况。自古以来，士人一直站在时代前列，士人的脉搏总是和着时代的潮流而跳动。由于士人的时代敏感性，不同的历史阶段、不同朝代的社会风尚对人的传播行为的影响和制约可以从士风的嬗变中略窥一斑。春秋战国时期，是我国历史上由奴隶制向封建制过渡的大动荡、大变革的时代，当时的诸侯贵族尊士、养士、蓄士，形成礼贤下士的社会风尚。

士人在春秋战国时代是最活跃的一个社会阶层。那时士人具有三大自由：流动自由、职业选择自由和思想观念自由。时代为士人的传播活动创造了条件。春秋战国时期，士人最主要的传播活动是游说和讲学。这两者都是为了宣扬自己的学术思想，实现自己的政治理念。当然，其中也不乏专投人主所好，以进用为目的之士。游说肇始于春秋末期的孔子。《淮南子·泰族训》云："孔子欲行王道，东西南北七十说而无所偶。"战国时期，由于政治、军事、外交的需要，游说之风臻于鼎盛，从而在士阶层中形成"士不怀居"的风气。《论语·宪问》云："士而怀居，不足以为士矣。"当时著名的学者几乎都是游说之士。特别值得一提的是战国晚期纵横家所开展的合纵连横运动，游说效果最大，成就最明显，形成士人"所在国重，所去国轻"的局面。

我们从中可以看出，一个社会风尚的形成，首先要有一批引领风尚的社会群体，并身体力行其价值观；其次要得到官方的支持、社会形成理念以及各种传播媒体的推动，多种形式的展示和由此产生的社会影响力和实际效果。因此，社会风尚实际是人们精神面貌和现实社会关系的综合反映。

首先，劳动光荣的社会风尚形成需要传承，需要挖掘历史，形成历史智慧和历史精神。中国共产党成立以来，非常重视良好社会风尚的培育建设，把良好社会风尚的形成作为社会革命的重要内容和推动社会革命的强大武器。在中国共产党的百年历史中,延安时期是一个具有特殊重要历史意义的伟大时代。正是在那里产生了延安精神。"劳动光荣、科技重要"也曾经是延安时期的劳动伦理精神。"劳动光荣"是延安时期基于大生产运动形成的"自力更生、艰苦奋斗"精神倡导的最重要的劳动伦理。众多青年走向延安,学习马克思主义、学习革命,但学习的第一课是"生产劳动",劳动被置于首要位置。大生产运动着力解决当时的物质困难,努力让人们过上富裕生活,由此更加突出"劳动光荣"的理念。劳模评选与表彰运动就是从那里蓬勃开展起来的,其根本目的就在于营造"劳动是光荣的""劳动者是幸福的,也可以成为英雄"的劳动光荣观。

在延安时期,我党高度重视科技劳动,1940年2月成立了自然科学研究会,还建立了农业科学研究所、中国医科大学、边区农业学校、边区职业学校等机构,共同推动边区科学技术的进步。科技工作者开展的"科学大众化运动"对于改变民众愚昧落后意识起到重要作用,马兰草造纸术诞生、玻璃试制成功、大量中西药品研制、边区地质矿产自然资源开发,这些创新劳动成果有力地改变了边区物质匮乏的状况,并为"劳动光荣"做了最好的示范。

其次,劳动光荣的社会风尚形成与劳动者表彰活动分不开,其中重要的就是劳模评选和表彰,以及劳模起到的带头示范作用。劳模是社会主义国家特有的现象,是人类本质的体现和弘扬,劳模把劳动本身当作自己的一种需要,为了整体利益而忘我的劳动和贡献。在我国不同的历史时期,劳模的含义和特征会有所差异。从瑞金时期始,被人们誉为时代精神、民族脊梁、社会中坚的中国劳模就已经开始涌现。劳动模范表彰,在中华苏维埃时期初现雏形,延安时期蓬勃发展并逐步制度化,新中国成立后得到正式确立。

早在20世纪30年代,在革命根据地瑞金赠旗大会上,时任中华苏维埃政府主席的毛泽东同志将奖旗赠给"春耕模范",以先进典型推动夏耕运动。在解放区的"劳模运动"运动中,已经包含着劳模最基本的特征和评选制度的雏形。"劳模运动"对当时解放区的经济发展和抗日战争起到了重要的支持作用。1943年11月,中共中央在延安召开了劳动英雄及模范生产工作者代表大会,自此英模表彰模式逐步建立起来。1950年9月25日,全国工农兵劳动模范代表会议在北京召开,这是新中国成立后第一次全国劳模表彰大会。从那时起至今,党中央、国务院先后召开了16次全国劳模表彰大会。其中，1979 年以前召开了 9 次表彰大会，会议名称各不相同，召开周期也不固定。1989 年以后召开了 7 次，会议名称统一为全国劳动模范和先进工作者表彰大会，逢五逢十、每五年召开一次。尽管劳模的内涵和标准随时代而不断变化，但树立劳模，传承和弘扬劳模精神的价值永不会变。2015 年 4 月 28 日，在全国劳动模范和先进工作者表彰大会上，习近平总书记进一步强调："劳动是人类的本质活动，劳动光荣、创造伟大是对人类文明进步规律的重要论释。正是因为劳动创造，我们拥有了历史的辉煌；也正是因为劳动创造，我们拥有了今天的成就。我们一定要在全社会大力弘扬劳模精神、劳动精神，引导广大人民群众树立辛勤劳动、诚实劳动、创造性劳动的理念，让劳动光荣、创造伟大成为铿锵的时代强音，让劳动最光荣、劳动最崇高、劳动最伟大、劳动最美丽蔚然成风。"①

再次，社会舆论氛围的营造与主旋律作品的繁荣。"劳动最光荣"，对劳动的价值和意义怎么礼赞和褒扬都不为过，形成劳动光荣的社会风尚舆论是不可或缺的手段，文化文艺和哲学社会科学是上层建筑的重要组成部分，强烈影响着社会成员的价值导向。在马克思主义指导下，中国共产党始终坚持从道德引领和社会革命的高度把文化文艺和哲学社会科学工作作为推进民族解放和社会建设的强大武器。新中国成立以来形成了很多好的方式，如组织劳模工匠先进事迹报告会，拍摄纪录片，创作包括报告文学、小说、影视剧等在内的文艺作品，让劳模的形象立起来、事迹活起来、精神亮起来，真正让劳模精神、工匠精神能够深入到老百姓的心中去。

以影视为例，新中国成立以来拍摄过许多弘扬劳动光荣的电影作品。《青年鲁班》是以李瑞环的先进事迹为素材，经过艺术加工而创作的一部影片。李瑞环是当时的全国劳模，曾以创造"放大样"的新工作法，改革了传统木工工艺，解决了生产难题而闻名。《青年鲁班》就是以这一故事情节，塑造了青年工人"胡四辈"的典型人物形象。当时，表现工人生活的影片为数甚少，这部电影的出现是难能可贵的。电影《红色背篓》是根据全国劳动模范、北京市房山区黄山店供销社售货员王砚香的事迹创作拍摄的。山区售货员王砚香，身背"背篓"，跋涉于险山峻岭之间，把货物送到深山群众的炕头上，群众称他为"背篓商店"。他作为山区商业工作

---

① 习近平. 在庆祝"五一"国际劳动节暨表彰全国劳动模范和先进工作者大会上的讲话（2015年 4 月 28 日）[M]. 北京：人民出版社，2015：3.

者的一面旗帜,曾带动了城乡商业职工为人民服务的热潮。黄宝妹是上海国棉十七厂的纺织工人,她在工厂主动帮助其他工人,带领小组工人研究出五小时消灭白点的方法,主动分享给其他纺织组,帮助他们完成生产任务,她曾先后8次受到毛泽东、周恩来等老一辈领导的接见。她作为新中国第一批全国劳模,成为各种文艺工作者的创作原型,谢晋导演根据她的事迹改编并由她本人主演的电影《黄宝妹》,是那个时期最出色的影片之一。

1975年上映的电影《创业》,是新中国成立以来最能反映一代工人劳模精神的一部电影。"石油工人一声吼,地球也要抖三抖!"这气势磅礴的歌声就出自这部以"铁人"王进喜为原型拍摄的电影,电影中"宁可少活二十年,拼命也要拿下大油田"的精神,从油田走向银幕,又从银幕"跨界出圈",激励了一代又一代各行各业的中国劳动者。《创业》在全国上映后,反响强烈,影片中展现的劳模精神成为各行各业学习的榜样。当年,为了能把劳模"写活、拍活、演活",摄制组顶严寒、抗酷暑,与油田工人同吃同住同劳动了200多个日日夜夜,走访了4个油田和"铁人"王进喜的家乡,阅读了几百万字的材料,并先后与100多位石油工人和干部进行了长时间的谈话。

在长影旧址博物馆,一份中国电影公司整理的观众反馈上有着详细记录。在当时,我国食品厂都是用外国进口的打蛋机加工食品,在电影《创业》塑造的劳模精神的感召下,天津食品一厂的工人克服困难,自主研发了国产打蛋机;而上海电珠五厂的工人,刻苦钻研,试制成功十二寸彩色显像管,填补了当时我国电视工业的空白……

再次看到这部影片,被称为"大国工匠"的"60后"焊工李万君依然心潮澎湃。早在30多年前他初为焊工时,无惧困难的劳模精神就已深深根植于心……2007年,作为全国铁路第六次大提速的主力车型,法国时速250公里动车组被引入中车长客股份有限公司试制生产。当时,"焊工大拿"李万君带领工人开展转向架焊接技术攻关。然而,他焊的第一个产品却没能通过外国专家的验收。"外国专家当时说了很多No,不达标,他说你们干不了,还得买我的转向架。"李万君咬紧牙关继续攻关,"就像《创业》中说的,宁可少活二十年,拼命也要拿下大油田。外国人能用手工做到的,我们中国焊工一定也能做到!"他每天拿着焊枪反复揣摩,什么时候迈步、什么时候眨眼、什么时候呼吸……经过一个多月的艰难尝试,他成功了！外国专家在验收时赞叹道，只用一枪焊完整个环口，即使是世界上最先进的焊接机械手都难以完成。中国焊工从不达标到达标，再到超越，只用了短短一个月！

改革开放之后，我国的影视工作者拍摄了《蒋筑英》《袁隆平》《铁人》等优秀故事片，也拍摄了《大国工匠》等纪实性电视纪录片，产生了广泛的社会影响。其中，首部聚焦东莞产业题材的大型纪录片《制造时代》，在中央电视台纪录频道播出，该纪录片围绕"制造"主题，讲述了在改革开放大潮中一系列东莞的制造业从业者如产业工人、工程师、创业者、企业家等的奋斗成长故事，以及东莞制造企业参与国际竞争、产品走向世界的故事，将"东莞制造"作为"中国制造"的缩影和样本，以"东莞制造"的转型升级作为中国方案的鲜活案例，呈现中国制造业的现状和转型探索，为庆祝改革开放40周年和新中国成立70周年献礼。

《大国工匠》这部纪录片讲述了八位不平凡劳动者的成功之路，八位劳动者不是进名牌大学、拿耀眼文凭，而是默默坚守，孜孜以求，在平凡岗位上，追求职业技能的完美和极致。他们最终脱颖而出，跻身"国宝级"技工行列，成为一个领域不可或缺的人才。电视纪实片《超级工程Ⅰ》展现了五个重大工程项目：港珠澳大桥、上海中心大厦、北京地铁网络、海上巨型风机和超级LNG船。它们到底如何被建造的？最终，它们成为展示强盛国力的符号标志，彰显出中国的时代风采。《超级工程Ⅱ》从"中国路、中国桥、中国车、中国港"入手展现中国改革建设成就。高速公路、桥梁、高铁和港口对中国经济社会快速发展正产生着深远的影响，这四个方面高度凝结了中国30多年来交通建设领域的重点和亮点，能够让世人对中国交通的全面提升有更加全面而深刻的认识，同时也标志着中国工程建设能力质的飞跃。《超级工程Ⅲ》从民生的角度出发，关注衣食住行这些最基本的需求背后那些不为人知的超级工程，展望未来，寻找让生活变得更好、更加和谐的行为方式。

2015年，六集纪录片《劳动铸就中国梦》在央视几个频道播出后，引起社会热烈反响。该纪录片以"劳动改变命运""劳动创造财富""劳动点亮智慧""劳动提升品质""劳动缔造幸福""劳动彰显国魂"的脉络梳理阐释"劳动"。通过拍摄这些鲜活的人物故事，对"劳动铸就中国梦"这一核心主题进行电视化的表现。既像一部夹叙夹议的纪录片，又像一部讲述故事的政论片。从愚公移山到大禹治水，从京杭大运河到郑国渠，每集在内容上抽丝剥茧,讲述中国精神的内在精魂,分享劳动基因在当代延绵的动人故事。如安徽芜湖龙山村的村支书与村民一道,靠双手向大山开战,注解着中国精神。全国劳模许振超、充满争议的企业家周群飞,以及成千上万的"创客",用自己劳动拼搏开创新的未来。

然而不能否认的是,受传统官本位理念与西方价值观的冲击,社会对劳动的忽视、轻视甚至歧视的现象大量存在,对创新劳动的尊重也没有完全形成。这也导致在一些方面社会价值观混乱、精神引领误导,更直接影响着劳模精神、劳动精神、工匠精神的传承。近年来,社会也存在对劳模工匠的宣传力度不够、传播效果有限、社会的整体认同感不强的现象。主流媒体对劳模工匠的宣传方法手段不多,吸引力、感染力不强,导致受众关注度不高。另外,劳模精神和工匠精神的宣传缺乏长效报道和统筹规划,大多集中在每年的"五一"前后,而平常的宣传就相对比较少,劳模工匠精神"5月来、6月走"的现象仍然存在。因此,需要进一步加大劳模和工匠题材文艺精品的创作力度,突出重点、科学规划、精心组织,以劳模和优秀工匠为题材,打造文艺精品,增加高质量的文艺产品供给,充分发挥文艺作品潜移默化的积极作用。同时,要建立切实有效的采风机制,鼓励和组织编创人员,切实走近工匠、走近劳模,深入工厂、科研院所,了解高端技术、科学技术。还要鼓励动员熟悉工艺流程的工人参与文艺创作,联合多方力量,创造更多精益求精的、思想深邃的、接地气的、有温度的弘扬劳模和工匠精神的优秀文艺作品。

### 四、创新劳动的社区环境

#### 1. 构建创新劳动的社会生态

科技领域的创新劳动一直是社会进步的推动器,衡量科技创新劳动的定量指标中,最重要的指标之一是劳动产出,通常以论文、专利数量等为依据。如今,我国每年的科技论文产出数量已经达到世界第一。2020年,日本文部科学省科学技术和学术政策研究所发布报告称:中国在自然科学领域发表的研究论文数量超过美国,跃居世界第一,进一步彰显了中国在科研领域日益重要的地位。该研究机构以2016年至2018年三年的论文平均数计算,我国研究人员每年发表的论文数量为305927篇,位列世界第一,高于美国的281487篇;德国为67041篇,居第三位;日本为64874

篇，居第四位。从论文所占份额来看，我国以 19.9%位居第一，美国以 18.3%位列第二，第三的德国占 4.4%。

这是否说明我国就是一个创新大国了呢？或者是否意味着我国的一些地区能够成为全球有影响力的"科创中心"呢？应该承认，科学论文产出数量是显示一国研发活跃程度的最基本指标。我国自然科学论文数量全球排名第一，意味着我国对科研的投入资金多和研发人员多。但若从质量上来看，我国不如美国。从引用次数排名前 10%的论文所占份额来看，美国有 37800 篇，占 24.7%，位居世界第一；我国有 33800 篇，占 22%，居第二位；英国 8800 多篇，居第三位；德国 7400 多篇，居第四位；日本则以 3800 多篇论文排在第九位。而从引用次数排名前 1%的论文所占份额来看，美国和中国分别占 29.3%和 21.9%。

科技创新劳动不仅仅看产出和人员、经费投入（狭义的社会投入），还要看广义的社会投入。事实上，成为一个创新大国或者具有全球影响力的地区创新中心，不仅需要人员和资金，还需要社会环境。首先是文化环境。比如，是否具有和营造出创新文化环境，是否有协同创新的文化氛围，是否有开放创新的文化基础，是否有区域创新的社会整体机制，等等，这些都与创新劳动的社会环境相关。

我国地方政府以往在发展规划中，较多地关注具体产业和创新项目的落地，但对产业环境、文化与政策方面的关注显得不够。国外的产业发展规划，着力点在为企业提供更好的环境和政策，而不是具体干预或参与到企业发展或具体项目之中。一个地区拥有世界一流的学术资源和技术条件，为什么还难以成为世界一流的科技创新中心呢？问题在于软实力的不足，其中最重要的就是创新文化，以及引申出的创新劳动文化。这个文化包括器物层面的创新成果，也包括创新劳动的价值观、有助于创新劳动的舆论环境等。

从提供资源到营造环境的转变是今天构建社会创新环境的重要基础性工作。以前政府部门往往习惯于自上而下的管理方式，以为对企业的支持就体现在给钱、给资源上。但这还不够，更难的是形成一种创新文化。2014 年 7 月 18 日，世界知识产权组织、康奈尔大学和欧洲工商管理学院联合发布《2014 年全球创新指数报告》，对全球 143 个经济体的创新能力进行综合评估。2014 年，中国全球创新指数排名第 29 位，较 2013 年提高

6 位。① 该报告的一些观点对我们有很大的启发，报告提出，高层次创新者喜欢集群并往往向更好的基础设施和机构集聚。我们应像美国的硅谷学习，致力于提供激励创造、宽容失败的"热带雨林型"创新文化环境，为企业营造开放、平等和富有弹性的空间，让每一个企业尤其是初创企业都能放下包袱，宽松自由地发展。可喜的是，在 2022 年 10 月发布的《2022 年全球创新指数报告》中，中国排在了第 11 位，进入创新型国家行列。

今天的创新劳动更多的是协同、合作，甚至是大范围的区域合作。文化环境的建设需要从单兵作战到协同创新、从国际模仿到区域合力、从闭门攻克到开放创新。虽然一些地方政府在共享平台建设上作了不少努力，但由于条块分割的局限性，系统之间、地区之间的交流不通畅，学校与学校之间、学校与企业之间的联系不紧密，造成重复研究、贵重设备与资源难以共享，必然导致科技合作与协同创新程度出现下降趋势。2018 年，由工业和信息化部、国家发展和改革委员会、财政部、国务院国有资产监督管理委员会联合印发了《促进大中小企业融通发展三年行动计划》，鼓励大企业建立开放式产业创新平台，畅通创新能力对接转化渠道，引领以平台赋能产业创新的融通发展模式。

据《中国区域创新能力报告》，2013 年上海科技合作综合指数为 42.52%，排全国第八，而 2010 年为 55.58%，全国第三。从某种意义来讲，上海既不缺资金，也不缺资源，缺少的是合作与交流的文化氛围。协作也是一种红利，加强横向交流，盘活现有资源，也能释放出更多潜在的资源。《2013 全球创新指数》报告也提出了区域合力的重要性，并指出，不要一味复制其他科技创新中心的模式，要立足本地，辐射全球，善于盘活本地各系统各领域的资源，将创新战略深深植根于本地比较优势、历史和文化的同时，致力于向国内外拓展。企业为了适应瞬息万变的市场环境，有时不得不缩短产品研发和生产周期，通过从外部获取一些资源的方式换取时间，以加快开发的进程。

美国哈佛大学教授亨利·切萨布鲁夫在 2004 年出版了一本名为《开放式创新：进行技术创新并从中赢利的新规则》的著作，首创"开放式创新理论"。他提出一个重要观点，就是：创新来自开放，竞争优势往往来源于更有效利用他人的创新成果，外部知识资源对于创新过程有重要作

---

① 《2014 年全球创新指数报告》述评. 国家知识产权网 2015-06-03. www.nipso.cn/onews.asp? id = 26274

用。如果你最大限度地利用了企业内部和外部的所有创意和新点子，那么你一定会成功。① 美国长岛大学图书馆情报学院院长 M. 凯尼格教授通过对企业长期调研发现，生产率高的企业都有对专有信息保护比较宽松和对外界信息比较开放的特征。而我国大部分企业还习惯于封闭式的创新，这种为防止技术外泄、人才外流而堵塞信息交流通道的传统观念严重阻碍了企业的健康发展。总而言之，创新不是技术的问题，而是文化的问题。

2. 打造城市创新社区新模式

创新不仅存在于"高大上"的大院大所大企业，也存在于作为"城市细胞"的小社区。如果说过去大型的园区、项目、企业是创新主战场，那么今天，创新劳动和创业实践已经融入城市的血脉。而创新社区的出现正是这一趋势的反映，它充分调动了每一个"城市细胞"参与城市创新运转，从而使得城市这个超大"有机生命体"的每一个"城市细胞"都焕发活力。

20世纪五六十年代，美国经济飞速发展，城市建设迅猛，市郊道路的大量兴建使汽车成为人们的首要交通工具，居民逐渐由城市向郊区迁徙。加拿大学者简·雅各布斯（Jane Jacobs）通过细致的观察和敏锐的洞察力，对当时美国城市发展存在的问题进行了透彻的剖析，并于1961年出版著作《美国大城市的死与生》（*The Death and Life of the Great American Cities*），作者在书里以独特的见解提出了城市多样性理论，她先是描绘了一个活力减退的城市社区，"中等收入住宅区死气沉沉，兵营一般封闭，毫无城市生活的生气和活力可言……这是每一个奔赴城市，向往美好生活的人们必须面对的问题，也是每一座城市必须面对的问题。"② 雅各布斯建议重新回归到城市的真实生活中，观察城市的内在运作机制，并对此提出城市多样性生发的必要性和重要性，以此提出有机而人性化的城市规划思想。这部书的封面是这样推荐该书的：正统规划师们建大楼、建公园、建高架，她却说："只有当所有人都是城市的创造者时，城市才有可能为所有人都提供一些东西。"一位传奇女性，一部挑战权威之作，60年间，改变了世界！

提到美国的高技术聚集区硅谷，我们最先想到的就是它是世界上最具有创新精神的地方。事实上，它是一个"三没有"的地方：没有园区规

---

① 亨利·切萨布鲁夫. 开放式创新：进行技术创新并从中赢利的新规则［M］. 北京：清华大学出版社，2005：59.
② 简·雅各布斯. 美国大城市的死与生［M］. 南京：译林出版社，2020：121.

划,没有管理部门,没有产业导向,一切运营情况都由市场决定。硅谷的实践证明,创新不应设定边界,也不应设定门槛,任何组织、任何人都可以进行任何层次的创新,创新没有贵贱之分,只是有无市场之分。对于没有边界的事物,政府的服务和管理模式应该是"负面清单式"的。政府的干预应尽量减少,剩下的则交由市场。

创新无边界,正如格里高利·曼昆在其著作《经济学原理》中所写的,繁荣并非一个零和博弈,而是能以一种合作和共赢的精神共同实现。预想中的无边界创新应该将各个职能部门之间的障碍全部消除,完成创新资源在提出想法到创新实践整个过程中的自由流通,整个流通过程完全透明。如果这个想法能够实现,那么独立狭隘的创新围墙就会被推倒,创新得以传播,并更大范围与幅度地影响周边创新氛围。它有利于打破传统创新模式下组织边界对创新资源积聚的桎梏,将创新资源在更大范围内进行汇聚和交易。

产业无界、创新无限、变革无际的下一个阶段,我们又该如何应对?创新浪潮已经到来,我们必须应对这一场创新革命,做好基本的变革准备,尤其是我们的思维模式及态度。要打破各个研究领域的边界,进行跨学科、跨领域的合作,共享知识创新给社会带来的无穷动力,将创新成果传播到更大范围。

一座城市的伟大,不仅仅要看其过去的历史文化,更要看到它的未来,而城市的未来,正是由创新所孕育的城市文化。创新赋予城市与众不同的气质和不竭的发展动力,这也是面向未来塑造城市核心竞争力的关键所在。事实上,当我们提出转变经济增长方式时,更需要转变创新组织方式,国家应该为创新建立新的基础设施,不是"运动式创新",比如大造创新园、创新中心,而是建立在智慧和具有共同愿景的人们互动关系上的充满活力的社区创新平台。

2019年,在南京江北新区,一个名为"121"创新社区的新型社区启动运行。"121"战略是南京在2018年发布的一号文件所提出的"建设一个名城,即具有全球影响力的创新名城;打造两个中心,即综合性国家科学中心和科技产业创新中心;构建一流创新生态体系,把南京建成最鼓励创新、最适合创新、最具创新创业活力的城市"。江北新区"121"创新社区则是这一战略在新区的延伸落地和创新实践。江北新区通过建设"121"创新社区来进一步整合创新资源要素,营造更加适应当前产业创新、人才创业的高层次创新生态。

　　社区是国家与城市最基本的单元，也蕴含着最丰富的逻辑，即激发创新活力，要从社区开始。社区是城市管理和创新的基点。"121"创新社区正是对这一创新名城战略的呼应。面对科技和产业创新带来的新趋势、新变化，江北新区在创新名城建设的实施路径上，围绕"创新"这一核心，为入驻"121"创新社区的项目提供全方位的优质服务，并以新型研发机构为重要抓手，引领和推动"121"创新社区形成创新链和产业链的深度融合，让社区点燃创新创业活力，成为创新创业的乐园。

　　"121"创新社区通过在社区这一单元创新机制和服务，实现创新社区的"四有"。第一是有产业方向。在社区中创新链与产业链精准对接，打造产业创新引领区。第二是有创新主体。在社区中激发创新源头火花，打造自主创新核心区。第三是有孵化生态。在社区中打破资源分割，让产业、技术服务、人才等元素同频共振，打造创新创业孵化区。第四是有公共服务。为企业开展以科技创新为核心的全面创新重塑服务模式，将创新融入社区，最大程度激活创新源头，提升"原创力"。"121"创新社区和我们过去所看到的纯粹工作环境和工作模式不同，"产—城—人"的高度融合，让创新者得以实现"在工作中生活，在生活中工作"模式。在"121"创新社区，生活在社区，工作在社区，创新在社区。学习无所不在，创新资源无所不在，人和自然形成和谐的共生模式。

　　近年来，上海在创新社区培育上也进行了积极的探索，取得了很大的成效，也涌现出很多典型案例。静安区创立的市北高新园区就是一种创新社区模式，被外界称为以"数智创新"为特色的"雨林式"产业生态模式。这其中既包含能够带动产业链上下游协同整合的"参天大树"，也有自身具备高潜质、硬技术的"常青灌木"，更有初生牛犊、活力无限的"创新种子"。处于各个发展阶段的企业都能在园区得到发展壮大的良好机遇，进而构筑起市北"总部增能+数智赋能+科创释能"的产业基底。立足更高"站位"，实现更大"作为"。全面推进城市数字化转型，是上海"十四五"规划确定的重大战略，作为静安区着力打造"国际双创走廊"的重要功能载体之一，市北高新园区已从原先功能单一的产业聚落，逐渐演变为支撑区域乃至全市科创引领的主要阵地之一。这座产业共融共生的"生态雨林"，正在加速蜕变为科创新城。

3. 国内外的创新社区实践

　　国内外"创客空间"的大量涌现，以及所引发的创客运动，无疑是对创新社区实践的最好诠释。"创客空间"实际就是迷你型的创新社区,这一概念出自 Make Magazine,英文是 Hacker Space,直译过来是黑客空间。为了避免出现歧义,国内普遍翻译为创客空间。它是一个实体(相对于线上虚拟)空间,在这里,人们有相同的兴趣(一般是科学、技术、数码或电子艺术),人们在这里聚会、活动与合作。创客空间可以看作开放交流的实验室、工作室、机械加工室,这里的人们有着不同的经验和技能,可以通过聚会来共享资料和知识,制作、创作他们想要的东西。

有关数据显示,目前国外有 1000 多个可以分享硬件和生产设备的创客空间。2012 年,将近 18109 个创客项目在美国 Kickstarter 众筹网站募集到近 2.74 亿美元(约 17 亿元人民币)。随着少数硬件发烧友逐步进入创客圈,2010 年我国首个创客空间"新车间"在上海诞生。如今,北京、杭州、深圳、西安等至少 9 个城市拥有城市创客空间,形成了以北京、上海、深圳为三大中心的创客文化圈。目前,国内初具规模的创客空间近 20 家,其中"北京创客空间"、深圳的"柴火空间"、杭州的"洋葱胶囊"较为著名。近年来,通过中国创新创业大赛、创客嘉年华、全国创客马拉松、联想创客大赛、北京创客科普季等一批创客活动品牌推广,社会对创客群体及创客文化的认知进一步加深,创客及创客空间影响力也在逐步扩大。

创客空间的形式是多样的,可以是社区的某个人家里分享出来的一个小空间,比如车库、阳台、后院,也可能是某个社区的活动中心、大学实验室、咖啡馆等。甚至有一些是专门的营利性企业运作收费的创客空间,向社会提供服务。创客空间必将成为技术创新活动开展和交流的场所、技术积累的场所,也必将成为创意产生和实现以及交易的场所,从而成为创业集散地。

高校、研究院所和企业,一直被认为是创新的"铁三角"。但分散的力量难以形成创新合力,如何整合这个"铁三角"呢?一个好的思路就是构建创新社区,通过社区的方式进行整合。欧洲的三大创新社区就是基于这点成立的。2008 年 7 月 30 日,欧盟委员会正式确定建立"欧洲创新与技术研究院"(European Institute of Innovation and Technology,EIT),该研究院设在匈牙利的布达佩斯,研究院致力于帮助那些已经准备好改变的人,帮助他们更好地适应日新月异的形势变化,将创新项目迅速地完善发展,并将它们变成商业项目、产品和服务。EIT 旨在推动欧盟产学研之间建立合作伙伴关系,推动创新活动,促进就业和经济增长。

最重要的是，欧洲创新与技术研究院创造了一种前所未有的运行模式：从实验室到市场，从想法到产品，从学生到创业者，把高等教育、商业和政府对创新的激励很好地结合起来。2009年底，欧洲创新与技术研究院率先建立了三个"知识和创新社区"。这三个创新社区主要针对欧盟各成员国所面临的三个最大挑战领域：气候变暖（Climate-KIC，主要研究气候变化和解决方案）、可再生能源（KIC InnoEnergy，研究可再生能源）和新一代信息和通信技术（EIT ICT Labs，负责信息和通信科技）。在开始的6年间，欧盟委员会将为"知识和创新社区"增加240亿欧元的财政预算，资金来源是公共部门和企业。三大创新社区整合了教育、投资和研发资源。

在欧洲，几乎所有办学水平较高的高校都参与到欧洲创新与技术研究院的创新计划项目中，一旦学生申请的项目获得通过，就可以到与其合作的欧洲高校去读博士，而那些最擅长培养创业精神的商学院则负责为学院提供MBA课程教学。此外，学院每个月举行研讨会，参与讨论的人都是各个大企业的CEO、COO和CFO级别的。博士生们在这样的氛围下完善自己的课题，并获得创业上的支持。仅2012年，研究院就通过各种计划资助了近6000万欧元。

欧洲创新与技术研究院的三大创新社区在每年的10月递交下一年的商业计划。创新社区的合伙人主要来自商界、研究界、高等教育界以及其他领域。作为相对独立的研究机构，创新社区除了获得来自研究院的基金支持和来自欧盟的投资外，还吸引着一些社会上其他的风险资本，三个创新社区合伙人本身的投资也占了32%。这三个创新社区正是通过这样做来整合教育、投资和研发。

在2010年至2012年，三大社区之一的Climate-KIC推出了一系列的教育创新课程，来培养新一代的企业家。比如，2012年开设的第一轮硕士课程中，总计有31个项目由Climate-KIC运行，这些项目是跨部门、跨地域、跨学科进行的。作为教育形式的一种创新模式，学生经过培养，将成为高度专业化的科学或商业人才。以往很多大学教授如果有成果要转化，最常做的是把自己的成果卖掉，或者干脆自己开个公司。但自己做公司能成功的很少，因为把成果转化为市场上的产品，这是企业擅长的事情，教授们不太擅长。而创新社区有风险投资机构参与，从而弥合了高校和企业之间差异最大的知识分享和保护问题。

2012年，欧洲创新与技术研究院共联合了欧洲11个企业孵化器，引进了一批风险投资机构，建立起气候创新社区的孵化网络体系，共有78个关于改变气候变化趋势的新技术和想法获得了孵化。而这个气候创新社区通过自己的合作伙伴，帮助这些刚刚孵化出来的小企业完善技术创新，并通过寻找中小企业投资者，使这些年轻的公司能够提高它们产品、服务和商业模式的专业化程度，帮助它们寻找到第一个客户。

2014年初，欧洲创新与技术研究院又成立了八大挑战平台。这些挑战平台肩负两大任务：一是寻找重大创新技术；二是寻求快速灵活的商业模式。每个挑战平台都由来自欧洲的各个合作高校、科研院所和企业的一流专家带领。八大挑战平台已产生了17个正在完善中的重大创新技术和10个商业模式。各大学的研究生都可以选择研究欧盟的创新问题，他们也可以研究欧洲创新与技术研究院正在运行中的各种问题，并提出建议。例如，来自瑞典隆德大学的两名硕士生花了3个多月时间，研究解决研究院内部知识分享和知识产权保护之间矛盾的问题，提出了创新方案。这个方案最终被采纳，而这两名学生之后也参与到这一计划的实施过程中。

在这个不断创新的世界，很多事情能够在一年之内发生，新的想法可能诞生，新的公司可以成立，也可以消失，事业可能朝向新的或者完全不同的方向发展，大胆的解决方案可能被发现，大胆的决定可能产生。这是欧洲创新与技术研究院和它的三个创新社区真正要做的事情。

在澳大利亚昆士兰州首府布里斯班的Kelvin Grove都市村庄（简称KGUV），有一个昆士兰创意产业园。KGUV是一个由昆士兰州住房部和昆士兰理工大学共同开发的基于传统邻里开发模式的新都市主义社区。KGUV确立了建设一个功能混合使用、可持续发展的，集住宅、教育、零售、保健、娱乐和商业机会于一体的邻里社区的目标。KGUV距离布里斯班市中心2千米，紧邻高科技基地密尔顿和文化、演艺活动中心南岸公园，同时将昆士兰理工大学无缝接合到都市村庄内部，使大学走出原来的校区进入社区，创造了"一个真实世界的大学"。

在KGUV，形成了一个以昆士兰创意产业园区为核心的复杂而令人兴奋的城市环境——"创意社区"。KGUV将工作与休闲娱乐、教育与企业发展、研究与商业开发以及居住与旅游目的地等结合起来。围绕社区中心布置商业设施、中小学、健身活动中心、绿地公园、适合各阶层的多元化住宅、写字楼、轻型制造业等设施。

## 五、创新劳动与休闲

### 1. 劳动与休闲的辩证法

如果将人的各种活动都归结为劳动,那么劳动概念就容易被泛化。我们可以说种地、做工、洗衣、做饭等是劳动,简单理解就是干活、劳作。但显然,休闲不应该纳入劳动,休闲本就是劳动之外的活动。当然,如果将劳动理解为人类的基本生存活动,那么休闲似乎也是人的生存活动,似乎休闲也是劳动。可见,劳动与休闲的界定今天仍有争议。

按照词典的解释,劳动有三种含义:一是有操作、活动的意思,其反义词是休闲、休憩。如《庄子·让王》中"春耕种,形足以劳动"可以和休憩成对比。休闲就是非劳动时间,不被劳动所占用的时间。二是当名称用时,其反义词是慵懒(懒惰也说得通)。如"但人生恶安逸,喜劳动,惜乎非中庸也"。三是烦劳,劳累。其反义词是休息。我国古人早在几千年前就对"休闲"有过精辟的阐释,"休"倚木而休,强调人与自然的和谐;"闲",娴静、思想的纯洁与安宁。词意的组合表明了休闲所特有的文化内涵和价值意义。

我们在研究创新劳动的同时,劳动的反义词休闲,也值得我们去思考和研究。休闲作为社会经济发展的一种现实存在,尤其当休闲发展为一种社会概念和文化体验之后,人们赋予了它更多元化的意义。按照字面理解,"休",有休息、停止和拒绝的意思,"事事皆休"指的就是无事需要做了;"闲",与"忙"相对,有闲置、无事或者没有正经事的意思。闲是休的一个可能,一种潜在的态度,而休是闲的基础,是闲的必要条件,合在一起,即现代语境下的休闲。休闲在《辞海》(第七版)中被解释为:"农田在一定时期内不种作物,借以休养地力的措施。"显然,这种解释与现代休闲活动大相径庭。在英语中,单词"recreate"经常被译成休闲,但考察它的词源时发现,其原文是 recreate,意为再创造、再现、复原。从此意义上来说,休闲活动不是一般的消遣、娱乐和休养,而是一种恢复身心健康,重新创造生活的活动。当然,休闲也是人的生存权、发展权、享受权的组成部分,人人享有并伴随终生,同时得到法律的保护。

劳动与休闲是一种对立统一的关系,创新与休闲更是有着密切的联系。在马克思的所有论著当中,休闲字眼从未出现过,"自由时间""余暇""有闲者"是马克思使用过的"休闲"味明显的几个范畴,在此基础上,构建了马克思主义的休闲观。马克思在19世纪40年代结合当时社会工业化进程的实际状况,对休闲现象作出了非常富有远见的前瞻性研究,其休闲观主要隐含在他的劳动观、自由时间理论和人的全面发展理论中。马克思的休闲观可以用"三个一"予以概括,即一个根本问题——工人(劳动者)的休闲权;一个文化内核——休闲中的文化精神追求;一个宗旨——休闲促进人的自由全面发展。

在马克思眼中,休闲一是指用于娱乐和休息的余暇时间;二是指发展智力,在精神上掌握自由的时间。人类想要获得自由,首先必须赢得休闲时间。人们有了充裕的休闲时间,就等于享有了充分发挥自己一切爱好、兴趣、才能、力量的广阔空间,有了思想自由驰骋的天地。在这个自由的天地里,人们可以不再为谋取生活资料而奔波操劳,个人才能在艺术、科学等方面获得发展,个人的充分发展又作为最大的生产力反作用于劳动生产力。马克思通过对资本主义社会的深刻研究发现,在资本主义社会,资本家为了提高利润而千方百计地增加工人的劳动时间,剥夺其休闲的权利,并对此给予尖锐批判。马克思在分析资本主义社会和共产主义社会对待人们"休闲权"的不同态度的基础上提出了他的休闲观,认为自由时间是休闲得以实现的前提条件。对于当今社会而言,马克思的休闲观在帮助人们走出"休闲"误区、提高人们的生活质量以及促进社会文明进步方面具有重大的现实意义。

随着社会的进步,劳动生产率的提高,人们的生活也日益富裕起来,休闲时间也逐渐增多,休闲时间的增多正体现了人类向现代文明的迈进。如何在休闲的状态下让我们的生活有更高的质量,不断地发展自我,提升人生境界,从而实现人的自由全面的发展是我们不断追求的目标。这些都是我们在不断研究的课题,至少可以说,休闲为人的创新提供了广阔的天地。当然,创新主要是产生于工作中还是休闲中?休闲中的创新与工作中的创新是何种关系?这些问题都有待我们进一步研究。

事实上,在数字经济时代,我们的很多劳动被数字平台和算法结构重新架构了,这种架构意味着现实的社会必须按照这个架构重新分配和布局。可以说,人类最初的活动是没有任何区分的,人的活动并就是人的活动,饮食是活动,狩猎也是活动,但是,是什么把劳动和休闲区分开来呢?区分标准是什么?在文明社会之前,人的活动并没有被分成休闲娱乐和生产劳动两个部分，只有在人类进入一定程度的文明社会之后，甚至可以说直至资本主义社会以后，一部分活动符合资本的创造价值的要求，并在以货币为中心的价值体系下能够衡量这种价值，这样的人类活动才被称为劳动。即资本主义社会定义劳动的方式是以价值为根基，价值是衡量所有劳动的基本尺度，如果一项活动能创造价值，那么该活动即劳动，反之，那些不能创造价值的活动就是消费，就是休闲，就是娱乐。在数字经济时代，这样的观念或许在不断地被否定，工作与休闲的界限随着科技进步、人们的生活方式和划分标准的改变已经变得模糊。比如一个孩子喜欢自己动手做弓箭，他可以自己沉浸其中，几乎一天的时间都沉浸在砍竹子、打磨弓身、搓弦等"工作"中，实际上这对他来说是一种娱乐，但从另外角度来看，他当然也是在进行着一种劳动。

2021年7月1日，习近平总书记代表党和人民庄严宣告，经过全党全国各族人民持续奋斗，我们实现了第一个百年奋斗目标，在中华大地上全面建成了小康社会。全面建成小康社会必然促使休闲生活全面展开，休闲生活也越来越成为人们关注的重点，同时我们也需要依靠马克思主义理论来指导人们的休闲活动。纵使人们休闲的时间越来越多，但是有些人没有好好地利用休闲时间，并未在闲暇时间中发展和提升自我，出现了虚度闲暇时间，没有合理利用休闲时间等现象。因此，马克思的休闲思想对当代人在休闲时间中克服病态的生活样式，去过有意义、有价值、有境界的休闲生活具有重大的指导意义。

任何事物都是矛盾的集合体，矛盾具有同一性的原理告诉我们，矛盾双方互相依存为事物的存在和发展提供了必要的前提和条件；矛盾双方相互包含使矛盾双方相互吸取，有利于自身因素得到发展；矛盾双方相互贯通规定事物发展的趋势，即矛盾双方相互渗透，相互包含，在一定的条件下可以相互转化。劳动与休闲这对矛盾的集合体，也同样具有内在的同一性。从某种意义上说，认识休闲才能真正认识劳动，或者说只有认识休闲才能全面地认识劳动，尤其是全面认识创新劳动。因为大量的创新来自休闲，很多创新设想或发明创造是在休闲中产生的，或者说来自劳动与休闲的转换之中，因为人的心灵在放松休息时才有余力去探索未知，才能萌发新想法。此外，人的创造力的开发也常常是在休闲娱乐中进行的。同时休闲产业、休闲文化也为创新劳动提供方向和机会。

早在1908年，法国数学家彭加勒写了本哲学小册子，名为《科学与方法》。① 他说，人的思考能力有两种：有意识思考和潜意识思考。所谓有意识思考，就是我们常说的思考问题。拿着书，拿着笔，或者来回徘徊，冥思苦想。这些都是受人的主观控制的思考行为，都是有意识思考。潜意识思考，顾名思义就是不受人的控制的一种本能的思考活动，其结果表现为灵感的产生。彭加勒认为，有意识思考所产生的科研结果往往都不是最好的成果，只能给课堂里增加一点教学的材料。其主要原因在于，有意识思考具有连贯性和稳定性的特点，而一个重大的突破往往具有不连续的特点，有时候甚至是落差很大的跨跃，这些突破显然不在有意识思考的工作范畴。潜意识思考具有随机性的特点，可能产生各种组合和结果，但是往往只是少量的几个结果能够被人的意识捕捉到，这就表现为灵感。潜意识充满了无穷的智慧。无论你向潜意识中传达什么思想，它都会尽力实现。因此，你必须输入积极正确的想法。你的潜意识总是偷听你的想法。事实上，它既听取言语的指令，也听取非言语的指令。②

我们至今对潜意识工作的机理并不完全清楚，但有一个规律被公认，那就是潜意识大部分都是在人的休闲和放松的时候，即意识没有受到控制的时候产生的。当然，似乎潜意识能够被人的意识捕捉的机会确实很少，这个捕捉的过程类似于人的意识的选择过程。彭加勒认为，有个类似阈值的选择机制在起作用，而这个阈值是人的意识的兴奋程度，也就是说，当某个结果让人的意识兴奋到一定程度，就会形成"优势灶"，人放松的时候，潜意识还在针对这个"优势灶"进行工作。甚至有人提出，所有的创新，全部来自人的潜意识。因为潜意识，不是推理、演绎，它不受任何道理、伦理、法律及已知的条框约束，想象到意识当中得不到的东西。当这些东西反馈到意识中时，我们可留住有用的部分，这部分就叫灵感。

1665 年至 1667 年，牛顿已在思考引力的问题。由于一场可怕的瘟疫，他所在的剑桥大学被迫停课，牛顿因此回到故乡乌尔斯索普村。于是就有了那段著名的故事。一天，牛顿正坐在花园里的苹果树下看书，忽然一个苹果从树上掉下来，正好打中他的脑袋。牛顿忽然想到：为什么苹果只向地面落，而不向天上飞呢？由此引发他创立了万有引力定律。牛顿曾说过一段很有名的话，我们大家都耳熟能详，他说："我好像是一个在海边玩

---

① 《科学与方法》（1908）是彭加勒的四本科学哲学经典名著之一，其他三本是《科学与假设》（1902）、《科学的价值》（1905）和《最后的沉思》（1913）。
② 昂利·彭加勒. 科学与方法 [M]. 北京：商务印书馆，2010：211.

耍的孩子，不时为拾到比通常更光滑的石子或更美丽的贝壳而欢欣鼓舞，而展现在我面前的是完全未探明的真理之海。"

2. 科学是玩出来的

古希腊哲学家亚里士多德有一个著名的论断，他认为，科学的产生需要具备三个条件，或者说一个人要从事科学发现，需要具备这三个条件：惊异、闲暇和自由。

科学研究需要惊异，这好理解，因为要有好奇心；科学研究需要自由，也好理解，因为思维要不受约束。可闲暇似乎不好理解，休闲怎么产生科学发现呢？这主要是人们对闲暇的理解不同。闲暇不是闲得无聊，百无聊赖，哪怕是将闲暇理解为"贪玩"，那么玩这个行为也是丰富多彩的，人们在玩中要创造，为了玩也要创造，创造玩的游戏、玩的装置、玩的规则。从某种意义上说，科学技术创新也需要"玩"和那些"贪玩"的人。我国科学技术哲学（自然辩证法）博士点培养的第一位博士生，其论文题目就是《科学与游戏》。在论文中，作者提出，在一般人看来游戏的职能无非是娱乐消遣，对于科学，至多具有调节人的紧张情绪和疲乏精神的作用。而实际上，它对于成才和立业都至关重要，尤其和科学的发生发展关系更为密切。它既利于科学家及其兴趣的培养，更利于激发和推动科学的发现与创造。

近年来，科学与游戏间的融合度日益提高——很多时候，游戏蕴藏了很多科学元素，科学也常常借助游戏完成不少看似不可能完成的任务。例如，在一款名为《无主之地》的游戏中，玩家前往外星球探险，寻找传说中的宝藏。游戏过程中，玩家会在一艘飞船上休整。飞船里放着一台游戏机，安装了一种类似消消乐的小游戏。进入游戏后，会看到很多杂乱放置的方块，共有4种颜色。玩家的任务是要让每一整行方块变成同一颜色，就需要把其他颜色方块一层层往上顶，从而得分过关。

然而，这款貌似普通的小游戏，却被现实中的生物学家们"盯上"了。这些科学家曾在专业研究中遇到一道难题：如何根据微生物DNA相似度对生物加以分类？起初，他们想把这个任务交给计算机完成，但他们发现电脑识别图像的效率低，难以及时完成任务。后来，科学家们发现了《无主之地》这个游戏，找到开发这款游戏的团队成员询问：可否在游戏中开发另外一款小游戏，完成DNA分类。在游戏里，每一类颜色的方块，都代表一种核苷酸，玩家排列方块的过程，即在分类DNA。在玩家初步排列方块分类后，科学家会搜集这些游戏数据，交给人工智能，协助计算机提升自身图像识别能力。

除了生物学研究，游戏在医学领域也发挥过巨大作用。曾有一款名为《海洋英雄探索》的游戏APP，结合了虚拟现实（VR）技术，玩家要在游戏中驾驶小船躲避障碍，训练人的空间探索与导航能力。而缺乏这项技能，实际上是阿尔茨海默症的早期症状之一。总计有各年龄段超过400万名玩家参与其中，贡献了大量相关数据。研究结果显示，人类的空间导航能力从19岁后呈下降趋势，且男性普遍优于女性等。通过这些大数据，研究团队建立了全球空间导航的基本标准，从而改善阿尔茨海默症的早期诊断与治疗干预。

这类游戏，业界统称为"功能游戏"，也就是严肃游戏或应用性游戏。区别于传统娱乐型游戏，这些游戏以系统性探索与解决现实社会问题为主要目的，旨在挖掘正向社会价值。功能游戏的出现说明，通过一定设计转换，科学可以与游戏构建跨界联系。通过这种跨界合作，游戏玩家在不知不觉中帮助科学家完成科研任务，也令游戏脱离了纯娱乐体验，有了更深的意义。进一步而言，互联网以游戏的方式将集体智慧集中在一起。大量玩家一起合作，用游戏形式解开复杂问题，这本身就是极大创新，它改变了科学研究的结构、形式与方向，甚至比科学成果本身更有意义。同时，游戏也凭借科学活动开辟了学习与娱乐、科普教育与休闲结合的新商业模式。其实，科学根本不是玄虚且难以捉摸的，很多时候，科学是玩出来的。

"50后"或者"60后"应该都记得，他们小时候还没有半导体收音机，即使有也是极其昂贵的"奢侈品"，只有一种叫矿石收音机的小玩意。这是在半导体二极管发明以前，一种用天然矿石晶体作为高频检波器的非常简单的收音机。那时候很多小朋友都特别爱玩这种矿石收音机，各大城市都有著名的无线电爱好者的"电子街"，他们花一两块钱买一块矿石和一个可变电容器（也叫单联），回到家里自己用漆包线绕一个大线圈，再弄一根长长的天线，用一根电线接在暖气管上。然后戴上耳机，趴在桌子上扒拉那个矿石的接触点，突然耳机里出声音了，一台矿石收音机就这样制造成功了。为此，这些现在已经是60岁上下的"小朋友"会高兴得满地打滚。

不过，玩矿石收音机只是小朋友课余时间的业余爱好，真正的科学家也爱玩吗？很多科学家和工程师也喜欢玩具和他们认为好玩的一切东西。美国西北大学的化学教授约瑟夫·兰姆伯特回忆说，在他小时候，喜欢与小伙伴们一起用沙子堆积成一些在小孩看来非常复杂的结构，并相互比赛。长大后，他进了耶鲁大学，他觉得在有机化学实验室里做试验同小时候玩沙子一样有趣。此时，同事们比的是：谁能发明新的化合物分子，谁的合成速度更快，谁的合成产量更高。

创立相对论的伟大的物理学家爱因斯坦也喜欢玩，也是玩出来的科学家。爱因斯坦5岁的时候就喜欢玩罗盘——就是指南针。那上面的小针总是指着南北两个方向，太神奇了。不过爱因斯坦和其他小伙伴玩的方式不太一样，他喜欢在脑子里玩，爱琢磨好玩的事。那时候，大家都对光的速度很感兴趣，并且计算出了光的传播速度是30万千米每秒。这可把爱因斯坦乐坏了，心想这下可有的玩了。他想如果人要是能以光速运动，那这个世界会怎样呢？没想到这个想法成了他研究相对论的根，那时他才16岁。

理查德·费曼是美国著名物理学家，1965年，费曼因在量子电动力学方面的贡献获得诺贝尔物理学奖。畅销书《别闹了，费曼先生》（*Surely You're Joking, Mr. Feynman*）可以说是费曼的回忆录，书中记述了费曼人生中精彩有趣的片段。他人生中那些像顽童似的恶作剧令人捧腹，他对科学的严谨治学与真知灼见也令人受益匪浅。以往一提到物理学家，恐怕很多人最先想到的是高深莫测的严肃外表、不食人间烟火的孤僻性情，以及两耳不闻窗外事的工作狂。可是，费曼教授的这本书却彻底颠覆了人们对物理学家的印象。他告诉读者："我讲授的主要目的，不是帮助你们应付考试，也不是帮你们为工业或国防服务。我最希望做到的是，让你们欣赏这奇妙的世界。"从他的书中，我们看到的不是一个日日沉浸在实验室里埋头苦干的科研工作者，而是一个会解密码锁、会敲鼓、会画画、爱搞恶作剧、令人忍俊不禁的年轻人。

难怪物理学家弗里曼·戴森教授在康奈尔大学初见费曼时，对他的印象是"半是天才，半是滑稽演员"。后来随着对费曼的了解加深，戴森又把原来的评价更正为"完全是天才，完全是滑稽演员"。除了物理之外，费曼对许多领域都充满了好奇，并且乐于尝试。他读研究生期间参加了生物研讨组的课程，写出了像样的生物学论文，并在工作后多次参与多所大学的生物研究课题；他花了一年多的时间研究密码锁，在原子弹研发基地那样严密的安保系统下轻松破解密码锁，成为连锁匠都要向他请教的开锁专家；他去学习敲弗利吉得拉（一种金属打击乐器），还假借艺术家身份参与过大型公演，并获得了好评……费曼最后在书中告诉大家，保持孩童般的好奇之心，这才是科学成功的秘诀。由此也使我们想到，2005 年，在斯坦福大学毕业典礼上，乔布斯用一句话作为自己演讲的结尾：保持饥饿，保持愚蠢（stay hungry, stay foolish）！这句话也可以翻译为"求知若饥，虚心若愚"。他想让未来的乔布斯们保留好奇心，懂得去探寻更多的未知。

3. 科幻作品引发的科技创新

科学幻想（science fiction），简称科幻（Sci-Fi），直译应为"科学小说"或"科学虚构"，而直译应为"科学幻想"的"science fantasy"一词，也因此被迫译为了"科学奇幻"。科学幻想，即根据有限的科学假设（某些东西的存在，某些事件的发生），在不与人类最大的可知信息量（如现有的科学理论，有据可考的事件记录）冲突的前提下，虚构可能发生的事件。从科幻诞生之日起，科幻小说、科幻影视、科幻游戏等科幻作品可谓百花齐放，呈现出异常丰富的形式和内容，科幻已发展成为一种文化和风格，而科幻文化也成为一种由科幻作品衍变出来的新文化。

很多时候，那些文化产品往往是"科学的先驱"，这些作品对人们的创新所产生的影响，我们给予如何高的评价都不过分。早在 1898 年，英国作家赫伯特·乔治·威尔斯就创作了《星际战争》这部长篇小说，而一百年之后的 1999 年，电影《星球大战》的第一部——《星球大战前传 1：幽灵的威胁》上映，至 2017 年，这部星球大战系列已经拍摄了第十部《星球大战 8：最后的绝地武士》。当然，该系列电影没有小说蓝本，是导演乔治·卢卡斯自己编写的剧本，只在电影放映后根据电影改编成小说。

《星际战争》这部小说讲述的故事，发生在大英帝国建立了庞大殖民地、称霸世界的 19 世纪末期。火星人从天而降，在伦敦附近着陆，拉开了征服地球战争的序幕。人类以机枪大炮面对火星人的先进武器——"热光"和"黑烟"。几十个火星人以雷霆万钧之势，所向披靡，在短短几天时间里就打得英国军队落花流水，致使政府、制度、社会土崩瓦解。然而，火星人尚未彻底征服地球，灭顶之灾就悄然向它们袭来。令人啼笑皆非的是，它们的克星竟是地球上最渺小的生物——细菌。《星际战争》不仅以超前的思想"创造"了激光和机器人等尖端机器，还通过该作品暗中批评英国等列强通过对弱国进行侵略来实现殖民主义的无耻暴行。

现代火箭发明人是美国的戈达德,他就是一个"大玩家",现在叫"发烧友"。16 岁的时候,戈达德就读了这本《星际战争》小说,这本书让戈达德如痴如醉。在大学毕业当上教授以后,这位超级发烧友有了点儿闲钱,就开始"玩火箭",因为他想把自己送到某颗星星上去当国王。可那时候飞机才发明没多久,根本没人知道怎么才能飞到星星上去,更别说参加星际战争了。不过戈达德不管这些,他发明了一套能在真空里工作的发动机(即借助自身携带的燃料和氧化剂工作),然后造了一个又细又长的大鞭炮,大冬天将它支在了雪地里。电钮一按,"轰"的一声大鞭炮飞了出去。这个大鞭炮就是现在大名鼎鼎的火箭的雏形。不过戈达德的这个"火箭"和咱们春节放的二踢脚差不多,飞了几十米高就掉了下来。可当时有谁能想到,戈达德这么一玩,就让自己成了"火箭之父"。

1870 年,法国作家儒勒·凡尔纳在他的《海底两万里》中,描绘了一艘以电为动力的"鹦鹉螺号"超级潜艇。电取自海底无尽的钠。后来,科学家确实发明了机械驱动潜水艇。1901 年,被誉为"科幻界莎士比亚"的英国科幻小说家乔治·威尔斯,在其科幻小说《登月第一人》中,对登月行动进行了丰富的想象,该书的主人公名字叫阿姆斯特朗。而 1969 年 7 月,他所描写的一切都变成了事实,连登月者的名字都叫阿姆斯特朗。1964 年,阿瑟·克拉克在其著名小说《2011:太空漫游》中,第一次描绘了计算机智能和人类星际旅行,1968 年他又与导演斯坦利·库布里克一起将小说拍成电影。一年后,美国就宣布启动阿波罗登月计划,他还参与了登月的电视解说。美国政府称克拉克"为人类登月提供了必要的智慧动力"。

忽如一夜春风来,到处都谈"元宇宙",近年来最火的概念莫过于"元宇宙"了。2021 年 12 月 30 日,"元宇宙"成为《中国新闻周刊》发布的 2021 年度十大网络热词之一。在被称为"元宇宙"元年的 2021 年,包括微软、英伟达、Facebook(现改名 META)、腾讯、百度、网易等在内的多家巨头企业均宣布了其在元宇宙领域的布局。元宇宙(Metaverse)的概念本身就出自科幻小说,而虚拟空间、去中心化组织、增强现实技术、人工智能以及沉浸式游戏等元素在科幻小说里更是栩栩如生。阅读科幻小说能够迅速帮助读者感知元宇宙这一抽象概念以及未来可能出现的具体形态。

元宇宙的概念最早来自 1992 年尼尔·斯蒂芬森的科幻小说《雪崩》

(Snow Crash)，该小说故事发生在 21 世纪初期美国的洛杉矶，背景是濒临崩溃的无政府资本主义、私人企业家和组织各自为政，联邦政府名存实亡，经济面临严重的通货膨胀。与混乱颓废的现实世界平行的是元宇宙（Metaverse），现实世界的人们通过各自的"化身"进行交流娱乐。当一种名为"雪崩"的病毒同时在现实世界和虚拟世界中散发开来时，现实世界流感肆虐，虚拟世界系统崩溃。主人公 Hiro 肩负起拯救世界的重任，开启了战胜"雪崩"的征程。《雪崩》被誉为有史以来最伟大的科幻小说之一，书中的 Metaverse 一词就成为元宇宙一词的来源。如今，书中对元宇宙的愿景正在现实世界中发生，移动计算、虚拟现实、数字货币、智能手机和增强现实等都成为现实。

此外，1979 年，道格拉斯·亚当斯的科幻小说《银河系漫游指南》，讲述了由于银河系要规划一条快速通道，地球成了要被外星人强拆的星球之一，在地球毁灭前，主人公进入到了外星人的飞船，开启了一段惊险奇幻之旅。然而这位主人公最终却发现，地球只是一个高等文明制造的虚拟世界，它和全人类存在的唯一目的就是解释生命、宇宙以及任何事情的终极答案。经过亿万年的计算，一切问题的终极答案为数字"42"。埃隆·马斯克曾谈及该书对自己的巨大影响："十几岁的时候，我开始怀疑自己的存在意义，《银河系漫游指南》告诉我，疑问本身比答案更重要。所有的问题都围绕着一个终极的疑问：生命的意义究竟是什么？若想接近问题的核心，我们就要探索宇宙，更好地理解宇宙。"

威廉·吉布森于 1984 年写的《神经漫游者》在科幻文学历史上更是有着特殊的地位。故事讲述了凯斯的经历，凯斯是一名失业的黑客，他与女杀手、意识操控专家、特种部队军官组成的职业犯罪团队，参与了一系列为其神秘新雇主盗窃数据和密钥的行动。而整个计划的幕后推手是人类自有文明以来最强大的对手———一个自我意识觉醒的人工智能。该书曾获得雨果奖、星云奖、菲利普·迪克奖三项科幻小说大奖。该书成于 1984 年，却完美预言了全球互联网、虚拟现实还有人机结合这三大技术，启发了整整一代程序员和黑客，并仍在深刻影响着人类对未来的认知。此外，该书被称为赛博朋克流派小说的开山鼻祖，确立了一种新的科幻文学类型，主题涵盖遍布全球的大型企业、控制论增强的雇佣军，以及技术作为犯罪工具的重要性。

休闲活动是人们在物质生活方面获得满足后在精神需求方面的具体表

现形式，因此，个人的价值观、人生观、人文素养、社会意识等都将对休闲方式、休闲行为、休闲效果等产生重要的影响。马克思认为，"休闲"是使人超越异化、回归生命自由的方式，是在强制性劳动之外才得以进行的自由创造活动。在休闲的状态下，人们可以超越工作过程中的种种束缚，产生更强大的生命力和创造力。当人从事休闲活动的时候，暂时抛开了工作上的问题，精神意识得到解放，能保持思维常新，创造力就会更强。很多时候人们会发现，从休闲中学到了新经验，同时发现了自己的其他潜能，从而改变生活品质。随着我国全面小康社会的建成，人民对美好生活的需要会愈加强烈。作为美好生活需要的内容之一，休闲以及围绕休闲形成的休闲文化，不仅是人们的生活态度、生活水平和生活质量在现实社会中的具体反映，也成为衡量社会发展和文明进步的重要标志。

　　未来人们的工作时间会越来越短，这是社会发展的趋势。从 8 小时工作制，到一周单休，再到双休，不久人们一周的工作时间会是 4 天半，4 天，3 天……随着人工智能时代的到来，人类的很多劳动会被机器和智能机器人取代，人们的工作方式也会发生改变，很多工作不需要到现场去完成，在家里或旅行途中就行。人有了更多自由支配的时间，不用工作了人们会去干什么呢？真正的美好休闲生活一定是从事与创造有关的活动，创意休闲一定会成为未来的休闲文化，也必定成为一种未来的创新文化。

# 参考文献

[1] 马克思,恩格斯.马克思恩格斯文集:第1卷[M].中共中央马克思恩格斯列宁斯大林著作编译局,编译.北京:人民出版社,2009.

[2] 马克思,恩格斯.马克思恩格斯文集:第2卷[M].中共中央马克思恩格斯列宁斯大林著作编译局,编译.北京:人民出版社,2009.

[3] 马克思,恩格斯.马克思恩格斯文集:第3卷[M].中共中央马克思恩格斯列宁斯大林著作编译局,编译.北京:人民出版社,2009.

[4] 马克思,恩格斯.马克思恩格斯文集:第4卷[M].中共中央马克思恩格斯列宁斯大林著作编译局,编译.北京:人民出版社,2009.

[5] 马克思,恩格斯.马克思恩格斯文集:第5卷[M].中共中央马克思恩格斯列宁斯大林著作编译局,编译.北京:人民出版社,2009.

[6] 马克思,恩格斯.马克思恩格斯文集:第6卷[M].中共中央马克思恩格斯列宁斯大林著作编译局,编译.北京:人民出版社,2009.

[7] 马克思,恩格斯.马克思恩格斯文集:第7卷[M].中共中央马克思恩格斯列宁斯大林著作编译局,编译.北京:人民出版社,2009.

[8] 马克思,恩格斯.马克思恩格斯文集:第8卷[M].中共中央马克思恩格斯列宁斯大林著作编译局,编译.北京:人民出版社,2009.

[9] 马克思,恩格斯.马克思恩格斯文集:第9卷[M].中共中央马克思恩格斯列宁斯大林著作编译局,编译.北京:人民出版社,2009.

[10] 马克思,恩格斯.马克思恩格斯文集:第10卷[M].中共中央马克思恩格斯列宁斯大林著作编译局,编译.北京:人民出版社,2009.

[11] 邓小平文选:第1卷[M].北京:人民出版社,1994.

[12] 邓小平文选:第2卷[M].北京:人民出版社,1994.

[13] 邓小平文选:第3卷[M].北京:人民出版社,1994.

[14] 中央宣传部.习近平总书记系列重要讲话读本[M].北京:学习出版社,2016.

[15] 中央党史和文献研究院.习近平新时代中国特色社会主义思想专题摘编[M].北京:党建读物出版社,2023.

[16] 习近平.习近平谈治国理政:第三卷[M].北京:外文出版社,2020.

[17] 本书编写组.习近平总书记教育重要论述讲义[M].北京:高等教育出版社,2020.

[18] 曹亚雄.马克思的劳动观的历史嬗变[M].北京:中国社会科学出版社,2008.

[19] 陈征.论科学劳动:马克思劳动价值论的新发展[M].福州:福建人民出版社,2017.

[20] 克里斯蒂安·福克斯.数字劳动和卡尔·马克思[M].周延云,译.北京:人民出版社,2020.

[21] 潭苑苑.马克思劳动本体论思想[M].北京:社会科学文献出版社,2019.

[22] 李岁月.马克思劳动观及其当代价值研究[M].北京:社会科学文献出版社,2019.

[23] 曾湘泉.劳动经济学[M].上海:复旦大学出版社,2019.

[24] 刘卫平.思维创新与党的执政能力建设[M].北京:中共中央党校出版社,2012.

[25] 王峰明.马克思劳动价值论与当代社会发展[M].北京:上海科学文献出版社,2008.

[26] 张新.读懂恩格斯[M].成都:四川人民出版社,2001.

[27] 侯雨夫.马克思劳动价值论研究[M].北京:上海科学文献出版社,2010.

[28] 赵培兴.创新劳动价值论:论超常价值[M].北京:人民出版社,2010.

[29] 尼克.人工智能简史[M].北京:人民邮电出版社,2021.

[30] 列纳德·蒙洛迪诺.弹性[M].张娟,张玥,译.北京:中信出版社,2019.

[31] 魏江,刘洋.数字创新[M].北京:机械工业出版社,2020.

[32] 裴小革.论创新劳动:转变经济发展方式的驱动理论研究[M].北京:社会科学文献出版社,2015.

[33] 克莱顿·M.克里斯坦森,迈克尔·B.霍恩,柯蒂斯·W.约翰逊.创新者的课堂:颠覆式创新如何改变教育[M].周爽,译.北京:机械工业出版社,2020.

[34] 约瑟夫·熊彼特.经济发展理论[M].郭武军,吕阳,译.北京:商务印书馆,1990.

[35] 马克斯·韦伯.新教伦理与资本主义精神[M].赵勇,译.上海:上海人民出版社,2012.

[36] 赵惠田,谢燮正.发明创造学[M].沈阳:东北工学院出版社,1987.

[37] 王滨.创造行为与创造技法[M].沈阳:东北工学院出版社,1992.

[38] 王滨.技术创新过程论:对中间试验的哲学探索[M].上海:同济大学出版社,2002.

[39] 王滨.自主创新纵横谈[M].上海:上海科学普及出版社,2007.

[40] 王滨.创新思维与人生智慧[M].上海:上海科学普及出版社,2015.

[41] 王滨.创新创业十二讲[M].上海:同济大学出版社,2019.

[42] 王滨.科学精神启示录[M].上海:上海科学普及出版社,2005.

[43] 王滨.思想的启迪与升华:马克思主义研究方法论[M].上海:同济大学出版社,2014.

[44] 王滨.理论创新的内在逻辑:人类思想解放史启示录[M].沈阳:东北大学出版社,2020.

[45] 马特·里德利.创新的起源:一部科学技术进步史[M].王大鹏,张智慧,译.北京:机械工业出版社,2021.

[46] 卡尔·米切姆.技术哲学概论[M].殷登祥,曹南燕,等译.天津:天津科学技术出版社,1999.

[47] 陶行知.陶行知全集:第4卷[M].成都:四川教育出版社,2005.

[48] 理查德·H.托尼.宗教与资本主义兴起[M].赵月瑟,夏镇平,译.上海:上海译文出版社,2013.

[49] 余英时.余英时文集:第3卷 儒家伦理与商人精神[M].桂林:广西师范大学出版社,2004.

[50] 谢耕.创新的真相:技术逻辑与市场局限的冲突与融合[M].北京:机械工业出版社,2014.

[51] 卡莱斯·朱马.创新进化史:600年人类科技革新的激烈挑战及未来启示[M].孙红贵,杨泓,译.广州:广东人民出版社,2019.

[52] 里昂纳多·迪格拉夫.爱迪生:创新之源与商业成就的秘密[M].周海燕,译.长沙:湖南科学技术出版社,2019.

[53] 尼古拉·尼葛洛庞帝.数字化生存[M].胡泳,范海燕,译.北京:电子

工业出版社,2017.

[54] 王可越.创新化生存[M].北京:北京日报出版社,2019.

[55] 鲁迅.南腔北调集[M].北京:人民文学出版社,2022.

[56] 潘天波.好物有匠心:影响世界文明的中华匠人[M].南京:江苏凤凰美术出版社,2021.

[57] 赵培兴.创新劳动论[M].哈尔滨:黑龙江人民出版社,2006.

[58] 尼古拉斯·克里斯塔基斯,詹姆斯·富勒.大连接[M].简学,译.北京:中国人民大学出版社,2012.

[59] 埃德蒙·费尔普斯.大繁荣:大众创新如何带来国家繁荣[M].余江,译.北京:中信出版社,2013.

[60] 三谷宏治.商业模式全史[M].马云雷,杜君林,译.南京:江苏文艺出版社,2013.

[61] 尼克·迪尔-维斯福特.赛博无产阶级数字旋风中的全球劳动[M].燕连福,赵莹,等译.南京:江苏人民出版社,2020.

[62] 杰夫·摩根.大思维:集体智慧如何改变我们的世界[M].郭莉玲,尹玮琦,徐强,译.北京:中信出版社,2018.

[63] 哈里特·朱克曼.科学界的精英[M].周叶谦,冯世则,译.北京:商务印书馆,1982.

[64] 汉斯·约纳斯.责任原理:现代技术文明伦理学的尝试[M].方秋明,译.香港:世纪出版有限公司(香港),2013.

[65] 唐莉,李瑞昌.全球科技治理与负责任创新[M].上海:上海人民出版社,2021.

[66] 管荣齐.专利诉讼前沿判例精解[M].北京:法律出版社,2021.

[67] 马克·波斯特.第二媒介时代[M].范静哗,译.南京:南京大学出版社,2000.

[68] 丹尼尔·平克.驱动力:激励我们的惊人真相[M].尹碧天,译.北京:中国人民大学出版社,2012.

[69] 亨利·切萨布鲁夫.开放式创新:进行技术创新并从中赢利的新规则[M].金马,译.北京:清华大学出版社,2005.

[70] 简·雅各布斯.美国大城市的死与生[M].金衡山,译.南京:译林出版社,2020.

[71] 昂利·彭加勒.科学与方法[M].李醒民,译.北京:商务印书馆,2011.

[72] 蔡恒胜.竺可桢校长和浙江大学:竺可桢日记史料札记1936—1949[M].杭州:浙江大学出版社,1999.

[73] 王滨.大众技术史[M].上海:上海科学普及出版社,2018.

[74] 胡慧.卢瑟福传[M].长春:时代文艺出版社,2012.

[75] 李振城.鞍钢宪法五十年回顾[M].昆明:云南人民出版社,2011.

[76] 王中力.职工技协论[M].太原:山西人民出版社,2001.

[77] 沈平,王丹.制造业数字化转型与供应链协同创新[M].北京:人民邮电出版社,2022.

[78] 中共中央文献研究室,中共湖南省委《毛泽东早期文稿》编辑组.毛泽东早期文稿:1912—1920[M].长沙:湖南人民出版社,2013.

[79] 亨利·法约尔.工业管理与一般管理[M].迟力耕,张璇,译.北京:机械工业出版社,2007.

[80] 《大国工匠》节目组.大国工匠[M].北京:新世界出版社,2019.

[81] 吴军.智能时代:5G、IoT构建超级智能新机遇[M].北京:中信出版社,2020.

[82] 陶志勇.新时代劳动观[M].北京:中国工人出版社,2021.

[83] 斯图尔特·G.瓦利什.创造力之魂:工程师的创新思维[M].王晓雷,陈巍卿,刘传湘,译.北京:机械工业出版社,2019.

[84] 野口悠纪雄.人工智能时代的超思考法[M].柳小花,译.北京:化学工业出版社,2020.

[85] 吴军.浪潮之巅[M].北京:人民邮电出版社,2019.

[86] 谢耘.创新的真相:技术逻辑与市场局限的冲突与融合[M].北京:机械工业出版社,2020.

[87] 魏忠.智能时代的教育智慧[M].上海:华东师范大学出版社,2019.

[88] 汤彪.数字化教育:基于大数据和智能化场景应用下的教育转型与实战[M].北京:中华工商联合出版社,2021.

[89] 刘宝存.确立创新创业教育理念培养创新精神和实践能力[J].中国高等教育,2010(12):12-15.

[90] 陈安雪.当代资本主义的非物质劳动及其解放潜能论析:基于哈特和奈格里的非物质劳动理论[J].学理论,2021(11):61-63.

[91] 彭小瑜.财聚则民散,财散则民聚:由《大学》谈到托尼的《平等》[N].中华读书报,2011-07-13(3).

[92]　魏冰娥,何云峰.政治学和政治哲学分野下的马克思的劳动观:兼论阿伦特的误[J].内蒙古社会科学,2021(1):67-73.

[93]　李建华.基于权利的劳动伦理重塑[N].光明日报,2019-06-3(15).

[94]　姚先国.郭继强.再论劳动力产权:用"劳动力产权"概念超越"劳动力商品"概念[J].学术月刊,2001(3):54-61.

[95]　汪清蓉,陈忻,徐颂,等.高校创新创业教育、劳动教育与专业教育的融合实践与反思:以《餐饮管理实务与运营》课程改革为例[J].高教学刊,2021(7):42-45.

# 后　记

"凡事念念不忘，必有回响。因它在传递你心间的声音，绵绵不绝，遂相印于心。"这句话出自弘一法师李叔同。这位大师想表达的意思或许就是，不要忘记你最原始、最纯、最真的梦想，坚持下去，一定会有所回报。此话于我而言，何尝不是如此。我从1986年硕士研究生入学起就接触到了创造学，从此踏上研究创造学之路，一发不可收拾。从创造思维、创造技法、创造力开发、技术创新、自主创新、创新方法、创新创业，直至本书的关于创新劳动。"回响"倒是还没有听到多少，一晃就直奔退休而去。我的生涯、职涯、学涯注定是与创造学联系在一起了。正如那首网红歌曲《人生短暂》所唱：时间不会为谁停留，每分每秒都在催人老，人生犹如匆忙的旅程，我们只是一个过客，匆匆地来又匆匆地去，今天过后变成了回忆。……

随着年龄和阅历的增加，我们会越发理解庄子的那句话，吾生也有涯，而知也无涯。以有涯随无涯，殆已！庄子感慨的是，用有限的生命去追求无限的知识，真是累人啊！可人没有点执念也不行。若没有执念，谁来笑尽天下，作诗饮酒，留下诗仙美名，"长风破浪会有时，直挂云帆济沧海！"若没有执念，谁来书尽千古，蔑视那种种苦难，留下《史记》巨著，写尽千古风流人物！若没有执念，庄子可能也写不出关于学涯与生涯的辩证法。

疫情三年，我们都经历了太多太多，许多人许多事都由此而发生了改变。对我而言，因为两个多月被隔离于校园里，有了集中的时间静下心来，才得以将拖得许久多次想放弃的本书写完。同时听到看到了我的两位最好朋友在创业征程中坚守执念，不懈地进行着以研发为核心的创业探索，顽强地渡过这段艰难时光，完成了公司的初创。这两位创业者都是用原创填补我国技术的空白，成为时代创新典范，也促使我更有信心和动力去完成对创新劳动的追问和思考。

这两位令人感动的创业者，一位技术出身，一位投资和管理出身，他们沿着不同的道路都殊途同归地实现了以创新带动创业，成为创新劳动者的楷模。第一位是我研究生的同学杨晓峰，他创办了上海隐冠半导体技术有限公司，这是一家专注于精密运动控制系统研发的高科技创新型企业，其核心产品正是中国芯片制造设备上要使用的关键部件，公司建立了完备的精密运动装备、传感器、执行器技术研发体系，其目标是成为半导体装备零部件领域的隐形冠军。另一位是我曾上过课的硕士生和朋友袁东，他创办了礼思（上海）材料科技有限公司，其核心技术就是从海水和盐湖中提取锂。随着碳酸锂价格不断创新高，汽车圈、电池圈惊呼连连。我国电动汽车飞速发展，锂资源需求量也急剧高涨，然而目前，我国超过50%的锂辉石进口依赖澳大利亚，存在被卡脖子的可能性。锂资源既稀缺，也很广泛，海洋中有大量的锂元素。但是，海洋中的锂元素分布并不均匀。不同区域或者场景中的海水，其中的悬浮颗粒，有机物含量不同，对海水提锂的效率均会有影响，已有技术难以突破低浓度下提取锂的瓶颈。而礼思材料公司首创离子筛技术过滤海水提取锂资源。锂离子筛材料是以离子交换的方式瞬间将海水中的锂离子吸附，因此即使海水锂离子浓度低至 $0.17~mg/m^3$，仍然能有较高的吸附效率，提锂工艺与零排放工艺有机结合，不会对海水生态环境产生负面影响。该项目为大规模海水提锂开创了先河，开辟了锂资源的新来源；同时，还为大规模、高效、环保的盐湖等场景提锂提供了新的技术线路图。

写作本书的目的，最初是想对创造学的历史进行总结，因为本人自认为经历和见证了中国创造学起步发展的全过程，而今天我们开展的创新创业活动和创新创业教育，尽管与创造学创立时的社会背景和社会诉求已大有不同，但这又何尝不是创造学的延续呢！然而，深入研究就会发现，这种局限于学科发展的总结是不够的，尤其对一个新兴的、有无限潜力的学科而言，它还永远在路上。而理论的生命力就在于不断地开拓和创新，其中的一个重要的创新点就是将创造学与其他学科交叉，将人类创造活动和创新现象与其他活动和现象结合起来思考。

# 后 记

近年来，劳动受到前所未有的重视，劳模精神、工匠精神、劳动精神、劳动教育、新时代劳动观等等都已然成为热门词汇，为社会关注的焦点，而创新与劳动结合的产物就是创新劳动。然而遗憾的是，以往我们对创新劳动研究仍显不足，甚至落后，理论已经跟不上时代的步伐，需要我们理论研究者奋起直追。生命之树，自然是常青的，而经过生命体验、理性加工的理论之树，也可以是常青的。在人类思想史上，一直存在一种令人困惑的现象，那就是理论常常滞后于生活实践。因此，德国著名哲学家黑格尔曾用诗意的语言说，作为理论思维之结晶的哲学，就像密涅瓦的猫头鹰一样总是在黄昏时候才起飞。列宁为提醒人们注重实践，不要死抱理论，也曾经引用德国著名诗人歌德的诗句说："理论是灰色的，而生活之树是常青的。"

本书正是力求在总结创造学发展历史的基础上，将创新与劳动结合，全面系统地探索创新劳动，这是新时代我们要树立的劳动观的重要组成部分。当然所谓全面系统也仅仅是从哲学追问意义上说的，就是说主要探索创新劳动基础理论方面的问题，以期丰富有关创新劳动的理论研究，也为当下和未来的理论工作者提供启迪，正可谓，落红不是无情物，化作春泥更护花。当然更重要的是能够带动新时代创新劳动实践以及创新教育实践。我非常欣赏古希腊伟大思想家亚里士多德的那句话，他说，人生最终的价值，在于觉醒和思考的能力，而不止在于生存。

有些事情，是用来遗忘的；有些事情，是留作纪念的；有些事情，只因心甘情愿；有些事情，终究无能为力。这些心灵鸡汤好似禅语，让人似懂非懂，但仔细想想，倒是符合我的感受。尼采说，完全不谈自己是一种甚为高尚的虚伪。创造学研究或者说创新研究伴随了我大半辈子，我的最好光阴岁月都付诸它身上，写作本书何尝不是为了留作纪念，纪念这种选择和坚守，纪念这种愚笨和执着，纪念这种痛苦和快乐，纪念这种"既然选择了远方，便只顾风雨兼程"的浪漫的情怀。回想起来，我曾中学时代怀揣着成为文学家的梦，大学时代怀揣着成为物理学家的梦，研究生时代怀揣着成为哲学家的梦，如今一个都没有实现。无可奈何花落去，似曾相识燕归来。还好，这些梦想也是用来遗忘的，人的梦想大部分时候也必将属于终究无能为力之列。如烟往事俱忘却，心底无私天地宽。过程比结果更重要。

剩下的就是心甘情愿了，创造学的研究正是出自我的心甘情愿。因为心甘情愿做一件事，是一个人甘之如饴的行为，所以也就不存在受累这一说，也就不会功利性地计较结果。不忘初心，方得始终。人生中，有一种快乐，叫心甘情愿的付出，人有追求才快乐。尽管很多人认为这些话很虚伪，是无能为力的借口。"为何你总笑个没够，为何我总要追求，难道在你面前，我永远是一无所有。"那首流行的摇滚歌曲不正表达了这样的无奈吗！但还是想想庄子与惠子的"濠梁之辩"吧！庄子与惠子游于濠梁之上。庄子曰："鲦鱼出游从容，是鱼之乐也。"惠子曰："子非鱼，安知鱼之乐？"庄子曰："子非我，安知我不知鱼之乐？"因此，大哲学家黑格尔才说，一句哲理在年轻人嘴里说出和在老年人嘴里说出是不一样的。年轻人说的只是这句哲理本身，尽管他可能理解得完全正确。而老年人不只是说了这句哲理，其中还包含了他的全部生活！

生逢动荡多变的世界，身处思想激辩的时代，既是我们的宿命也是上天给予我们的恩赐，既给我们带来迷茫和困惑，也给我们带来解惑的欲望和直面现实的勇气。讯问者智之本，思虑者智之道也。记得在2001年的最后一天，《同济报》的记者对我进行了专访，并在《同济报》上发表了一篇题为《把每堂课当作人生最后一课——记文法学院副教授王滨》的报道。尽管我认为记者的文笔有些华丽，但他的标题却绝对朴素而贴切实际。我始终认为，从某种意义上讲成才并不难，只要你每天把你自己的工作，特别是所谓的"小事"认认真真地做好，你就是一个了不起的人才。所谓的伟大，就是从一个平凡过渡到另一个平凡。因此，谁要是真的能够把"每件事当作人生最后一件事"来做，那他绝对是优秀的人，也必定会取得成功。遗憾的是，就写作本书而言，我却没能坚守自己的这个价值追求，尽管真的可能是所写最后一部书，但还是匆匆带过，草草收场。文章千古事，得失寸心知。本书无论在内容上还是文字上都存在着大量的不足，无论在观点上还是在陈述上都难免有很多不妥之处，留下诸多的遗憾，敬请读者批判指正和谅解，以期今后不断提高。

在撰写本书时，我参阅了大量文献，尤其是所开列的80多部（篇）著作和论文等参考文献。这些文献里面所包含的丰富的内容和有价值的思想给了我很多启发，为我提供了大量写作素材。一些重要的有价值的思想、观点也被吸收、消化在本书中。为此，我特向这些书和文章的作者们表达我深深的致谢和感激！同时也对同济大学马克思主义学院领导和同人的大力支持和帮助，对东北大学出版社刘振军编辑的辛勤工作和认真负责的态度表示衷心的感谢！最后借一首古诗来表达这一心情，道是：折花逢驿使，寄与陇头人。江南无所有，聊赠一枝春。

王　滨

2023 年 2 月 1 日于同济大学